高职高专公共基础课系列教材

计算机应用基础

主　编　杨　晶

副主编　张　炎　刘嘉静

参　编　温　童　薛静雅　张春江

西安电子科技大学出版社

内 容 简 介

　　本书按照高职培养方案的要求,结合目前计算机及信息技术的发展状况以及全国计算机等级考试一级MS Office 考试大纲编写,是最新的教学改革成果。

　　本书介绍了 Windows 10 系统和 Word 2016、Excel 2016、PowerPoint 2016 办公软件的基本操作,并充分考虑到不同学生的特点和需求,加强了针对具体任务的实践操作教学,使学生熟练掌握文本的编辑和排版、数据的筛选、图表的美化、幻灯片的制作等操作。

　　本书可作为高等职业院校电子信息类专业"计算机应用基础""办公技术"等相关课程的教材,也可作为 MS Office 2016 学习者的参考书。本书提供了数字课程的视频,读者可扫描二维码学习。

图书在版编目(CIP)数据

计算机应用基础/杨晶主编. —西安：西安电子科技大学出版社,2021.8
ISBN 978-7-5606-6150-6

Ⅰ. ①计…　Ⅱ. ①杨…　Ⅲ. ①电子计算机—高等职业教育—教材　Ⅳ. ①TP3

中国版本图书馆 CIP 数据核字(2021)第 151314 号

策划编辑　刘小莉
责任编辑　方 秦　刘小莉
出版发行　西安电子科技大学出版社(西安市太白南路 2 号)
电　　话　(029)88202421　88201467　　　邮　编　710071
网　　址　www.xduph.com　　　　　　　电子邮箱　xdupfxb001@163.com
经　　销　新华书店
印刷单位　陕西日报社
版　　次　2021 年 8 月第 1 版　　2021 年 8 月第 1 次印刷
开　　本　787 毫米×1092 毫米　1/16　印 张　18.5
字　　数　438 千字
印　　数　1～3500 册
定　　价　47.00 元
ISBN 978-7-5606-6150-6 / TP
XDUP 6452001-1
如有印装问题可调换

前　言

随着信息化技术的飞速发展，以计算机技术为代表的信息技术已经具有越来越重要的地位，并已经渗透到社会生活的各个方面。高等职业院校担负着培养社会高素质应用型人才的重任，"计算机应用基础"是高职高专开设的最为普遍、适用面最广的一门计算机基础课程。通过本课程的学习，学生能够深入了解计算机操作系统基础知识，熟练掌握计算机办公软件的基本操作。本书按照高职人才培养方案的要求编写，详细讲解了 Windows 10 操作系统和 MS Office 2016 办公软件的操作方法与操作技巧，具有很强的实践性和应用性。

本书共分为 4 个项目、16 个任务。项目一为 Windows 10 系统，包括 Windows 10 基础操作、管理文件和文件夹、系统管理和运用、管理和维护磁盘等 4 个任务、13 个知识点。项目二为 Word 2016，介绍了 Word 2016 基本操作、编辑表格、文档编排、图文混排、插入背景图和艺术字等内容，共 5 个任务、39 个知识点。项目三为 Excel 2016，介绍了 Excel 2016 工作表的创建和编辑、使用公式和函数、绘制与编辑图表、数据处理等内容，共 4 个任务、33 个知识点。项目四为 PowerPoint 2016，介绍了演示文稿的制作、编辑、动作设计等内容，共 3 个任务、19 个知识点。

本书按照"任务描述→相关知识→实践操作→任务小结→任务习题"的方式组织内容，将相关知识点融于任务中，采用理论结合实践的教学方法，读者可以边学习、边思考、边实践、边总结、边练习，从而增强处理同类问题的能力。"任务描述"和"实践操作"部分根据工作实践中常出现的情况，进行了详细的讲解；"相关知识"部分对任务案例中所涉及的知识点进行说明、实操；"任务小结"部分对当前任务所涉及的相关知识和重点内容进行归纳总结；"任务习题"部分旨在让读者巩固所学知识与技能，为后续学习做好必要的准备。

本书提供 PPT 教学课件、电子教案、案例素材、视频和 MOOC 学习平台等教学资源，读者可登录出版社网站获取资源。

本书的编者均是长期从事"大学计算机应用基础"课程教学的一线教师，不仅教学经验丰富，而且对当代大学生的现状非常熟悉。他们充分考虑到不同学生的特点和需求，在本书编写中加强了计算机操作系统和办公软件中实际操作方面的内容，可以说，本书是编者多年来教学经验和成果的结晶。

本书项目一由张炎编写，项目二（任务 1、2）由薛静雅编写，项目二（任务 3、4、

5）由杨晶编写，项目三由温童编写，项目四由刘嘉静编写，参与教材编写和录制的还有张春江老师。

本书在内容上紧跟计算机信息技术发展的步伐，以便引导读者快速掌握计算机应用基础相关的理论知识和计算机办公软件操作基本技能。全书结构紧凑，操作性和针对性强，非常适合高职高专学生学习和考级(计算机一级水平考试)使用。

由于编者水平有限，书中难免有疏漏和不妥之处，恳请广大读者批评指正。

编　者

2021 年 1 月

目　录

项目一　Windows 10 系统

项目二　Word 2016

项目三　Excel 2016

项目四　PowerPoint 2016

项目一

Windows 10系统

任务1 Windows 10 基础操作

教学目标

通过本任务的学习，能够安装、启动、关闭 Windows 10 系统；能够通过鼠标和键盘使用记事本进行文本的编辑。

知识目标

- 了解 Windows 操作系统的版本。
- 掌握 Windows 10 的基本操作。
- 认识 Windows 10 的视窗元素。
- 掌握鼠标的各种操作。
- 熟悉键盘的按键。

技能目标

- 能够安装 Windows 10 系统。
- 能够启动 Windows 10 系统。
- 能够关闭 Windows 10 系统。
- 能够转换各种输入法。
- 学会使用记事本进行文本的编辑，并且保存该文本。

任务描述

Windows 10 基本操作包括使用"开始"菜单及操作窗口和对话框等。下面的任务中将使用"开始"菜单打开"记事本"程序，然后在其中输入一篇短文，以"天净沙"为名保存在系统默认的文件夹中。通过这些操作练习和熟悉 Windows 10 的基本使用方法。

相关知识

1.1.1 Windows 10 的版本

Windows 操作系统由美国微软公司开发，分为多个版本，目前使用较为广泛的有 Windows XP、Windows 2003、Windows 7 和 Windows 8、Windows 10 等。

(1) Windows XP：Windows 10 之前最常用的个人计算机操作系统，其界面友好，对计算机配置的要求低。目前，Windows XP 正逐渐被 Windows 8 和 Windows 10 取代。

(2) Windows 2003：这个版本的 Windows 为网络操作系统，它们主要用来管理网络和扮演网络服务器的角色，个人计算机一般很少安装。

(3) Windows 7/8：Windows 7 是在 Windows XP 之后开发的个人计算机操作系统，相比 Windows XP，它具有界面更加华丽、操作更加容易、运行速度更快和更稳定，以及支持的软硬件更多、功能更加强大等特点。Windows 8 是 Windows 7 的升级版，它的使用界面和功能与 Windows 7 相似。

(4) Windows 10：具有 Windows Update for Business 功能，可让企业更加高效地对软件升级进行管理，Secure Boot 和 Device Guard 等工具还提供了更多的应用和设备管理功能。此外，该版本还提供了 CYOD(自选设备)所需的云技术支持。

1.1.2　安装 Windows 10

如果计算机中还没有安装 Windows 10，或 Windows 10 运行不稳定，需要将其安装或重装在计算机中。

安装 Windows 10 操作系统，首先需要准备一张 Windows 10 安装光盘，然后执行以下安装流程。

Windows10 安装

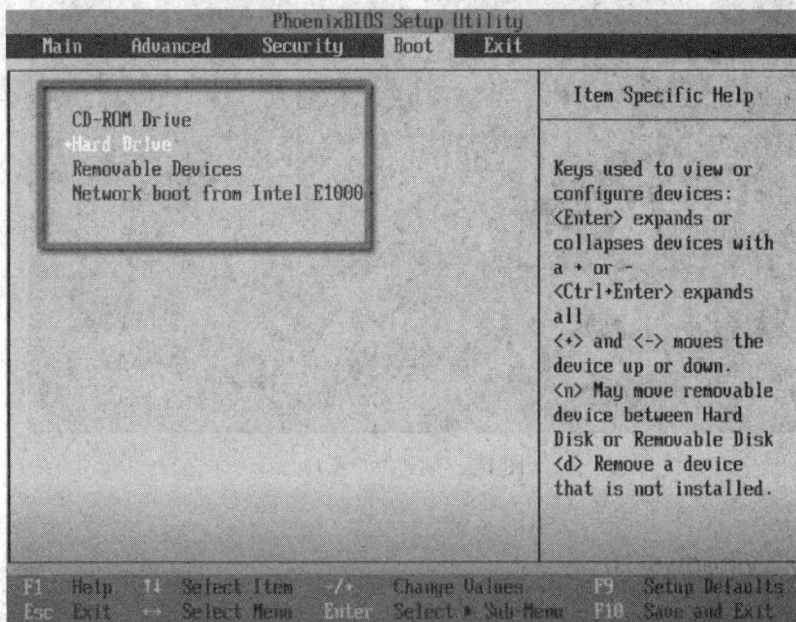

【步骤 1】　通过 BIOS 将计算机设置为 Hard Drive(硬盘启动)，如图 1-1 所示。

图 1-1　设置为硬盘启动

【步骤 2】　将 Windows 10 安装光盘放入光驱，按【Ctrl+Alt+Del】键重启计算机。

【步骤 3】　系统自动收集安装信息，出现安装界面，根据提示进行选择和输入，即可将 Windows 10 安装在计算机中(安装时间随计算机性能的不同而有所差异)，如图 1-2 所示。

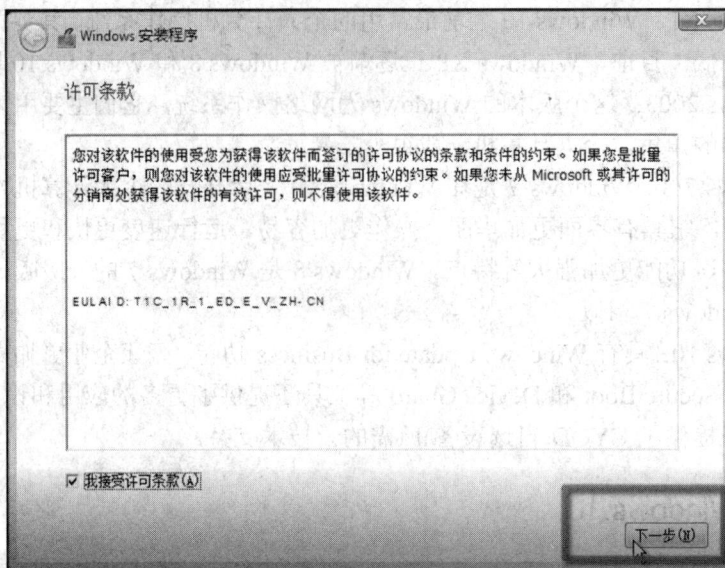

图 1-2　Windows 10 安装

安装完成后，重启电脑，为这台电脑创建一个账户，如图 1-3 所示。

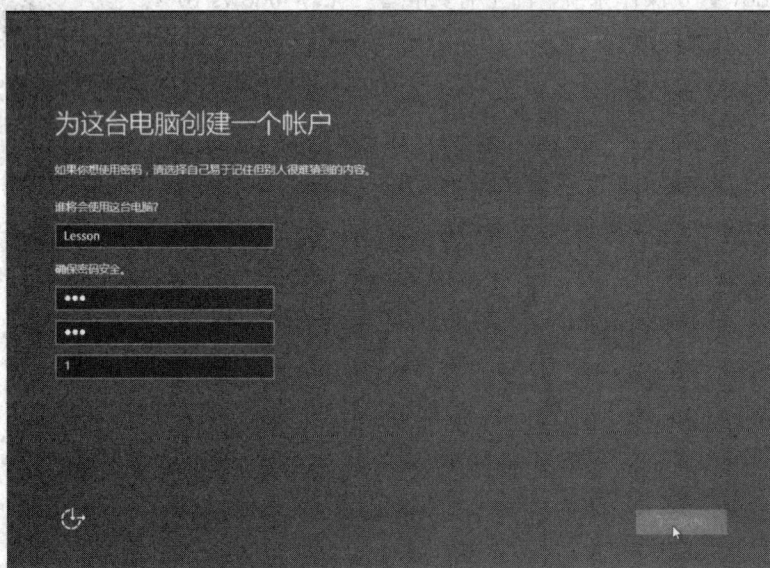

图 1-3　创建用户账户

1.1.3　启动 Windows 10

正确启动 Windows 10 的操作步骤如下：

【步骤 1】　打开显示器的电源，然后打开主机电源开关。

【步骤 2】　计算机自动对基本设备进行检查(称为自检)，引导操作系统启动，如图 1-4 所示。

Windows 10 启动与关闭

图 1-4 操作系统启动

【步骤3】 稍等片刻，即显示 Windows 10 的用户登录界面。在存在多个用户的情况下，将鼠标指针移动到要登录的用户上并单击鼠标左键，如图 1-5 所示。

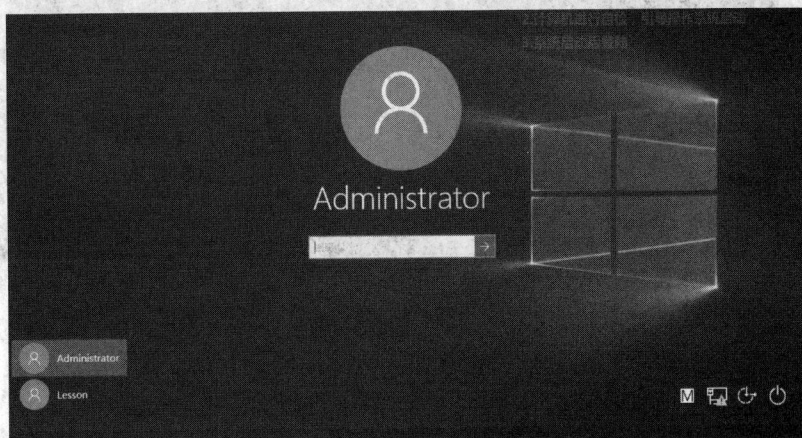

图 1-5 单击要登录的用户

【步骤4】 弹出该用户的登录界面，使用键盘在密码框中输入登录密码，然后用鼠标左键单击右侧的箭头按钮 →，登录 Windows 10，如图 1-6 所示。

图 1-6 输入登录密码并确认

【步骤 5】 登录 Windows 10 后，展示在我们面前的界面便是它的桌面，主要由桌面图标、桌面区、"开始"按钮、任务栏 4 个部分组成，如图 1-7 所示。作为一个视窗化的操作系统，Windows 10 的所有操作都从桌面开始，在桌面进行。

图 1-7　Windows 10 桌面

(1) 桌面图标：双击存放在桌面上的图标，可以快速打开相关项目。

(2) 桌面区：在 Windows 中打开的所有程序和窗口都会呈现在该区域。

(3) "开始"按钮：单击该按钮，弹出"开始"菜单，通过该菜单可以打开任何应用程序及其他项目。

(4) 任务栏：打开某个程序或窗口后，系统都会在任务栏中间的任务指示区放置一个与该任务相关的图标。通过单击不同的图标，可在各窗口之间进行切换，或将最小化的窗口还原。

1.1.4　关闭 Windows 10

Windows 10 是一个庞大的操作系统，启动时会装载许多文件，因此，必须使用正确的方法来关闭它，否则有可能导致系统损坏。正确关闭 Windows 10 的操作步骤如下：

【步骤 1】 关闭所有打开的应用程序。如果有文档没保存，需要先将其保存。

【步骤 2】 将鼠标指针移至屏幕左下角的"开始"按钮上并单击鼠标左键，弹出"开始"菜单，单击"电源"选项，然后将鼠标指针移至"关机"按钮上并单击鼠标左键，如图 1-8 所示。

图 1-8　关闭 Windows 10

【步骤 3】稍等一会，待显示器屏幕黑屏后，按下显示器电源开关，关闭显示器。

注意
如果长时间不使用计算机，需要切断计算机主机和显示器的电源。

1.1.5　鼠标基本操作

登录 Windows 10 后，轻轻移动鼠标，会发现 Windows 桌面上有一个箭头图标随着鼠标的移动而移动，我们将该图标称为鼠标指针，它用于指示要操作的对象或位置。在 Windows 系列操作系统中，常用的鼠标操作如表 1-1 所示。

鼠标基本操作

表 1-1　常用的鼠标操作

操　作	说　明
移动鼠标指针	在鼠标垫上移动鼠标，此时鼠标指针将随之移动
单击	即"左击"，将鼠标指针移到要操作的对象上，快速按一下鼠标左键并快速释放(松开鼠标左键)，主要用于选择对象或打开超链接等
右击	将鼠标指针移至某个对象上并快速单击鼠标右键，主要用于打开快捷菜单
双击	在某个对象上快速双击鼠标左键，主要用于打开文件或文件夹
左键拖动	在某个对象上按住鼠标左键不放并移动，到达目标位置后释放鼠标左键。此操作通常用来改变窗口大小，以及移动和复制对象等
右键拖动	按住鼠标右键的同时拖动鼠标。该操作主要用来复制或移动对象等
拖放	将鼠标指针移至桌面或程序窗口空白处(而不是某个对象上)，然后按住鼠标左键不放并移动鼠标指针。该操作通常用来选择一组对象
转动鼠标滚轮	常用于上下浏览文档或网页内容，或在某些图像处理软件中改变显示比例

1.1.6　熟悉键盘按键

在操作计算机时，键盘是使用比较多的工具，各种文字、数据等都需要通过键盘输入到计算机中。此外，在 Windows 系统中，键盘还可以代替鼠标快速地执行一些命令。

键盘一般包括 26 个英文字母键、10 个数字键、12 个功能键(F1~F12)、方向键以及其他的一些功能键。所有按键分为 5 个区：主键盘区、功能键区、编辑键区、小键盘区和键盘指示灯，如图 1-9 所示。

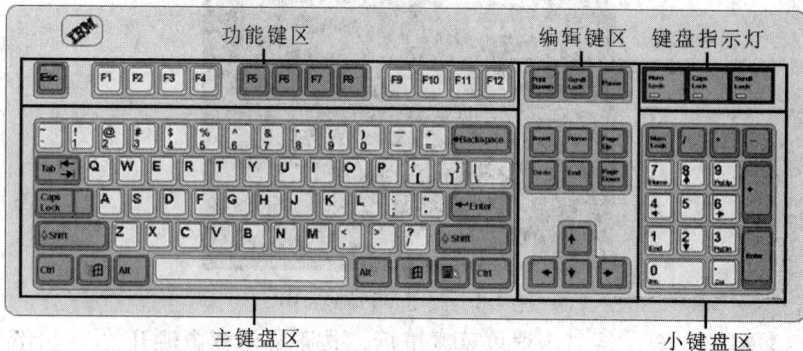

图 1-9　键盘的组成

1. 主键盘区

主键盘区是键盘的主要使用区，包括字符键和控制键两大类。字符键包括英文字母键、数字键、标点符号键 3 类，按下它们可以输入键面上的字符；控制键主要用于辅助执行某些特定操作。下面介绍一些常用控制键的作用。

制表键【Tab】：编辑文档时，按一下该键，可使光标向右或向左移动一个制表的距离。

大写锁定键【CapsLock】：用于控制大小写字母的输入。默认情况下，单击字母键将输入小写英文字母；按一下该键，键盘右上角的 Caps Lock 指示灯变亮，此时单击字母键将输入大写英文字母；再次按一下该键，可返回小写字母输入状态。

换挡键【Shift】：主要用于与其他字符键组合，输入键面上有两种字符的上挡字符。例如，要输入"！"号，应在按住【Shift】键的同时单击 键。

组合控制键【Ctrl】和【Alt】：这两个键只能配合其他键一起使用才有意义。

空格键：编辑文档时，单击一下该键则输入一个空格，同时光标右移一个字符。

Win 键 ：标有 Windows 图标的键，任何时候按下该键都将弹出"开始"菜单。

快捷键 ：相当于单击鼠标右键，因此，按下该键将弹出快捷菜单。

回车键【Enter】：主要用于结束当前的输入行或命令行，或接受某种操作结果。

退格键【BackSpace】：编辑文档时，按一下该键则光标向左退一格，并删除原来位置上的对象。

2. 功能键区

功能键区位于键盘的最上方，主要用于完成一些特殊的任务和工作。

【F1】～【F12】键：这 12 个功能键在不同的程序中有各自不同的作用。例如，在大多数程序中，按一下【F1】键都可打开帮助窗口。

【Esc】键：该键为取消键，用于放弃当前的操作或退出当前程序。

3. 编辑键区

编辑键区的按键主要在编辑文档时使用。例如，按一下【←】键则光标左移一个字符；按一下【↓】键则光标下移一行；按一下【Delete】键则删除当前光标所在位置后的一个对象，通常为字符。

4. 小键盘区

小键盘区位于键盘的右下角，也叫数字键区，主要用于快速输入数字。该键盘区的【Num Lock】键用于控制数字键上下挡的切换。当 Num Lock 指示灯亮时，表示可输入数字；按一下【Num Lock】键，指示灯灭，此时只能使用下挡键；再次按一下该键，可返回数字输入状态。

1.1.7　认识 Windows 10 的视窗元素

Windows 是一个视窗化的操作系统。使用 Windows 系统，其实就是操作各种窗口、菜单和对话框等视窗元素。下面就来认识一下 Windows 10 的这些视窗元素。

Windows 10 的
视窗元素

1. "开始"菜单

利用"开始"菜单可以打开计算机中大多数应用程序和系统管理窗口，单击任务栏左侧的"开始"按钮 即可打开"开始"菜单，它主要由 5 个部分组成，如图 1-10 所示。

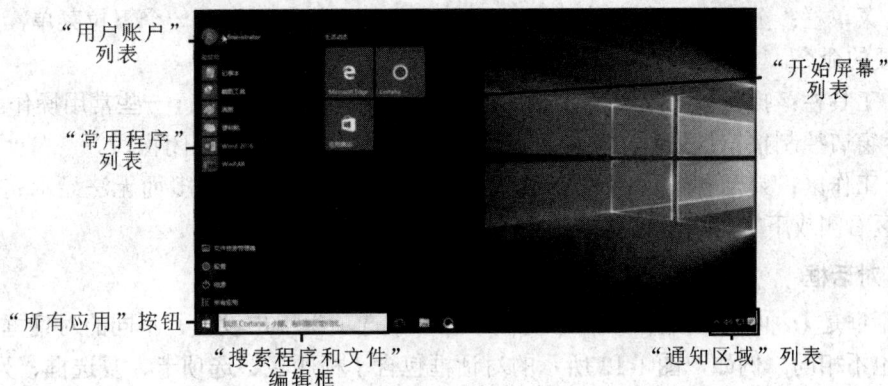

图 1-10　Windows 10 的"开始"菜单

(1) "用户账户"列表：显示当前的用户帐户信息。

(2) "常用程序"列表：包含一些常用程序的快捷启动方式，单击希望打开的程序名即可打开该程序。

(3) "所有应用"按钮：单击该按钮将打开"所有应用"列表，从该列表中找到希望打开的应用程序，单击即可将其打开。

(4) "搜索程序和文件"编辑框：用来查找计算机中的程序和文件。只需输入关键字即可查找。

(5) "开始屏幕"列表：包括"应用商店""Cortana 小娜智能语音助手"等项目，单击某个项目即可将其打开。

(6) "通知区域"列表：包括 "网络连接""更新"等事项的程序状态图标。

2. 窗口

在 Windows 10 中启动程序或打开文件夹时，会在屏幕上划定一个矩形区域，这就是窗口。应用程序大多是通过窗口中的菜单、工具按钮、工作区或打开的对话框等来进行操作的。例如，单击桌面文档，打开"文档"窗口，如图 1-11 所示。不同类型的窗口，其组成元素也不尽相同，图 1-11 列出了窗口的一些典型组成。

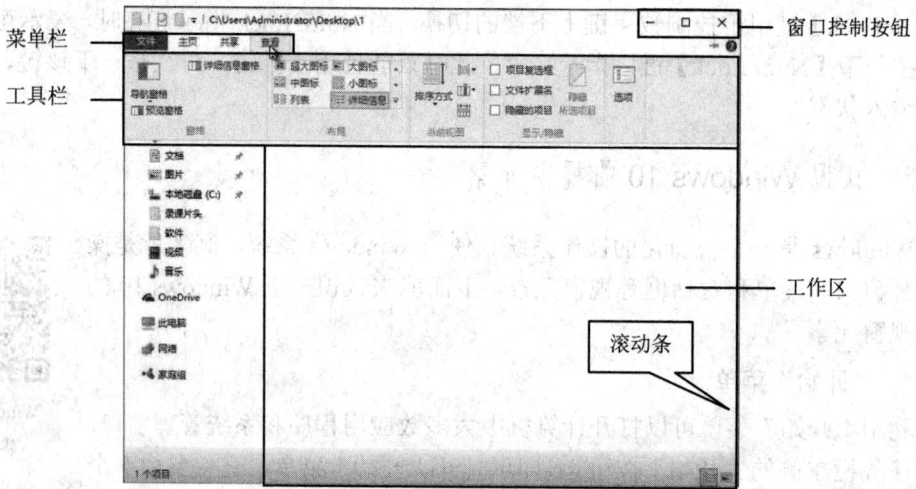

图 1-11 "文档"窗口

(1) 菜单栏：分类存放命令的地方。单击某个主菜单名可打开一个下拉菜单，从中可选择需要的命令。

(2) 工具栏：提供了一组图标按钮，单击这些按钮可以快速执行一些常用操作。

(3) 窗口控制按钮：分别单击它们可最小化、最大化/还原和关闭窗口。

(4) 工作区：显示和编辑窗口内容的地方。当工作区因内容太多而无法显示完全时，在工作区右侧或下方将出现滚动条，拖动滚动条可显示隐藏的内容。

3. 对话框

对话框是一种特殊的窗口，用于提供一些参数选项供用户设置。不同的对话框，其组成元素也不相同。例如，图 1-12 所示的对话框包含了标题栏、选项卡、复选框、列表框、下拉列表框和按钮等组成元素。

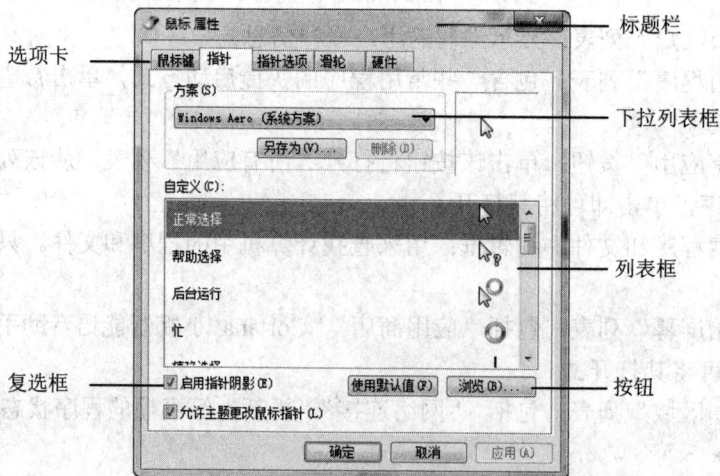

图 1-12 对话框

部分组成元素说明如下：

(1) 选项卡：当对话框的内容很多时，通常采用选项卡的方式来分页，从而将内容归类到不同的选项卡中。通过单击选项卡标签可在不同选项卡之间切换。

(2) 复选框：用于设定或取消某些项目。单击□可选中复选框，此时方框变为☑形状，再次单击☑可以取消选择。

(3) 列表框：列表框是以列表形式显示有效选项的框，可以单击选择需要的选项。如果选项较多的话，在其右侧还会有一个垂直滚动条，拖动该滚动条可显示隐藏的选项。

(4) 下拉列表框：在下拉列表框中显示了一个当前选项，可单击其右侧的小三角按钮▽，从弹出的下拉列表中选择其他选项。

> **注意**
>
> 在对话框中有许多按钮，单击这些按钮可以打开某个对话框或执行相关操作。几乎所有对话框中都有"确定""取消"和"应用"按钮。其中，单击"确定"按钮，可使对话框中所做的设置生效并关闭对话框；单击"应用"按钮，可使设置生效而不关闭对话框；单击"取消"按钮，将取消操作并关闭对话框。

4. 任务栏

Windows 10 的任务栏主要由 5 部分组成，如图 1-13 所示。

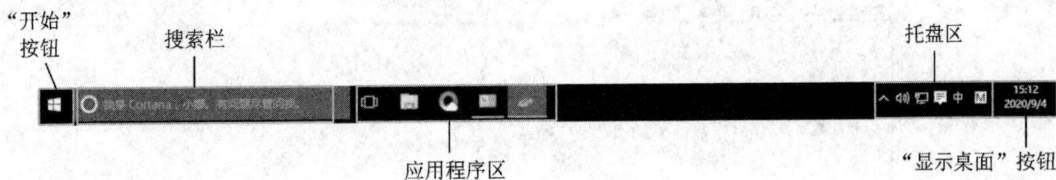

图 1-13　任务栏

部分组成元素说明如下：

(1) 搜索栏：用来查找计算机中的任务和文件。

(2) 应用程序区：可将一些常用应用程序的启动图标锁定到任务栏中，单击图标即可打开相应的应用程序。

(3) 托盘区：显示了当前时间、声音调节、一些在后台运行的应用程序等图标。单击、双击或右击通知区中的图标可分别执行不同的操作。

(4) "显示桌面"按钮：单击该按钮可快速显示桌面。

实践操作

1. 启动"记事本"程序　使用记事本

利用"开始"菜单启动"记事本"程序，具体操作步骤如下：

单击"开始"按钮，在展开的列表中选择"记事本"，如图 1-14 所示，启动"记事本"程序。

使用记事本

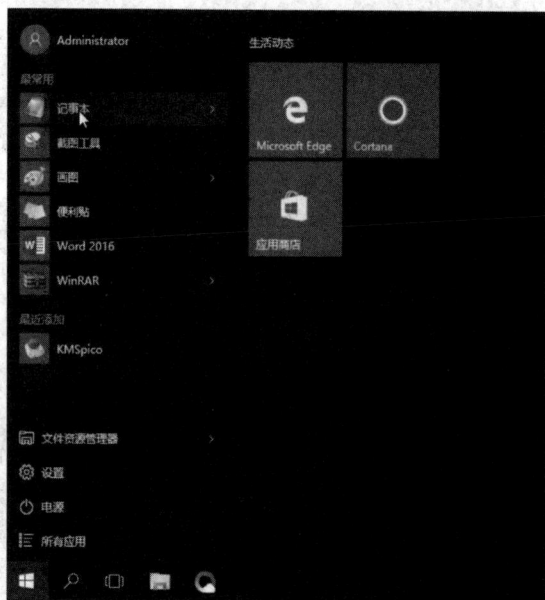

图 1-14　选择记事本

"记事本"程序启动后，如图 1-15 所示。

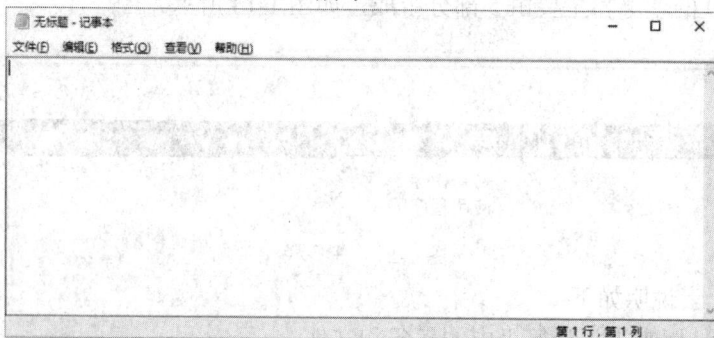

图 1-15　"记事本"程序启动

2. 在"记事本"中输入中文

使用汉字输入法在"记事本"程序中输入诗歌《天净沙·秋思》，操作步骤如下：

【步骤 1】单击屏幕右下角语言栏上的 M 按钮，在打开的输入法列表中选择一种输入法，如"搜狗拼音输入法"(一种通过拼音输入汉字的中文输入法)，如图 1-16 所示。

图 1-16　选择所需输入法

【步骤 2】选择输入法后，屏幕上将显示此输入法提示条，其各按钮如图 1-17 所示。

【步骤 3】通过键盘输入单字或词组的拼音，屏幕上将显示一个输入窗口，如图 1-18 所示。

图 1-17　输入法提示条上各按钮

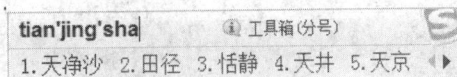

图 1-18　输入窗口

> **小技巧**
>
> 大多数拼音输入法都具有简拼输入功能，可以通过输入声母或声母的首字母来输入汉字，从而提高效率。例如，输入"tjs"，也可得到"天净沙"。

输入窗口上面的一排是通过键盘输入的拼音，下面一排是根据输入的拼音列出的候选字。要输入某候选字或词，可单击其左侧数字代表的按键。如果所需候选字位于第一个，可直接单击空格键将其输入；如果所需候选字不在输入窗口中，可按【+】或【-】键前后翻页，显示其他候选字。

【步骤 4】在"记事本"中输入诗歌内容，如图 1-19 所示。

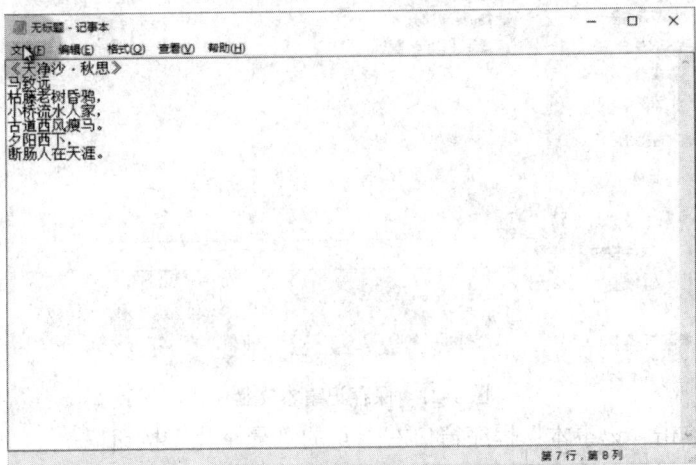

图 1-19　输入诗歌内容

> **小技巧**
>
> 书名号可在中文输入状态下按住【Shift】键的同时按逗号和句号键进行输入。要开始新段落，可按【Enter】键。

3. 保存并关闭记事本文档

可通过保存并关闭记事本文档来了解窗口、窗口菜单和对话框的操作方法。具体操作步骤如下：

【步骤 1】单击"记事本"程序窗口菜单栏中的"文件"主菜单，在弹出的下拉菜单中单击"保存"选项，如图 1-20 所示。

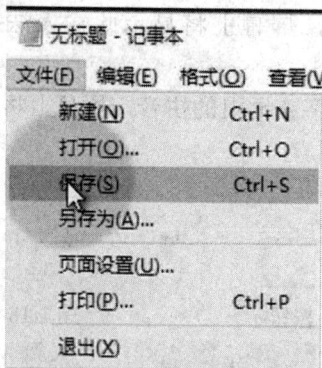

图 1-20　"文件"下拉菜单

【步骤 2】弹出"另存为"对话框，在"文件名"编辑框中输入"天净沙"，单击"保存"按钮，如图 1-21 所示，将文档保存在默认的"文档"文件夹中。

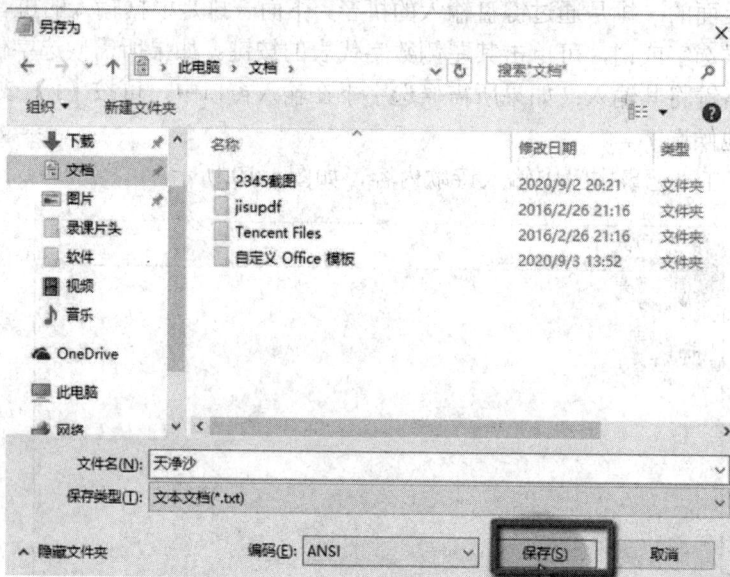

图 1-21　保存记事本文档

【步骤 3】单击"记事本"程序窗口右上角的"最小化"按钮 ―，可以最小化窗口；单击任务栏中的记事本图标，可以将最小化的窗口还原。

【步骤 4】单击"记事本"程序窗口右上角的"关闭"按钮 ×，关闭窗口。

任 务 小 结

本任务主要介绍了 Windows 10 操作系统的使用方法，包括系统启动、关闭和鼠标基本操作。通过本任务的学习，读者除了应掌握 Windows 10 系统的相关应用外，还应体会到，使用 Windows 系统其实就是操作各种窗口、菜单和对话框的过程。

Windows 10 中的菜单分为"开始"菜单、窗口菜单和快捷菜单三种类型。其中，利用"开始"菜单可以打开各种应用程序以及其他项目；利用应用程序或文件夹窗口菜单可执行相关命令；单击鼠标右键弹出的菜单被称为快捷菜单，右键单击的对象或区域不同，快捷菜单中包含的命令也会随之变化，从而方便用户对相关对象进行快捷操作。

任 务 习 题

一、选择题

1. 要显示窗口中隐藏的内容，需要用到窗口组成中的(   )。

A. 标题栏　　　　B. 任务窗格　　　　C. 状态栏　　　　　D. 滚动条

2. 在 Windows 10 中，任务栏的作用之一是(   )。

A. 显示系统的所有功能　　　　　B. 只显示当前活动窗口名

C. 只显示正在后台工作的窗口名　　D. 实现窗口之间的切换

3. 在 Windows 10 操作系统中，将窗口拖动到屏幕顶端，窗口会(   )。

A. 关闭　　　　　B. 消失　　　　　C. 最大化　　　　　D. 最小化

4. 在 Windows 10 中用于应用程序之间切换的快捷键是(   )。

A. Alt+Tab　　　B. Alt+Esc　　　C. Win+Tab　　　　D. 以上都是

二、简答题

1. 单击"开始"按钮，将弹出一个什么菜单？利用它可以做什么？

2. 当在桌面上打开多个窗口时，若要在不同的窗口之间切换，该如何操作？

三、操作题

启动"记事本"程序，任意输入几行汉字，然后将文档以默认名称和路径保存。

任务 2　　管理文件和文件夹

通过本任务的学习，能够掌握文件和文件夹管理的操作步骤。

➤ 认识文件和文件夹。
➤ 认识文件资源管理器。
➤ 使用文件资源管理器。
➤ 掌握文件和文件夹管理的常用操作。

➤ 能熟练使用 Windows 10 文件资源管理器对文件和文件夹进行管理。
➤ 能熟练完成文件或文件夹的新建、重命名、移动、删除等操作。

任 务 描 述

小李新入职到公司，公司分配了一台电脑给他。为了方便以后的工作，小李整理了电脑中的文件。本任务将在 D 盘根目录下创建一个"Excel"文件夹，然后将文件复制到该文件夹中，再将文件夹重命名为"公司资料"，最后设置部分文件属性为"只读"，并将"个人简介"文件移到回收站。

相 关 知 识

1.2.1　认识文件

文件是数据在计算机中的组织形式。计算机中的任何程序和数据都是以文件的形式保存在计算机的外存储器(如硬盘、光盘和 U 盘等)中的。Windows 10 中的所有文件都是用图标和文件名来标识的，其中文件名由主文件名和扩展名两部分组成，中间由"."分隔。

(1) 主文件名：最多可以由 255 个英文字符或 127 个汉字组成，或者混合使用字符、汉字、数字甚至空格。但是，文件名中不能含有"\""/"":""<"">""?""*"""" 和"|"

字符。

(2) 扩展名：通常为 3 个英文字符。扩展名决定了文件的类型，也决定了可以使用什么程序来打开文件。通常所说的文件格式指的就是文件的扩展名。

> **注意**
>
> 默认情况下，为避免用户修改文件扩展名导致文件打不开，在资源管理器中查看文件时，系统不会显示文件的扩展名。

从打开方式看，文件分为可执行文件和不可执行文件两种类型。

(1) 可执行文件：指可以自己运行的文件，扩展名主要有.exe、.com 等。用鼠标双击可执行文件，其便会自己运行。

(2) 不可执行文件：指不能自己运行，需要借助特定程序打开或使用的文件。例如，双击扩展名为 .txt 的文档，系统将调用"记事本"程序打开它。不可执行文件有许多类型，如文档文件、图像文件、视频文件等。每一种类型又可根据文件扩展名细分为多种类型。大多数文件都属于不可执行文件。

1.2.2 认识文件夹

文件夹是存放文件的场所。在 Windows 10 中，文件夹由一个黄色的小夹子图标和名称共同组成，如图 1-22 所示。为了方便管理文件，用户可以创建不同的文件夹，将文件分门别类地存放在文件夹内。在文件夹中除了文件之外也可以包含其他文件夹。

Excel表单　Program Files　视频　音乐　图片

图 1-22 文件夹

Windows 10 中的文件夹分为系统文件夹和用户文件夹两种类型。

(1) 系统文件夹是安装好操作系统或应用程序后系统自己创建的文件夹。它们通常位于 C 磁盘中，不能随意删除和更改名称。

(2) 用户文件夹是用户自己创建的文件夹，可以随意更改和删除。

1.2.3 认识资源管理器

在 Windows 10 中，资源管理器是管理计算机中文件、文件夹等资源的最重要工具。单击任务栏的文件资源管理器图标█即可启动打开。图 1-23 所示为打开的资源管理器。

资源管理器主要由标题栏、功能区、导航栏、导航窗格、内容窗格、状态栏等元素组成。

认识文件资源管理器

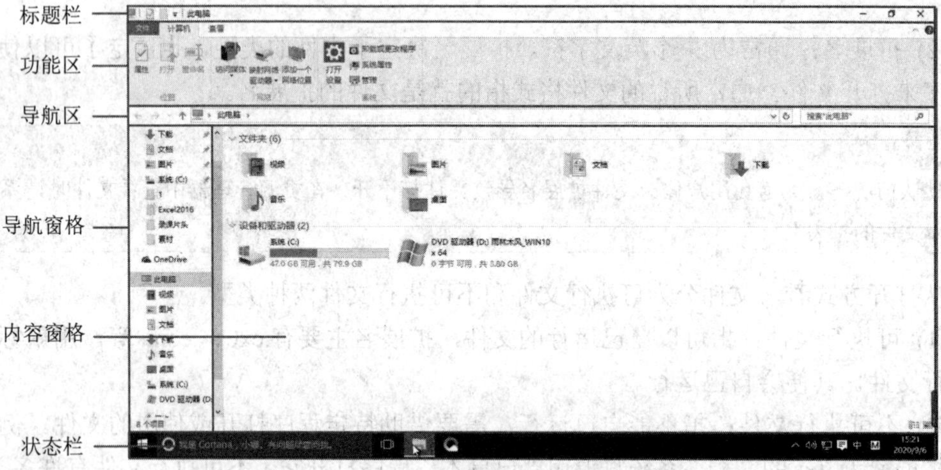

标题栏 ————

功能区 ————

导航区 ————

导航窗格 ————

内容窗格 ————

状态栏 ————

图 1-23　资源管理器

　　利用不同方式打开的资源管理器，其内容窗格中显示的内容可能不同，但窗口组成元素是相同的。有时根据资源管理器中显示的内容也可将资源管理器称为"此电脑"窗口、"文档"窗口、"网络"窗口或"×××"文件夹窗口等。

1. 标题栏

　　窗口的最上方是标题栏，由 3 部分组成，从左到右依次为快速访问工具栏、窗口内容标题和窗口控制按钮。

1) 快速访问工具栏

　　左上角区域是快速访问工具栏，默认有 4 个按钮，分别是窗口控制菜单按钮、属性按钮、新建文件夹按钮和自定义快速访问工具栏按钮。

　　单击自定义快速访问工具栏按钮，将打开菜单，如图 1-24(a)图所示。可以从菜单中选择需要的常用功能按钮，将其添加到快速访问工具栏中，如图 1-24(b)图所示。

—— 自定义快速访问工具栏按钮

(a) 单击自定义快速访问工具栏按钮打开菜单

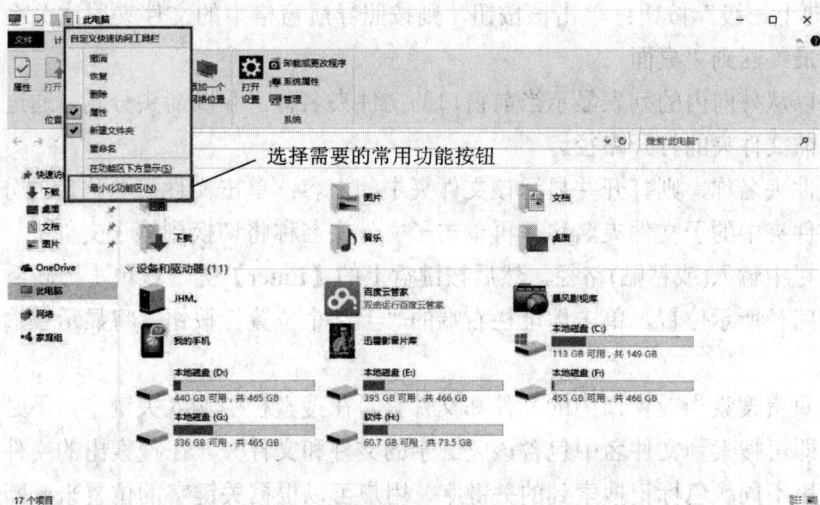

(b)　添加的常用功能按钮到快速访问工具栏中

图 1-24　资源管理器

2) 窗口内容标题

窗口内容标题位于自定义快速访问工具栏按钮的右边。每一个窗口都有一个名称，窗口内容标题会依据浏览的对象而显示对应的名称。

3) 窗口控制按钮

位于窗口右上角的 3 个窗口控制按钮 － □ ×，分别是窗口的最小化按钮、最大化按钮和关闭按钮。

2. 功能区

Windows 10 中的文件资源管理器是采用了 Ribbon 界面风格的功能区。Ribbon 界面把命令按钮放在一个带状、多行的区域中，该区域称为功能区，其目的是使用类似于仪表盘面板的功能区来代替先前的菜单、工具栏。每一个应用程序窗口中的功能区都是按应用来分类的，由多个选项卡(或称标签)组成，其中包含了程序所提供的各种功能。各个选项卡中的命令和选项按钮，再按相关的功能组织分为不同的组。

Windows 10 的功能区在通常情况下显示 3 个选项卡，分别是"文件""计算机"和"查看"。

3. 导航栏

导航栏由一组导航按钮、地址栏和搜索栏组成。

导航按钮包括"返回"按钮、"前进"按钮、"最近浏览的位置"菜单和"向上一级"按钮。

(1) "返回"按钮：单击"返回"按钮，则返回到浏览的前一个位置窗口，继续单击该按钮，最终返回到"快速访问"。

(2) "前进"按钮：单击"返回"按钮后，"前进"按钮变为可用。"前进"按钮按照用户浏览的先后步骤打开相应窗口。

(3) "最近浏览的位置"按钮：单击该按钮，将打开最近浏览过的位置列表。单击目标位置选项，就能快速打开该位置窗口。

(4) "向上一级"按钮：单击该按钮，则按照导航窗格中的文件夹层次关系返回上一层文件夹，最终回到"桌面"。

地址栏以从外向内的列表显示当前窗口的文件夹名称，并以箭头分隔，通过它可以清楚地看出当前文件夹的打开路径。

单击文件夹名称，则打开并显示该文件夹中的内容；单击文件夹名称后的分隔箭头，则显示该文件夹中的子文件夹名称，再单击子文件夹名称将切换到该子文件夹。

在地址栏中输入(或粘贴)路径，然后按键盘上的【Enter】键，或单击"转到"按钮，即可导航到路径所示位置。单击地址栏右端的"上一个位置"按钮，将显示曾输入或更改的路径列表。

搜索栏负责搜索当前窗口中的文件和文件夹。在搜索栏中输入关键字，不必输入完整的文件名，即可搜索到文件名中包含该关键字的文件和文件夹。在搜索出的文件和文件夹中，系统会用不同颜色标记搜索到的关键字，用户可以根据关键字的位置来判断该文件是否是所需的文件。此外，还可以为搜索设置更多的附加选项。

4. 导航窗格

在资源管理器左边的导航窗格中，默认显示"快速访问"、OneDrive、"此电脑""网络"和"家庭组"，它们都是计算机系统的文件夹根目录。

5. 内容窗格

内容窗格是资源管理器中最重要的部分，用于显示当前文件夹中的内容。

在左侧的导航窗格中单击文件夹名，内容窗格将列出该文件夹中的内容。在内容窗格中，双击某文件夹图标将显示其中的文件和文件夹，双击某文件图标可以启动对应的程序或打开文档。如果通过在搜索栏中输入关键字来查找文件，则仅显示当前窗口中相匹配的文件，包括子文件夹中的文件。

6. 状态栏

状态栏位于窗口底部，包括窗口提示、详细信息和大图标。

(1) 窗口提示：状态栏左端是窗口提示区域，对窗口中浏览或选定的项目作简要说明。

(2) 详细信息：单击"详细信息"按钮，可把窗口内的项目排列方式快速设置为"在窗口中显示每一项的相关信息"，可以查看与选定文件关联的最常见属性。文件属性是关于文件的信息，如作者、上一次更改文件的日期，以及可能已添加到文件的所有描述性标记。在"详细信息"视图中，使用列标题可以更改文件列表中文件的整理方式。例如，可以单击列标题的左侧以更改显示文件和文件夹的顺序，也可以单击右侧以采用不同的方法筛选文件。注意，只有在"详细信息"视图中才有列标题。

(3) 大图标：单击"大图标"按钮，可把窗口内的项目排列方式快速设置为"使用大缩略图显示项"。

此外，可以单击工具栏中的"预览窗格"按钮来打开预览窗格，从而在不打开文件的情况下查看大多数文件的内容。例如，如果选择电子邮件、文本文件或图片，则预览窗格中将显示其内容。

1.2.4　使用资源管理器

1．打开文件夹和文件

使用资源管理器打开文件夹和文件的具体操作步骤如下：

【步骤1】单击任务栏中的"文件资源管理器"图标，打开资源管理器。

【步骤2】双击C磁盘，打开该磁盘，查看保存在该磁盘中的文件和文件夹，如图1-25所示。

使用文件资源管理器

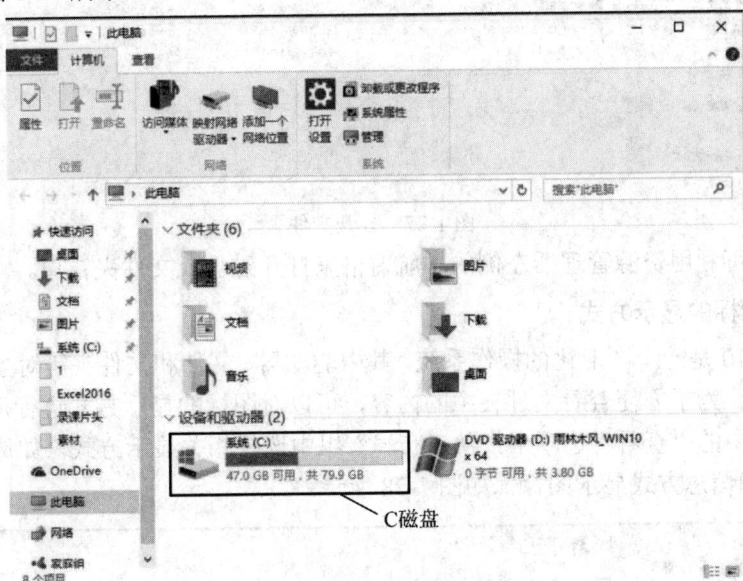

图1-25　打开磁盘

【步骤3】在C磁盘中双击任意一个文件夹将其打开，查看保存在其中的文件或文件夹，如图1-26所示。

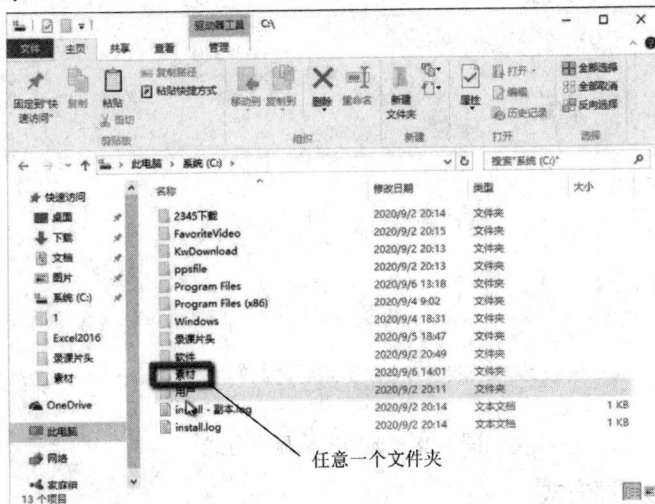

图1-26　打开文件夹

【步骤 4】双击某个文件，系统会自动启动相应的应用程序将其打开，如图 1-27 所示；也可在选中文件后，单击工具栏中的"打开"按钮将其打开。

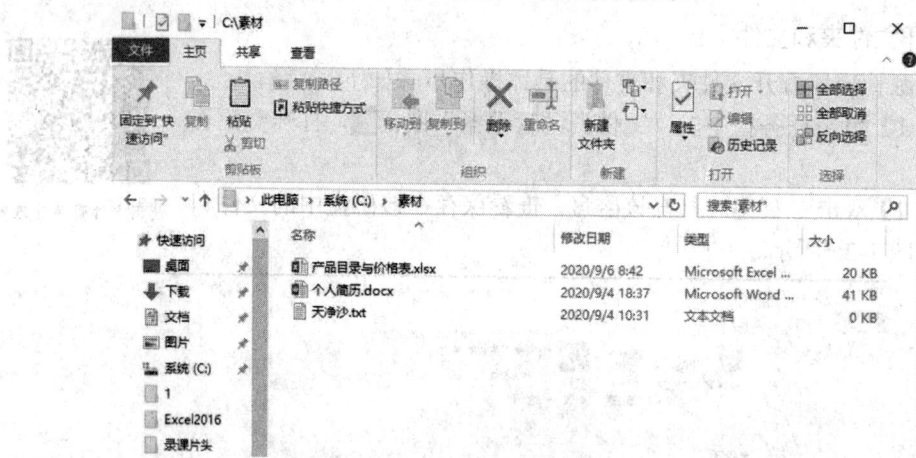

图 1-27　打开文件

此外，也可利用资源管理器左侧的导航窗格来打开磁盘或文件夹窗口。

2. 改变图标的显示方式

Windows 10 是一个图形化的操作系统，其中驱动器、文件和文件夹等对象都是以图标的方式显示的。为了方便查看文件夹中的内容，可以对图标的显示方式进行调整。为此，可单击功能区中的"查看"选项卡，从"布局"组中选择相关显示方式，如选择"详细信息"，则以详细信息方式显示图标，如图 1-28 所示。

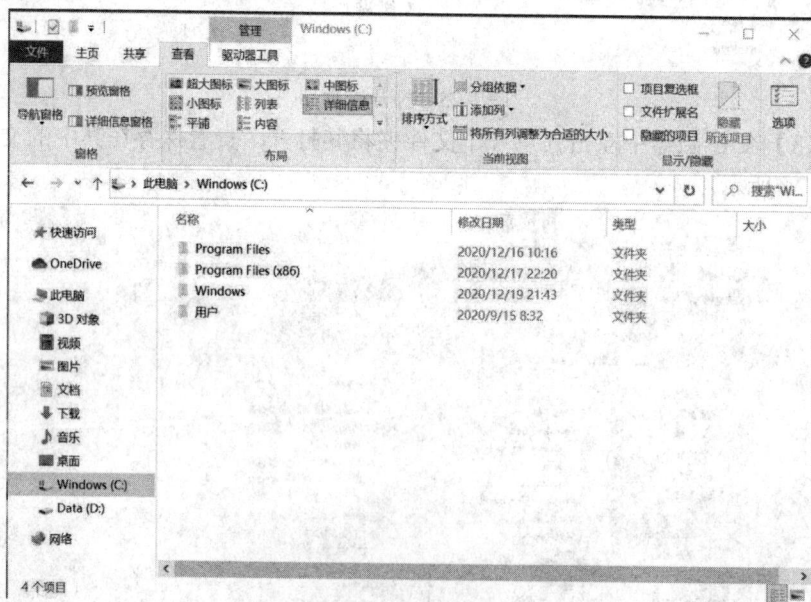

图 1-28　选择图标显示方式

3. 改变图标的排序方式

为了方便查看和比较文件，还可改变图标的排序方式，具体操作步骤如下：

【步骤1】右击资源管理器内容区的空白处，弹出一个快捷菜单。

【步骤2】将鼠标指针移至"排序方式"，显示其子菜单项，然后单击选择一种排序方式，如"名称"，从而以名称为依据对图标进行排序，如图1-29所示。

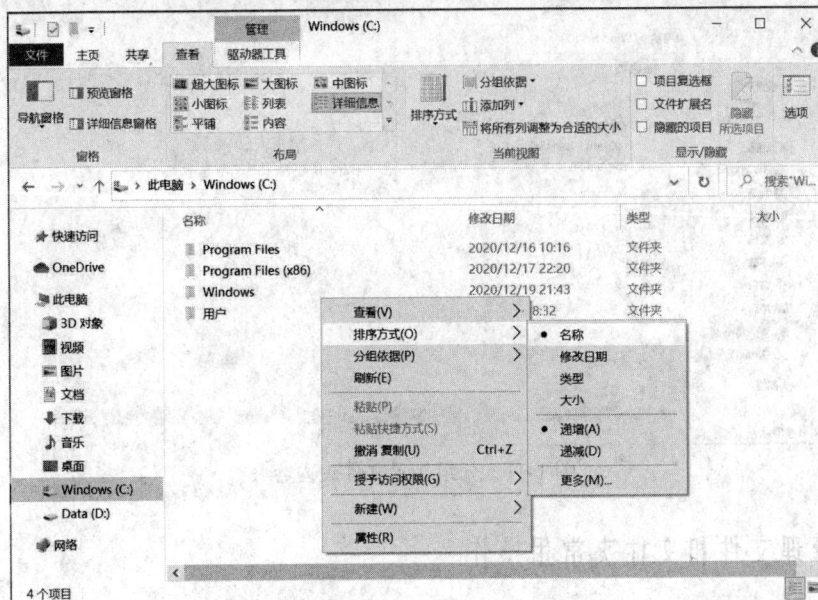

图1-29　设置图标排序方式

【步骤3】继续在"排序方式"子菜单中选择，设置图标是以"递减"还是"递增"方式排列。

4. 分组显示文件夹内容

要对文件夹中的内容进行分组显示，可右击鼠标，在弹出的快捷菜单中选择"分组依据"的某子菜单项，如选择"修改日期"，如图1-30所示，效果如图1-31所示。

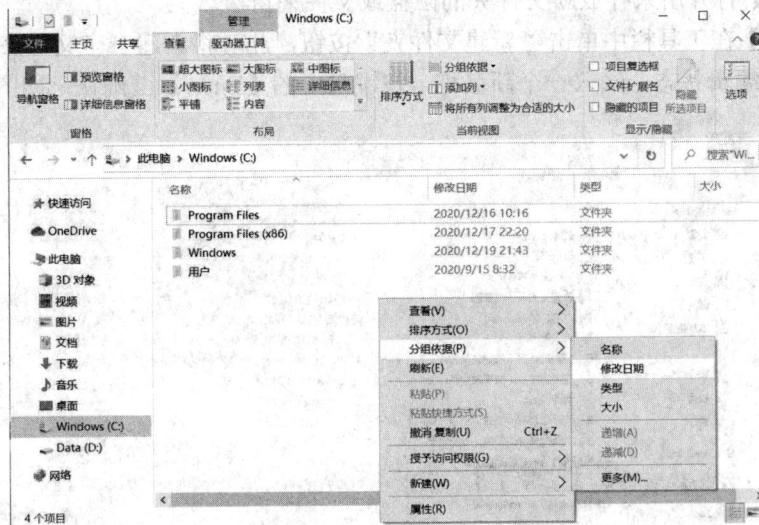

图1-30　设置分组显示依据

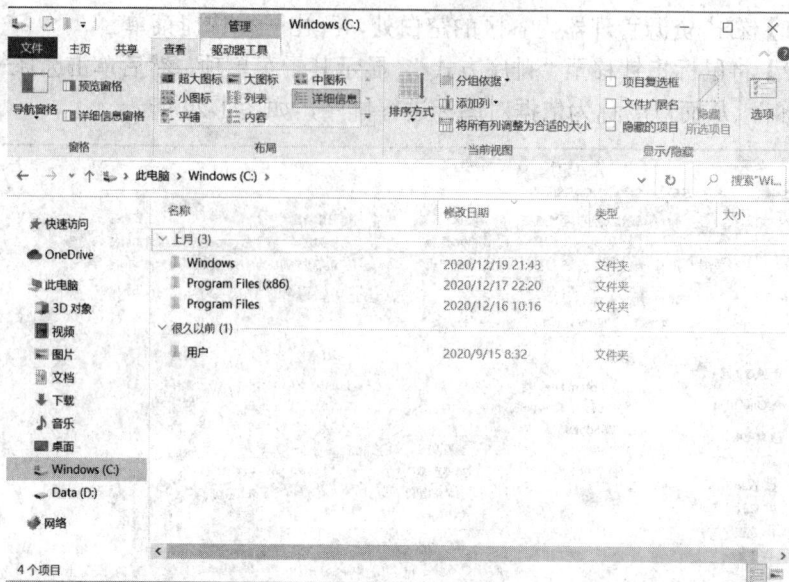

图 1-31　分组显示文件夹内容

1.2.5　管理文件和文件夹常用操作

在使用计算机的过程中，经常需要对文件或文件夹进行各种操作，如新建、选择、重命名、删除、移动或复制文件和文件夹等。

1. 新建和重命名文件夹

Windows 10 中的文件夹是存放文件的仓库。为了分类存放文件，有时需要创建新文件夹，或更改已存在的文件夹或文件名称，具体操作步骤如下：

文件和文件夹基本操作

【步骤 1】打开用来存放新文件夹的磁盘或文件夹窗口。

【步骤 2】在工具栏中单击"新建文件夹"按钮，此时将新建一个文件夹，且文件夹的名称处于可编辑状态，输入一个新名称，按键盘上的【Enter】键确认，如图 1-32 所示。

图 1-32　新建文件夹

【步骤 3】对于需要重命名的文件或文件夹，先单击选中目标，然后单击文件或文件夹名称，使其处于可编辑状态，接着输入文件或文件夹的新名称，按键盘上的【Enter】键确认，如图 1-33 所示。

图 1-33　重命名文件

要新建文件夹，也可右击窗口空白处，在弹出的快捷菜单中选择"新建"→"文件夹"选项；要重命名文件或文件夹，也可右击目标文件或文件夹，从弹出的快捷菜单中选择"重命名"选项，然后输入文件或文件夹的新名称。

注意
命名文件和文件夹时，要注意在同一个文件夹中不能有两个名称相同的文件或文件夹。此外，不要对系统中自带的文件或文件夹，以及安装应用程序时所创建的文件或文件夹进行重命名操作，以免引起系统或应用程序运行错误。

2. 选择文件或文件夹

在对文件或文件夹进行移动、复制、重命名等操作时，都需要先选择文件或文件夹。下面是选择文件和文件夹的几种方法：

(1) 选择单个文件或文件夹。直接单击该文件或文件夹即可，选中的文件或文件夹将以蓝色底纹显示。

(2) 同时选择不连续的多个文件或文件夹。首先单击要选择的第一个文件或文件夹，然后按住键盘上的【Ctrl】键，再用鼠标依次单击要选择的其他文件或文件夹，即可选中不连续的多个文件或文件夹，如图 1-34 所示。

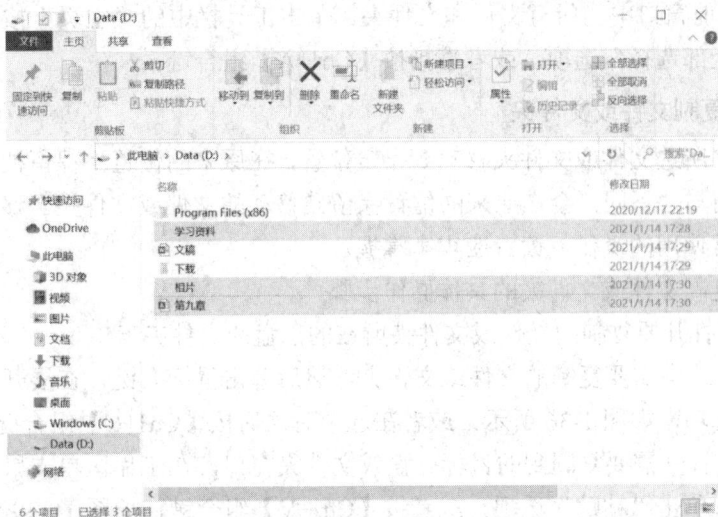

图 1-34　选择不连续的多个文件或文件夹

（3）同时选择连续的多个文件或文件夹。单击选中第一个文件或文件夹后，按住键盘上的【Shift】键，再单击其他文件或文件夹，则两个文件或文件夹之间的对象均被选中。

（4）使用鼠标拖放选择。按住鼠标左键不放，拖出一个矩形选框，释放鼠标后，选框内的所有文件或文件夹都会被选中，如图 1-35 所示。

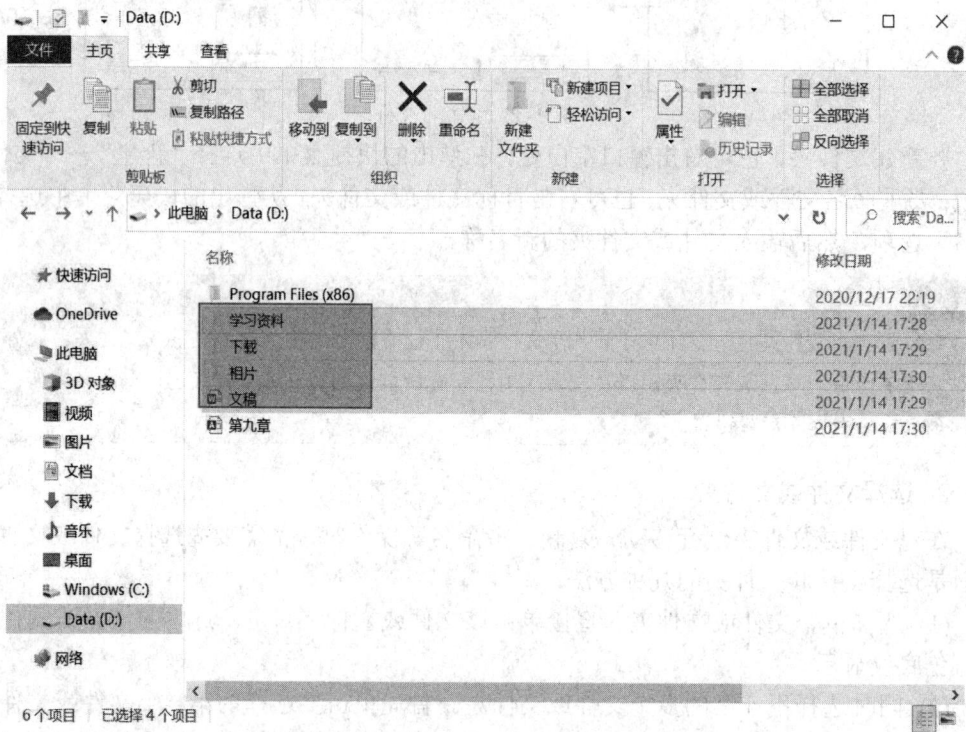

图 1-35　使用拖放方式选择多个文件或文件夹

（5）选择当前窗口中的所有文件和文件夹。单击工具栏中的"主页"按钮，在展开的列表中单击"全部选择"选项，或者直接按【Ctrl+A】组合键。

3. 移动与复制文件或文件夹

移动是指将所选文件或文件夹移动到指定位置，在原来的位置不保留被移动的文件或文件夹。复制则与之不同，会在原来的位置保留被移动的文件或文件夹。移动与复制均是管理文件时经常使用的操作，读者应牢牢掌握。

下面介绍复制文件或文件夹的具体操作步骤：

【步骤 1】打开要复制的文件或文件夹所在的磁盘或文件夹窗口。

【步骤 2】选中需要复制的文件或文件夹，然后单击鼠标右键，在展开的快捷菜单中单击"复制"选项，如图 1-36 所示，或者在选中对象后按【Ctrl+C】组合键。

【步骤 3】打开需要复制到的目标磁盘或文件夹窗口，在工作区单击鼠标右键，然后在展开的列表中单击"粘贴"选项，或者按【Ctrl+V】组合键，如图 1-37 所示。

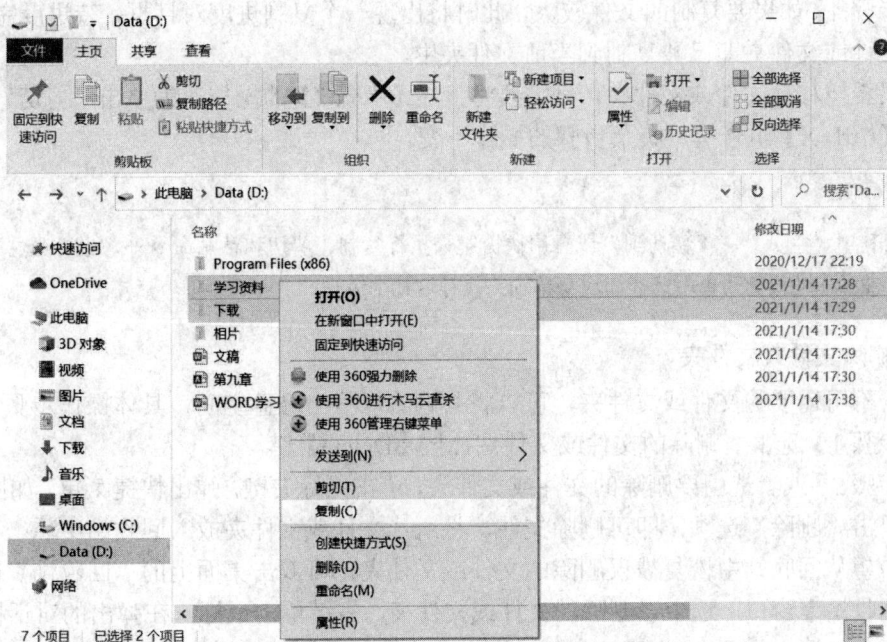

图 1-36 选择要复制的对象并执行"复制"命令

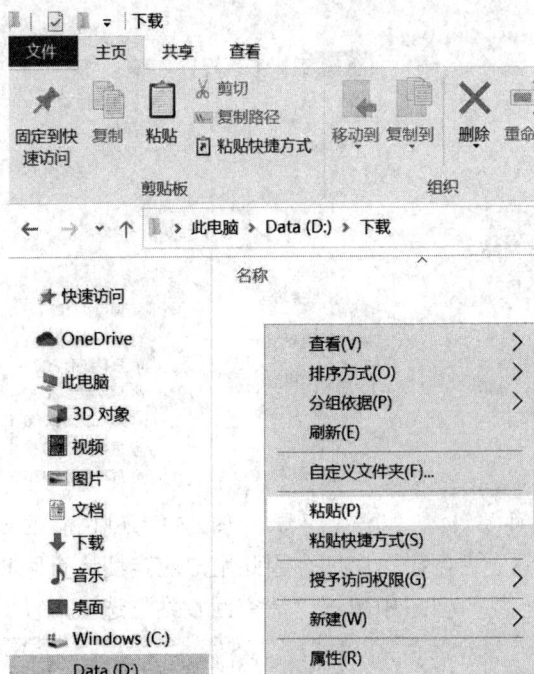

图 1-37 在目标文件夹窗口中执行"粘贴"命令

在移动或复制文件或文件夹时，如果目标位置存在名称相同的文件或文件夹，系统会弹出一个提示对话框，用户可根据需要选择，是覆盖同名文件或文件夹、不移动文件或文件夹，还是保留同名文件或文件夹。

【步骤 4】如果要复制的文件较大，此时将出现一个复制进度对话框，待进度完成后，选定的文件或文件夹即已被复制到当前文件夹中。

如果希望移动文件或文件夹，只需要将上述【步骤 2】的操作改为单击"剪切"选项，或者按【Ctrl+X】组合键，其余步骤的操作不变。

小技巧

除了利用"主页"→"移动到"或者用快捷键来执行复制、剪切和粘贴命令外，也可通过右键单击对象，在弹出的快捷菜单中选择相应菜单项来执行这几个命令。

4. 删除文件或文件夹

对于不再需要的文件或文件夹，可以将其删除以腾出磁盘空间，具体操作步骤如下：

【步骤 1】选中要删除的文件或文件夹，按【Delete】键。

【步骤 2】或者选中要删除的文件或文件夹，单击鼠标右键，弹出快捷菜单，如图 1-38 所示，单击"删除"选项，即可删除文件，将所选文件或文件夹放入回收站中。

若希望从回收站中恢复被误删除的文件或文件夹，可双击桌面上的"回收站"图标，打开"回收站"窗口，选中误删除的文件或文件夹，右键单击鼠标，在弹出的对话框中单击"还原"选项，如图 1-39 所示，即可将该文件或文件夹恢复到原来的位置。

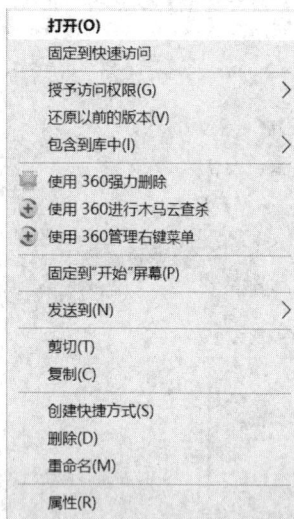

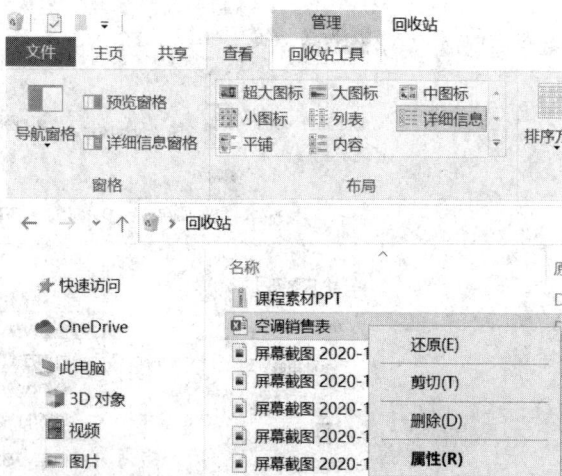

图 1-38　删除文件　　　　　　　　　　　图 1-39　还原删除的文件

回收站中的文件仍然会占用磁盘空间，因此用户应定期检查回收站。若确认没有需要保留的内容，应在"回收站"窗口中单击"清空回收站"选项，及时予以清空。

注意

删除大文件时，可将其直接从硬盘中删除而不经过回收站。方法是：选中要删除的文件或文件夹，按【Shift+Delete】组合键，然后在打开的提示框中确认即可。

5. 查找文件或文件夹

使用计算机时常会遇到找不到某个文件或文件夹的情况，此时可借助 Windows 10 的搜索功能进行查找，具体操作步骤如下：

【步骤 1】打开资源管理器，在窗口右上角的搜索编辑框中输入要查找的文件或文件夹名称(如果记不清文件或文件夹全名，可只输入部分名称)。

【步骤 2】此时系统自动开始搜索，等待一段时间即可显示搜索的结果，如图 1-40 所示。

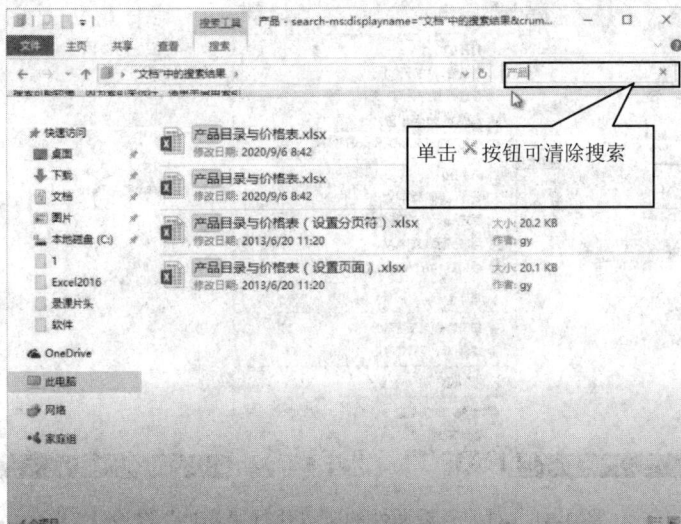

图 1-40　搜索文件

【步骤 3】对于搜索到的文件或文件夹，用户可对其进行复制、移动或打开等操作。

设置合适的搜索范围很重要。由于现在的硬盘容量都很大，若把所有硬盘都搜索一遍将会耗费很长的时间。若能确定文件存放的大致文件夹，可先在【步骤 1】中直接打开该文件夹窗口，然后再进行搜索。

> **小技巧**
>
> 在输入文件名时可以使用通配符。常用的通配符有星号(*)和问号(？)两种。其中，"*"代表一个或多个任意字符，"？"只代表一个字符。例如，*.*表示所有文件和文件夹；*.jpg 表示扩展名为.jpg 的所有文件；?ss.doc 表示扩展名为.doc、文件名为 3 位，且必须是以 ss 为文件名结尾的所有文件。

1.2.6　查看对象信息和属性

查看磁盘、文件夹或文件等对象的简单信息，只需将图标的显示方式设置为"详细信息"；或选中要查看信息的对象，在窗口底部状态栏的详细信息中进行查看。如果希望了解对象的更多属性，可利用以下方法查看。

查看对象信息和属性

1. 查看磁盘的常规属性

磁盘是计算机中最常用的外存储设备。通过查看磁盘的具体信息和常规属性，可以了解磁盘空间的使用情况，进一步清除磁盘中的垃圾文件，具体操作步骤如下：

【步骤 1】在"计算机"窗口中用鼠标右键单击要查看属性的磁盘，在弹出的快捷菜单中单击"属性"选项，如图 1-41 所示。

图 1-41　对要查看属性的磁盘执行"属性"命令

【步骤 2】在弹出的磁盘属性对话框的"常规"选项卡中查看该磁盘的文件系统类型、总容量、已用空间和可用空间等信息，如图 1-42 所示。

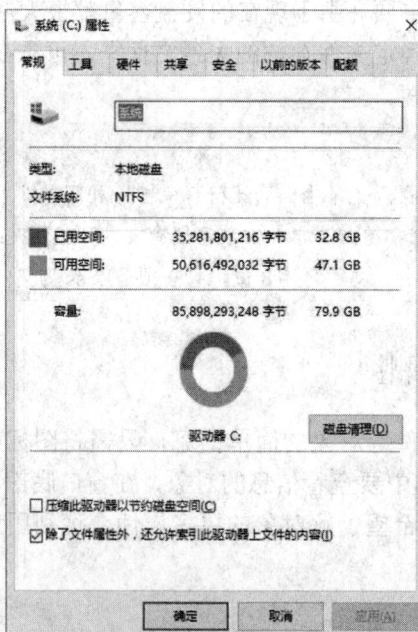

图 1-42　查看磁盘属性

【步骤 3】单击"磁盘清理"按钮，可清除该磁盘中的垃圾文件。
【步骤 4】单击"确定"按钮，关闭对话框。

当磁盘的可用空间很少时，应清理该磁盘或删除磁盘中不用的文件或文件夹。

2. 查看文件或文件夹的常规属性

要查看文件或文件夹的详细信息和常规属性，可按以下步骤进行操作：

【步骤 1】选中要查看属性的文件或文件夹，用鼠标右键单击所选对象，在弹出的快捷菜单中单击"属性"选项。

【步骤 2】在弹出的属性对话框的"常规"选项卡中查看所选文件或文件夹的大小、占用空间、创建时间等信息，还可查看和设置对象属性，如图 1-43 所示。

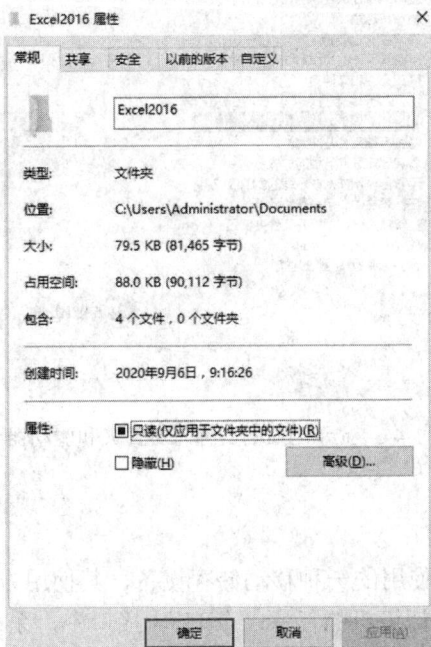

图 1-43　查看文件或文件夹属性

【步骤 3】文件或文件夹有只读和隐藏两种属性。将文件属性设置为"只读"后(勾选"只读"复选框)，将不能更改文件内容，但可删除文件；将文件或文件夹属性设置为"隐藏"后，其将不会显示在资源管理器中。设置完成后，单击"确定"按钮即可。

> **注意**
>
> 要显示隐藏的文件或文件夹，可先在资源管理器中单击"查看"→"选项"→"更改文件夹和搜索选项"按钮，如图 1-44 所示，再在弹出的"文件夹选项"对话框中选择"查看"选项卡，选中"显示隐藏的文件、文件夹和驱动器"单选钮⊙，如图 1-45 所示。

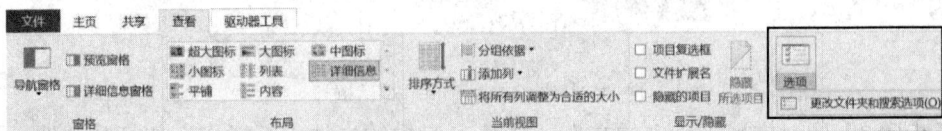

图 1-44　更改文件夹和搜索选项

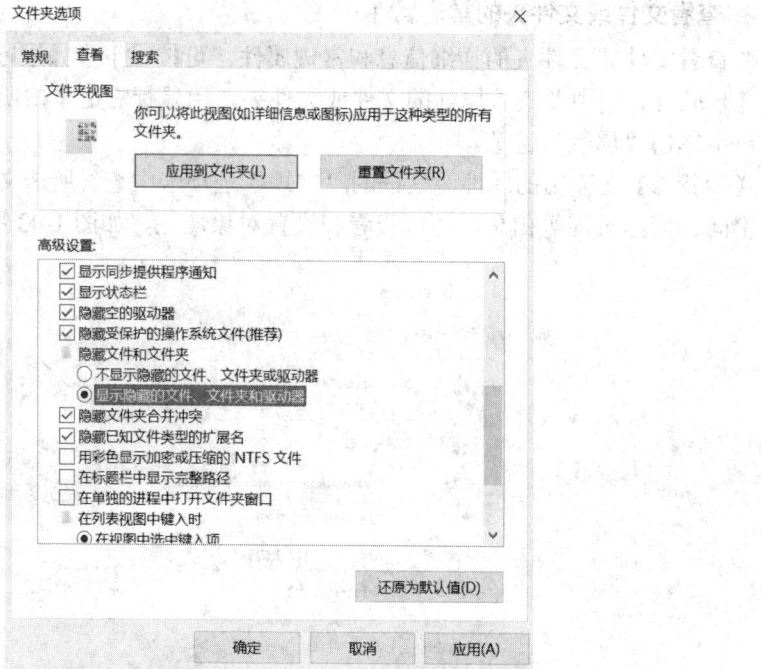

图 1-45　显示隐藏的文件、文件夹和驱动器

1.2.7　使用 U 盘

U 盘是计算机用户经常使用的一种移动储存设备，其使用方法如下：

【步骤 1】把 U 盘插到计算机的任意一个 USB 接口中，系统会自动探测到 U 盘。探测结束后，系统会弹出一个"自动播放"对话框，如图 1-46 所示。单击"打开文件夹以查看文件"选项，将打开显示 U 盘内容的资源管理器窗口。

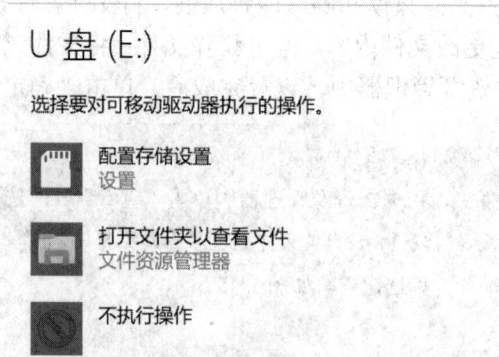

图 1-46　"自动播放"对话框

【步骤 2】像对本地磁盘中的文件一样对 U 盘中的文件进行操作，如打开文件、删除文件，或在本地磁盘和 U 盘之间复制和移动文件等。

【步骤3】U盘使用完毕后要取出U盘。首先应从计算机中删除该设备，可单击任务栏托盘区的可移动存储设备标志![icon]，在弹出的菜单中单击"弹出……"，如图1-47所示。当弹出"安全地移除硬件"的提示框时，即可将U盘从主机箱上拔下。

图 1-47　从系统中删除 U 盘设备

> **注意**
>
> 其他移动存储设备，如数码相机和手机的闪存卡，其使用方法与U盘相同。

此外，插入U盘后，在"此电脑"窗口中的"有可移动的储存设备"列表中会出现U盘盘符图标![icon]，双击该盘符图标也可打开显示U盘内容的窗口。

实　践　操　作

1. 新建、选择文件或文件夹

【步骤 1】双击桌面上的"此电脑"图标，在打开的窗口中双击 D 磁盘图标，进入 D 磁盘窗口，单击快速访问工具栏中的新建文件夹按钮，如图 1-48 所示。

管理文件和文件夹

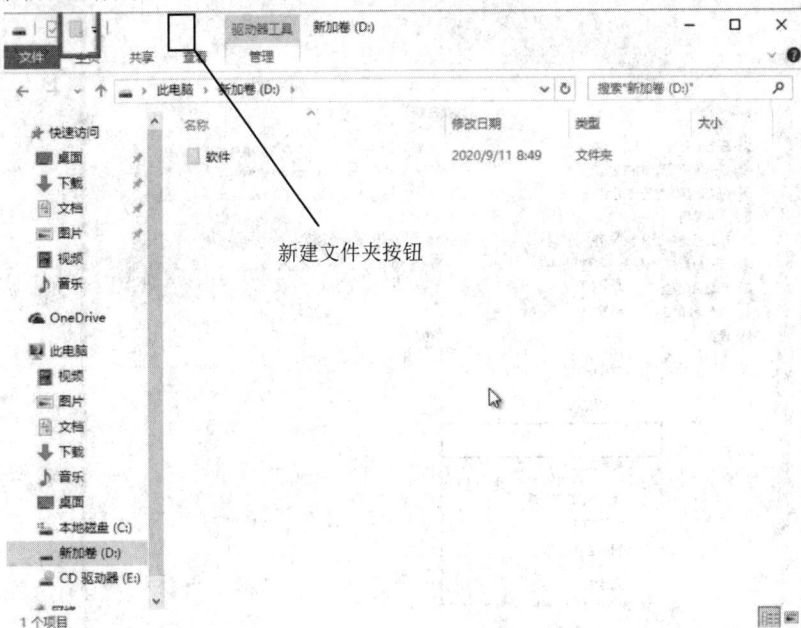

图 1-48　新建文件夹

【步骤 2】输入新文件夹的名称"Excel"，如图 1-49 所示。

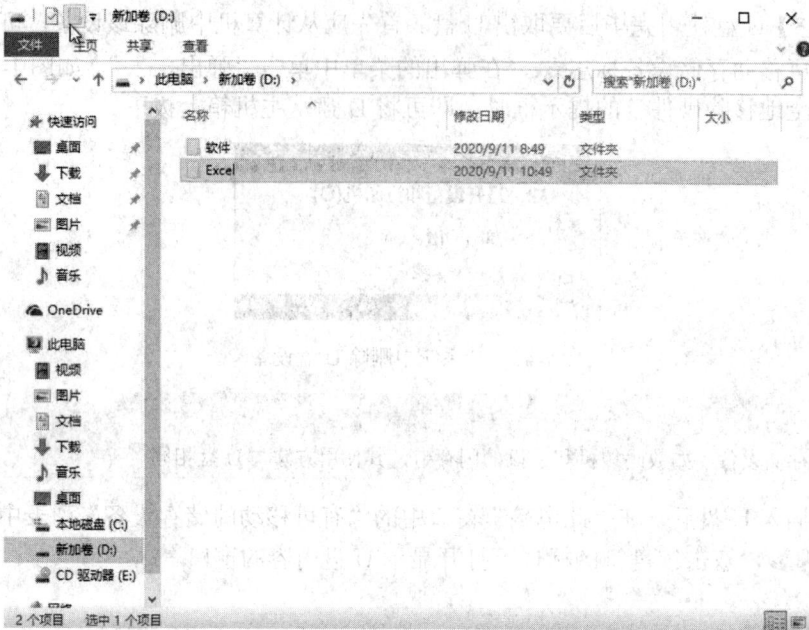

图 1-49　新建"Excel"文件夹

2. 移动、重命名文件或文件夹

【步骤 1】选中所有工作簿文件，单击鼠标右键，在弹出的快捷菜单中单击"剪切"选项，如图 1-50 所示，然后单击导航窗格中的 D 盘，打开新建的"Excel"文件夹并右击，在弹出的快捷菜单中单击"粘贴"选项，如图 1-51 所示，将文档复制到该文件夹中。

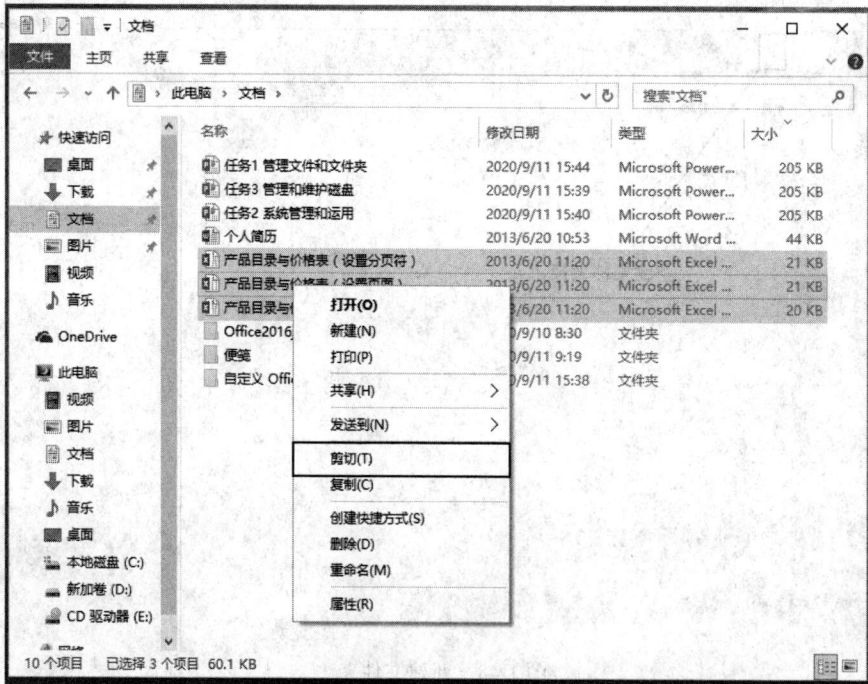

图 1-50　剪切文件

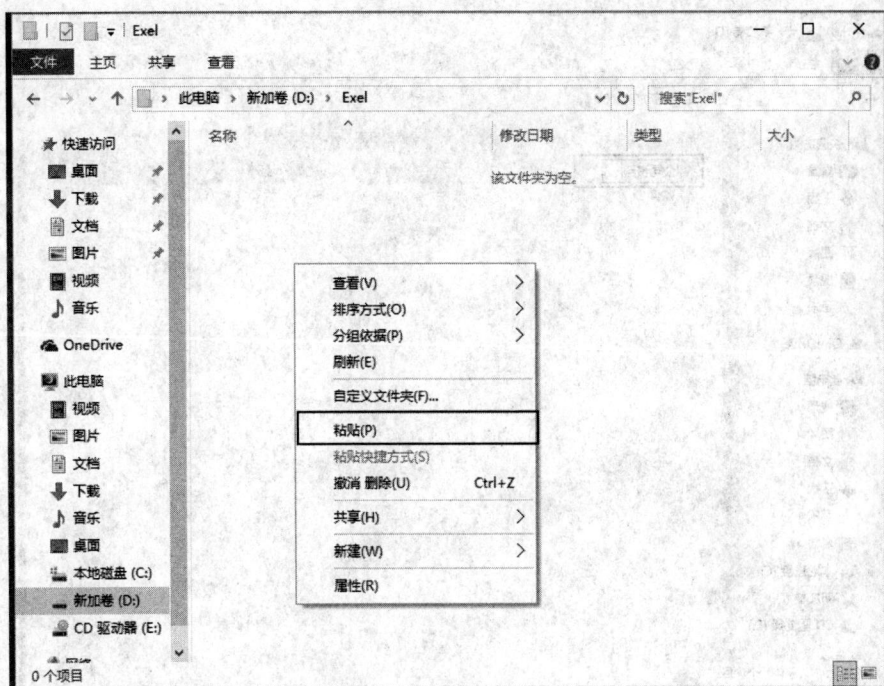

图 1-51 粘贴文件

【步骤2】右击"Excel"文件夹，在弹出的快捷菜单中单击"重命名"选项，如图 1-52 所示，然后输入文件夹新名称"公司资料"，如图 1-53 所示。

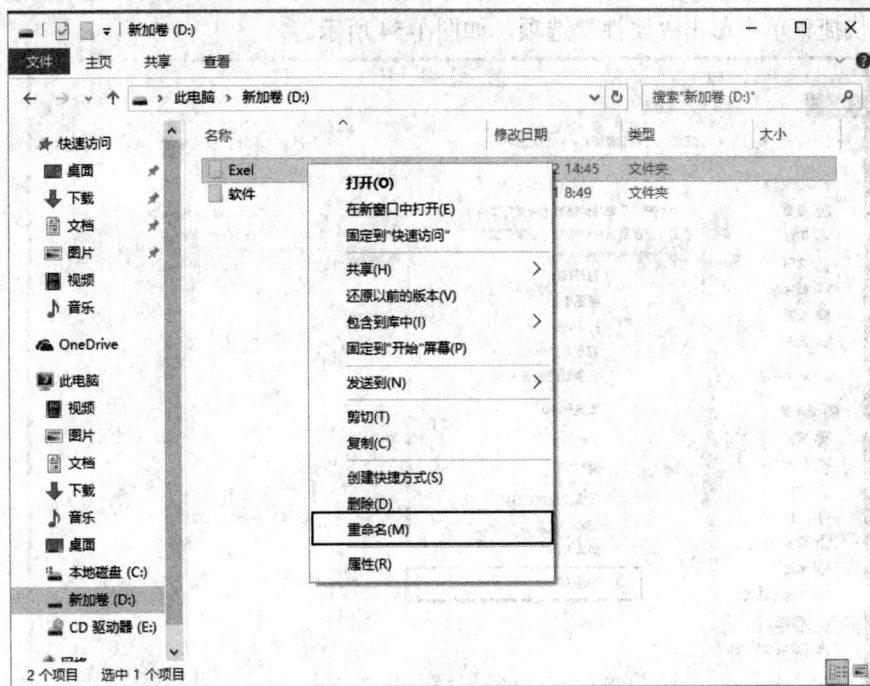

图 1-52 重命名文件夹

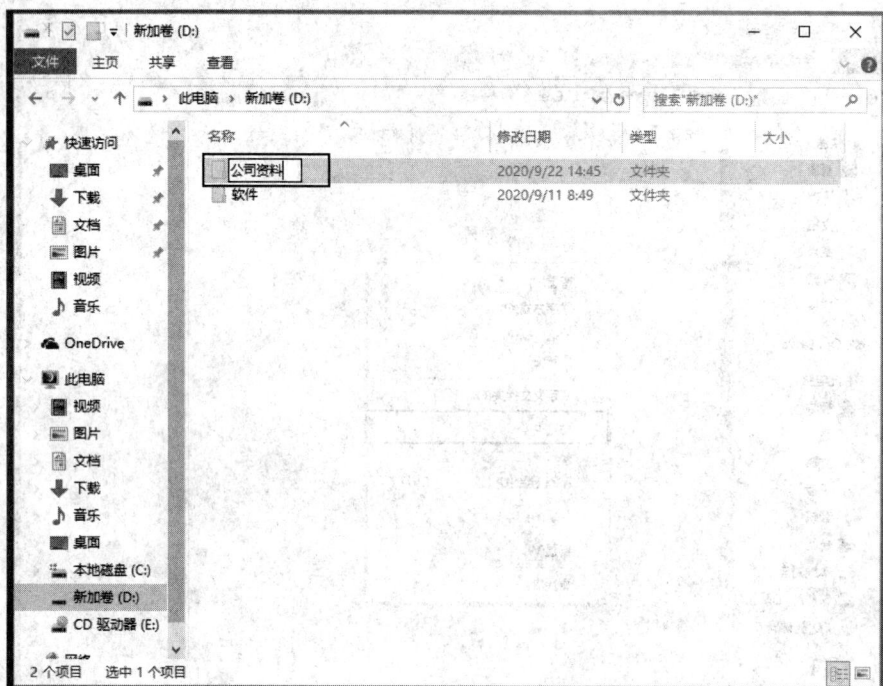

图 1-53　输入文件夹新名称

3. 设置文件或文件夹的属性

【步骤 1】找到前面保存的"产品目录与价格表"文档，然后用鼠标右击所选对象，在弹出的快捷菜单中单击"属性"选项，如图 1-54 所示。

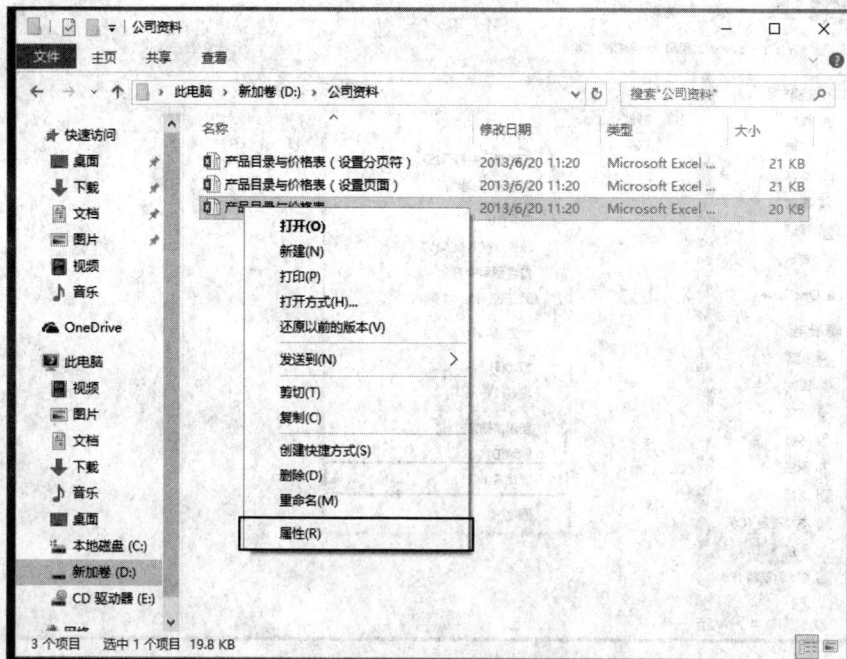

图 1-54　选择"属性"选项

【步骤 2】在打开的对话框的"常规"选项卡选中"只读"复选项，如图 1-55 所示，然后单击"确定"按钮。

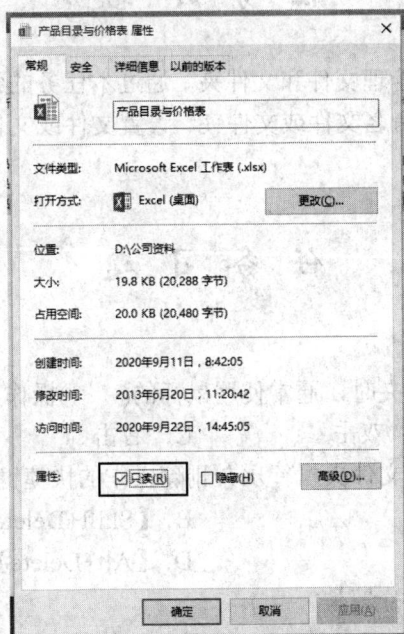

图 1-55　设置文件的只读属性

4. 删除文件或文件夹

右击要删除的文件，在弹出的快捷菜单中单击"删除"选项，如图 1-56 所示，此时要删除的文件被移到回收站。

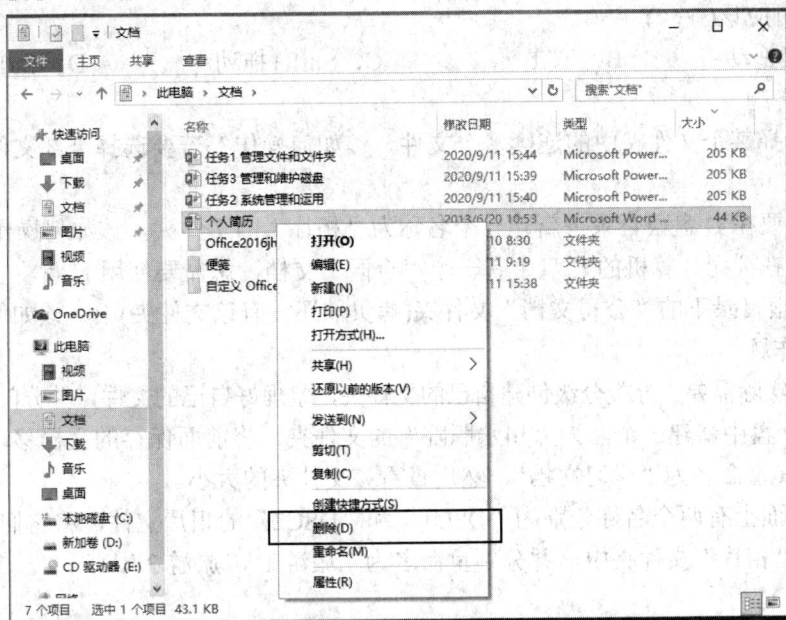

图 1-56　删除文件

任 务 小 结

本任务主要介绍了如何管理文件和文件夹。通过本任务的学习，读者应掌握新建和选择文件或文件夹、移动和重命名文件或文件夹、设置文件或文件夹的属性，以及删除文件或文件夹等常用操作。

任 务 习 题

一、选择题

1. 选择单个文件或文件夹时，通常使用鼠标的(　　)操作。

A. 单击　　　　　　　B. 双击　　　　　　　C. 右击　　　　　　　D. 拖动

2. 可以对选中的文件或文件夹执行永久删除操作的快捷键是(　　)。

A.【Ctrl+Delete】　　　　　　　　B.【Shift+Delete】

C.【Shift+F2】　　　　　　　　　D.【Alt+Delete】

3. 文件名中不能含有的符号是(　　)。

A. $　　　　　　　B. *　　　　　　　C. 空格符　　　　　　　D. ～

4. 文件的类型可以根据(　　)来识别。

A. 文件的大小　　　　　　　　　　B. 文件的用途

C. 文件的扩展名　　　　　　　　　D. 文件的存放位置

5. 在 Windows 10 的资源管理器中，要把 C 盘中的某个文件或文件夹移到 D 盘中，用鼠标操作时应该(　　)

A. 直接拖动　　　　　　B. 双击　　　　　　C. Shift+拖动　　　　　　D. Ctrl+拖动

二、简答题

1. 要选择某个文件夹中的连续多个文件，该如何操作？若要选择全部文件，又该如何操作？

2. 如果要在 D 盘根目录下新建一个名称为"相片"的文件夹，该如何操作？

3. 假设在公司计算机的 E 盘中有一个"合同"文档，您需要使用 U 盘将它拷贝到家里电脑 D 盘根目录下的"公司文档"文件夹(拷贝前还没有该文件夹)中，该如何操作？

三、操作题

1. 根据实际需要，分类分级创建自己的文件夹，整理好自己的文件，并分门别类存放。

2. 在 D 盘中新建一个名为"川水职院"的文件夹，将前面保存的文档移动到该文件夹中，并将其重命名为"学习文档"，然后查看该文件夹的大小。

3. 在桌面上有两个名称分别为"DSC1"和"DSC2"的相片文件，将它们移到 D 盘根目录下的"相片"文件夹中，并分别重命名为"旅游 1""旅游 2"。

任务 3　系统管理和运用

教学目标

　　通过本任务的学习，掌握如何创建和管理用户账户，并且能够独立完成程序的安装与卸载，以及 Windows 功能的启动与关闭。

知识目标

➤ 认识控制面板。

➤ 认识应用软件。

➤ Windows 10 个性化设置。

➤ 创建和更改用户。

➤ 安装与卸载程序。

技能目标

➤ 能对 Windows 10 进行基本的个性化设置。

➤ 能根据需求完成用户账户的创建、更改和删除。

➤ 能够独立完成程序的安装与卸载。

任 务 描 述

　　公司给小李分配了一台新电脑，小李要对电脑进行设置并进行程序的安装与卸载。本任务需要将 Windows 10 的默认主题更改为"鲜花"，再将桌面背景设置为主题图片中的一张，接着将桌面上的"计算机"图标进行更改，然后创建一个带密码的用户账户，最后在电脑中安装搜狗输入法并卸载 QQ 影音。

相 关 知 识

1.3.1　认识控制面板

　　Windows 10 允许用户根据使用习惯来定制工作环境，以及管理计算机中的软、硬件资源。控制面板是进行这些操作的门户，利用它用户可以设置屏幕显示效果，修改系统日期和时间，添加和删除程序，查看系统软、硬件信息和优化系统，以及配置网络等。

选中"此电脑"并单击鼠标右键，在快捷菜单中单击"属性"选项，再在弹出的对话框中，单击"控制面板主页"选项，如图 1-57 所示。

图 1-57　"控制面板主页"选项

可以看到，各系统设置工具被分门别类地放置在"控制面板"窗口中。

此外，也可以单击"控制面板"窗口右上角"查看方式"右侧的三角按钮，从弹出的下拉列表中选择"大图标"或"小图标"，以同时显示所有设置工具，图 1-58 所示为按"小图标"方式显示的控制面板。

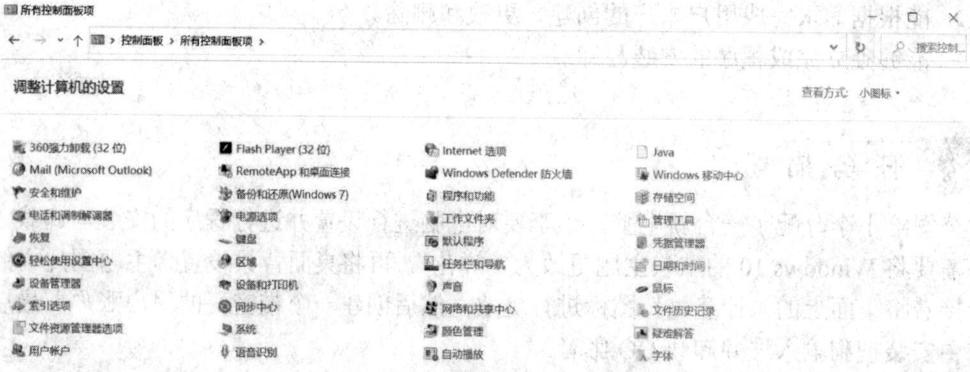

图 1-58　按"小图标"方式显示的控制面板

1.3.2　认识应用软件

应用软件运行在操作系统之上，是为了解决用户的各种实际问题而编制的程序及相关资源的集合。虽然 Windows 10 系统默认提供了一些应用程序帮助用户完成某些操作，如

"记事本"和"画图"等，但这些程序无法完全满足用户的实际需要。为了扩展计算机的功能，用户必须为计算机安装相应的应用软件。

例如，要使用计算机进行办公，需要安装 Office 办公软件；要解压缩文件，需要安装 WinRAR 或其他解压缩软件；要保护计算机的安全，需要安装 360 或其他安全软件。

1.3.3　个性化 Windows 10

Windows 10 提供了强大的外观和个性化设置功能。用户可通过单击"控制面板"窗口的"外观和个性化"分类中的相应选项来进行设置，例如更换桌面主题、设置桌面图标、更换桌面背景、设置屏幕保护程序、设置屏幕分辨率，以及添加桌面小工具等。

个性化 Windows

1．更换桌面主题

桌面主题是桌面总体风格的集合。通过改变桌面主题，可以同时改变桌面图标、背景图像和窗口等项目的外观，具体操作步骤如下：

【步骤 1】在图 1-59 所示的"控制面板"窗口中单击"外观和个性化"选项。

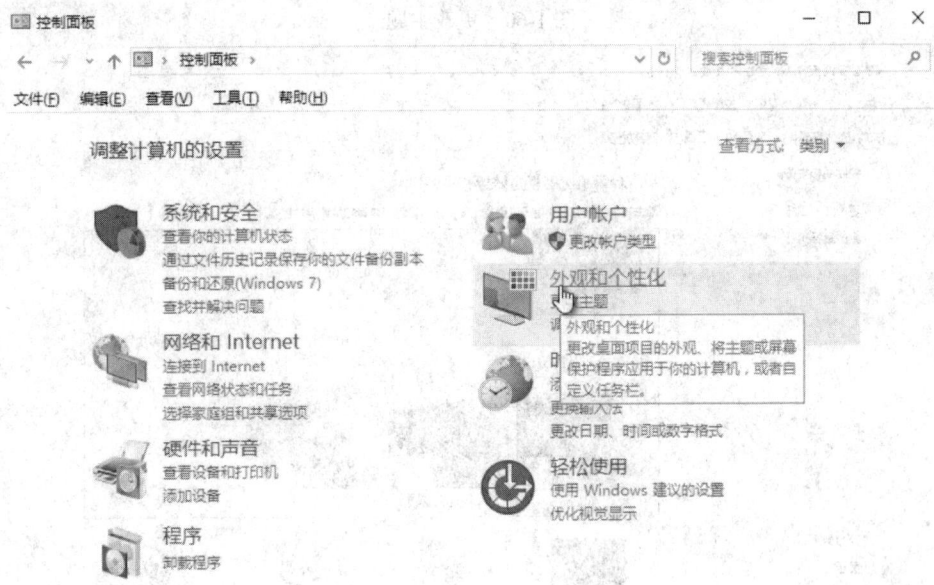

图 1-59　控制面板的"外观和个性化"选项

【步骤 2】弹出"外观和个性化"窗口，单击"个性化"类别下方的"更改主题"选项，如图 1-60 所示。

【步骤 3】弹出"个性化"窗口，如图 1-61 所示。在主题列表中单击需要应用的主题，系统将自动应用该主题。

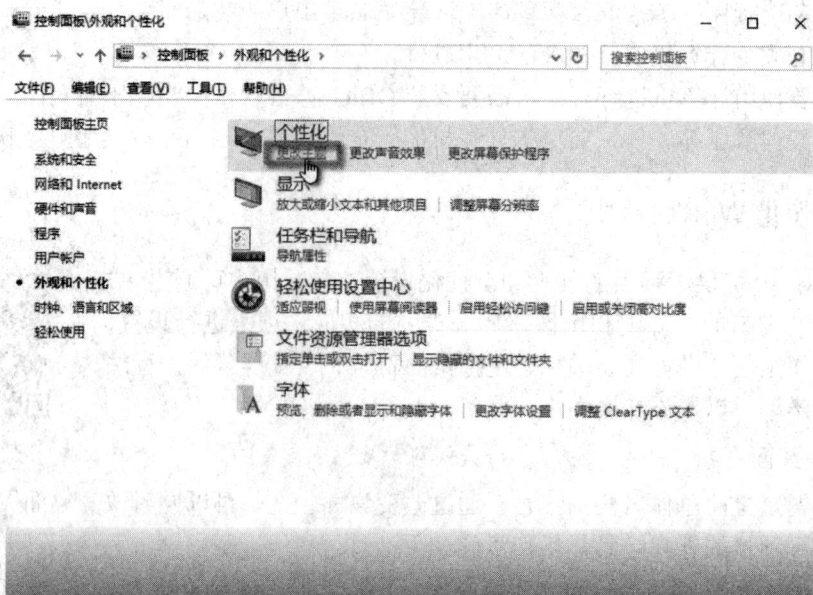

图 1-60　更改主题

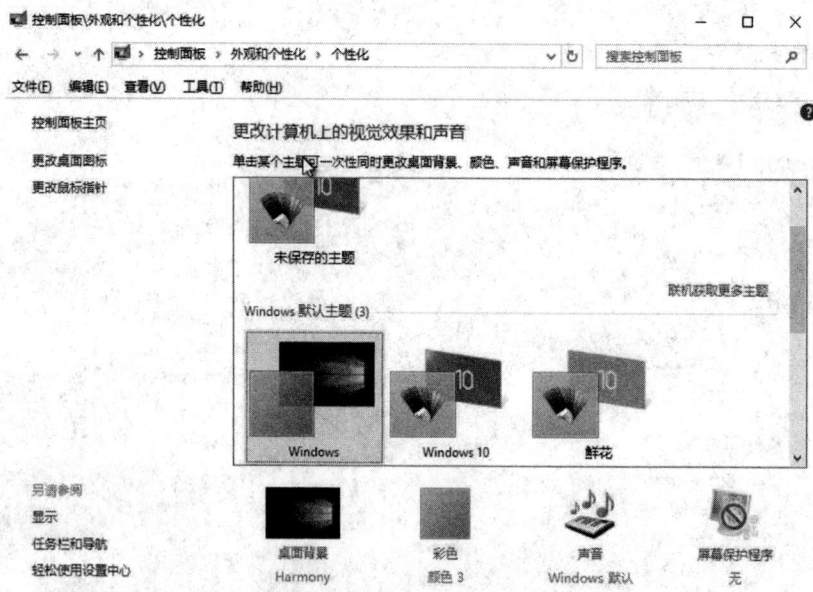

图 1-61　"个性化"窗口

当选中某个主题时，可一次性更改桌面背景、颜色、声音、屏幕保护程序等，也可分别对桌面背景、颜色、声音、屏幕保护程序进行更改。

2. 更换桌面背景

将桌面背景更换成自己喜爱的图片，具体操作步骤如下：

【步骤 1】在图 1-61 所示的"个性化"窗口中，单击底部的"桌面背景"图标。

【步骤 2】弹出"桌面背景"窗口，在"幻灯片放映"下拉列表中单击"图片"→"浏览"，找到喜欢的图片，设置桌面背景图片，如图 1-62 所示。

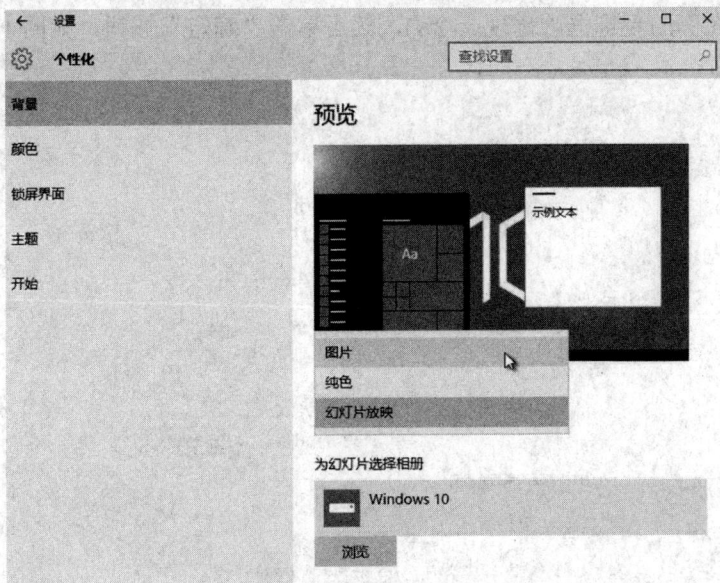

图 1-62　更换桌面背景

如果需要纯色背景，可单击"纯色"选项；如果需要使用动态填充效果，则单击"幻灯片放映"→"浏览"，为幻灯片选择相册。

【步骤 3】单击"更改图片的频率"按钮，从下拉列表中选择各张图片的切换时间。

3. 添加桌面图标

如果用户的桌面上没有显示"计算机"、"网络"、"控制面板"等常用图标，可使用以下操作步骤将它们添加到桌面上。

【步骤 1】在如图 1-63 所示"个性化"窗口中，单击左上角的"更改桌面图标"选项。

图 1-63　更改桌面图标

【步骤 2】弹出"桌面图标设置"对话框，在"桌面图标"区单击选中要添加的桌面图标名称(使其左侧的复选框中出现一个√)，然后单击"确定"按钮，如图 1-64 所示。

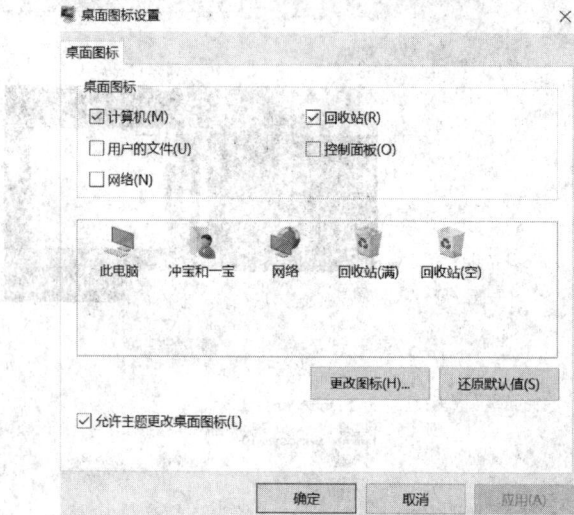

图 1-64   添加桌面图标

4. 设置屏幕保护程序

计算机显示静态图像的时间过长会灼伤屏幕，降低显示器的使用寿命。设置屏幕保护程序既可以避免这种不良影响，还可以使用户在屏幕上看到精美的画面，具体操作步骤如下：

【步骤 1】在图 1-61 所示的"个性化"窗口中，单击右下角的"屏幕保护程序"图标。

【步骤 2】弹出"屏幕保护程序设置"对话框，如图 1-65 所示。在"屏幕保护程序"下拉列表中选择一种屏幕保护程序。

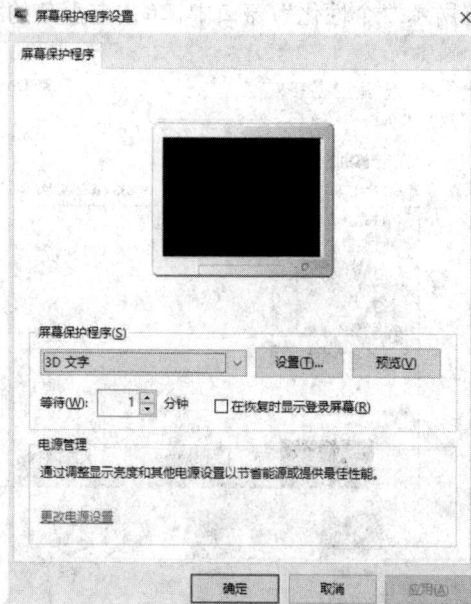

图 1-65   设置屏幕保护程序

【步骤 3】在"等待"文本框中输入数值，设定计算机空闲多长时间后启动屏幕保护程序。

【步骤 4】单击"确定"按钮。

当在设定时间内不对计算机进行任何操作时，系统将进入屏幕保护程序。此时如要回到操作界面，只需移动一下鼠标或按键盘上的任意键即可。

5. 调整屏幕分辨率

在刚安装操作系统或更换显示器时，为了使显示器的显示效果更好，一般需要调整屏幕分辨率，具体操作步骤如下：

【步骤 1】单击"个性化"窗口左上角的"后退"按钮，返回"外观和个性化"窗口，单击"显示"类别下方的"调整屏幕分辨率"，如图 1-66 所示。

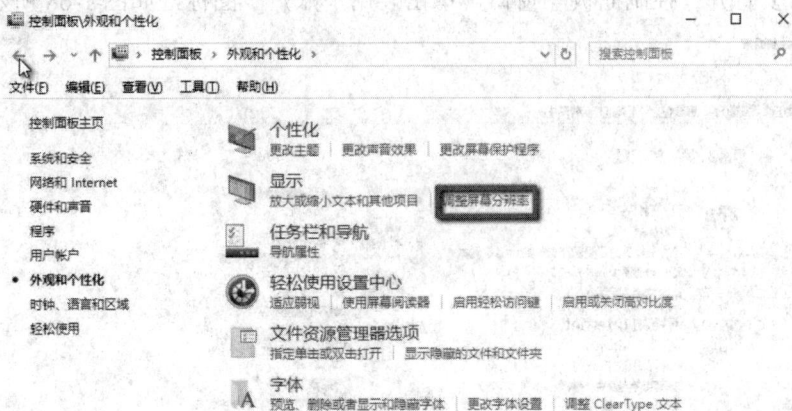

图 1-66 调整屏幕分辨率

【步骤 2】弹出"屏幕分辨率"对话框，在"分辨率"下拉列表中选择一种分辨率，单击"确定"按钮，如图 1-67 所示。

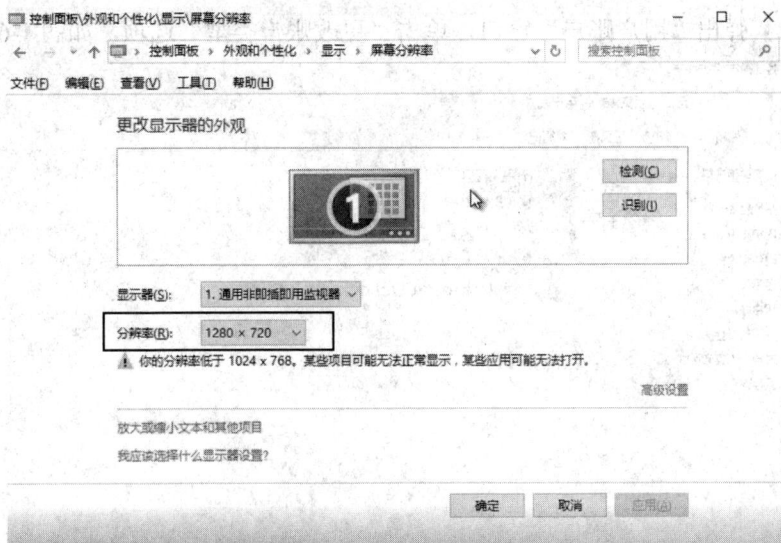

图 1-67 设定屏幕分辨率

在屏幕大小不变的情况下，分辨率的大小决定了屏幕显示内容的多少。但分辨率并不是越大越好，而是取决于显示器的支持，具体可参考显示器使用手册。

1.3.4　创建和管理用户账户

Windows 10 提供了多用户操作环境。当多人使用一台计算机时，可以分别为每个人创建一个用户账户。这样，每个人都可以用自己的账号和密码登录系统，拥有独立的桌面、收藏夹、"我的文档"文件夹等，从而使用户之间相互不受影响。

创建和管理用户账户

1．创建用户账户

【步骤 1】打开"控制面板"窗口，单击"用户账户"图标，如图 1-68 所示。

图 1-68　"控制面板"窗口

【步骤 2】弹出"用户账户"窗口，单击"更改账户类型"选项，如图 1-69 所示。

图 1-69　"用户账户"窗口

　　【步骤3】弹出"管理账户"窗口，单击"在电脑设置中添加新用户"，如图1-70所示。弹出"设置"对话框，单击╋，将其他人添加到这台电脑，如图1-71所示。

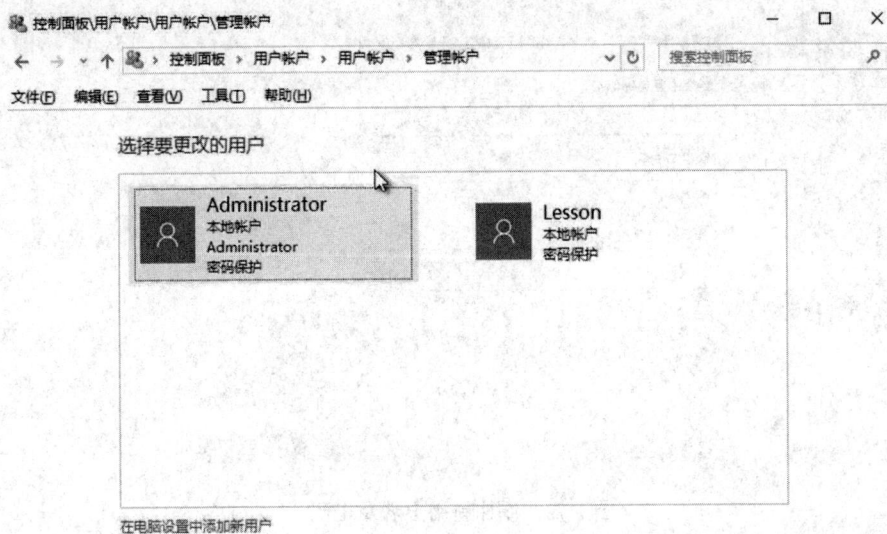

图 1-70　"管理账户"窗口

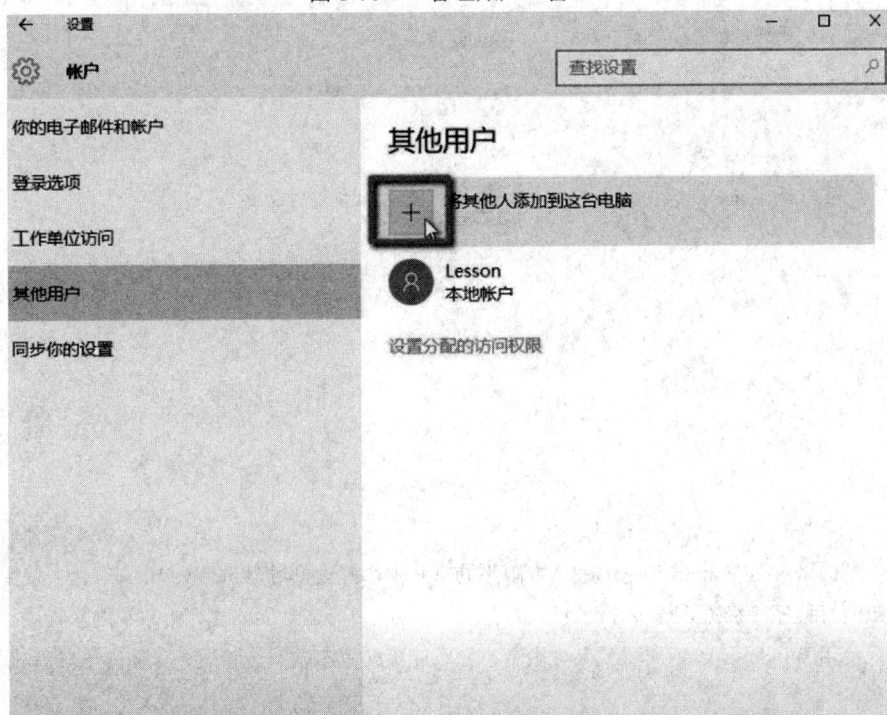

图 1-71　添加其他用户

　　在"谁将会使用这台电脑？"文本框中输入新账户的名称，并在下方文本框中按提示设置密码，如图1-72所示。

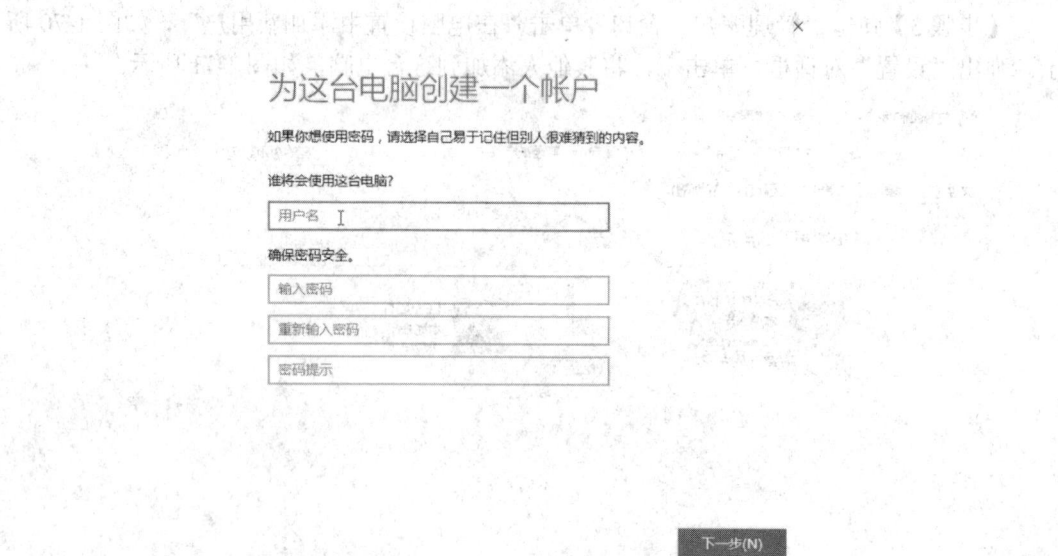

图 1-72　添加新用户名及密码

【步骤 4】单击"下一步"按钮，完成新用户的创建，并自动返回"设置"对话框，在该对话框中将看到新创建的账户，如图 1-73 所示。

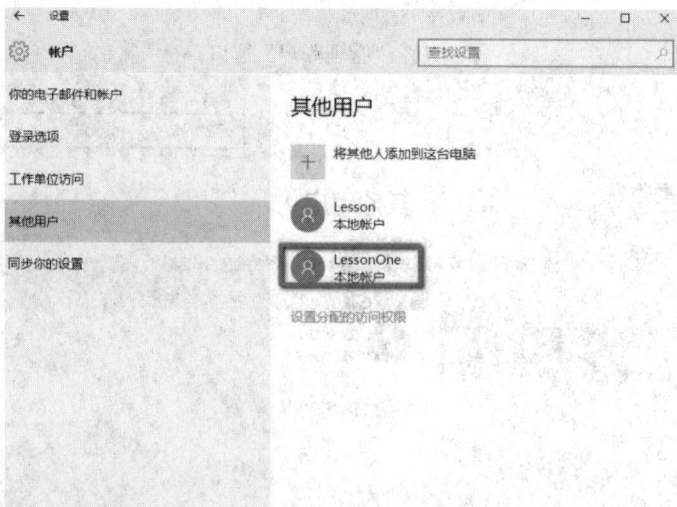

图 1-73　创建用户账户

注意

　　不同类型的账户对 Windows 10 的使用权限不同。其中，管理员对 Windows 10 拥有最大使用权限，如可以安装所有程序，修改系统所有设置，访问计算机中的所有文件，创建、更改和删除其他账户等；标准用户在使用 Windows 10 时将受到某些限制，如不能更改大多数系统设置，只能修改自己的账户名称和密码等。

2. 更改用户账户

我们可以对现有账户的用户名和登录密码等进行更改。具体操作步骤如下：

【步骤1】在"用户账户"窗口中，单击"更改账户类型"，弹出"管理账户"窗口，单击要更改的用户的图标，如图 1-74 所示。

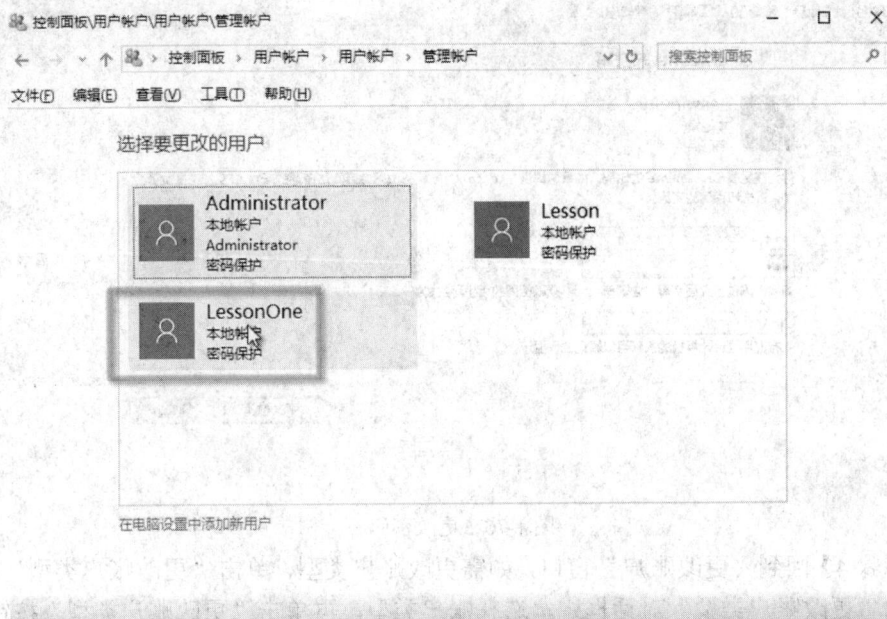

图 1-74 单击要更改的用户的图标

【步骤2】在打开的窗口中，选择要更改的内容，如需更改密码则单击"更改密码"，如图 1-75 所示。

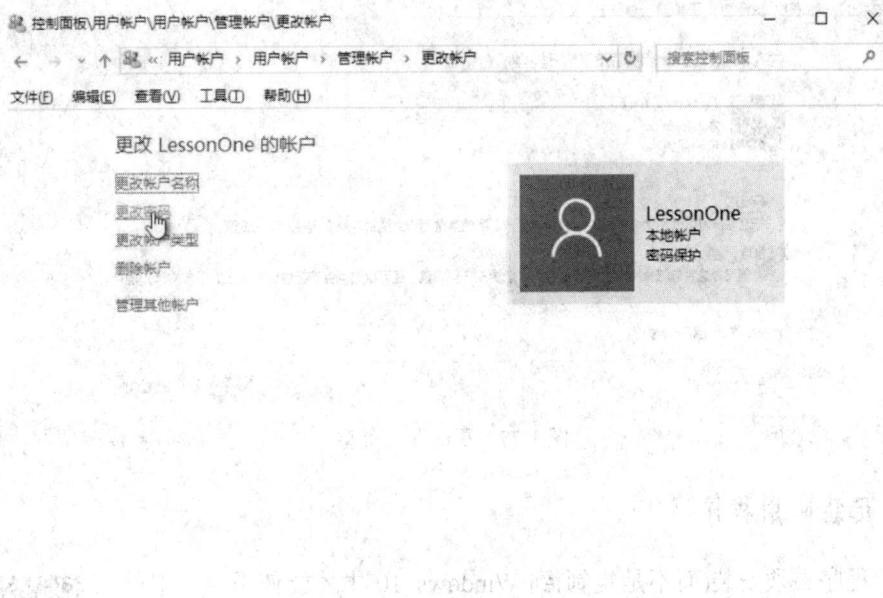

图 1-75 单击"更改密码"

【步骤3】弹出"更改密码"对话框，输入新密码并确认，还可输入一个密码提示，然后单击"更改密码"按钮，如图 1-76 所示。

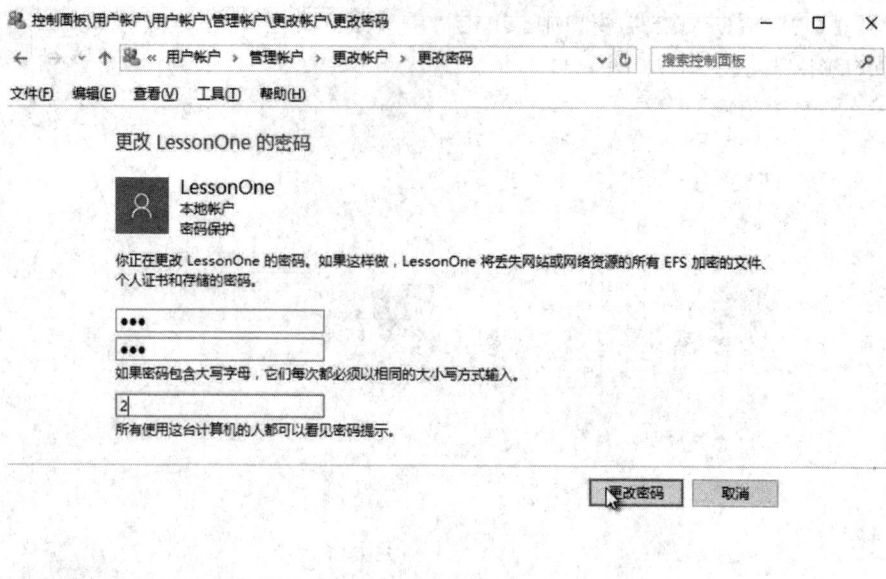

图 1-76　更改密码

【步骤 4】回到"更改账户"窗口，如需更改账户类型，单击"更改账户类型"按钮。在弹出的"更改账户类型"对话框中，选择账户类型，再单击"更改账户类型"按钮，如图 1-77 所示。如需其他更改，可在"更改账户"窗口中单击其他选项进行更改。

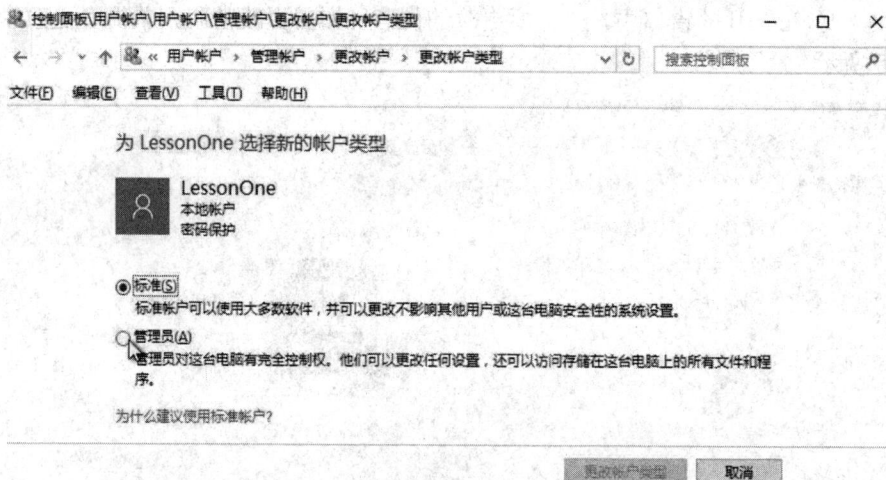

图 1-77　更改账户类型

1.3.5　安装应用程序

应用程序必须安装(而不是复制)到 Windows 10 中才能使用。一般软件都配置了自动安装程序，将安装光盘放入光驱，系统会自动运行它的安装程序，用户根据提示进行操作即可。如果软件安装程序没有自动运行，则需要在存放软件的文件夹中找到 Setup.exe 或 Install.exe(也可能是软件名称)等安装程序文件，双击它便可进行安装操作。

程序与组件

以安装办公软件 Office 2016 为例，说明应用程序的安装步骤。

【步骤 1】将 Office 2016 安装光盘放入光驱，其安装程序会自动运行。若 Office 2016 的安装文件储存在硬盘中，可在存放软件的文件夹中找到并双击 Setup.exe 文件，运行 Office 2016 的安装程序，如图 1-78 所示。

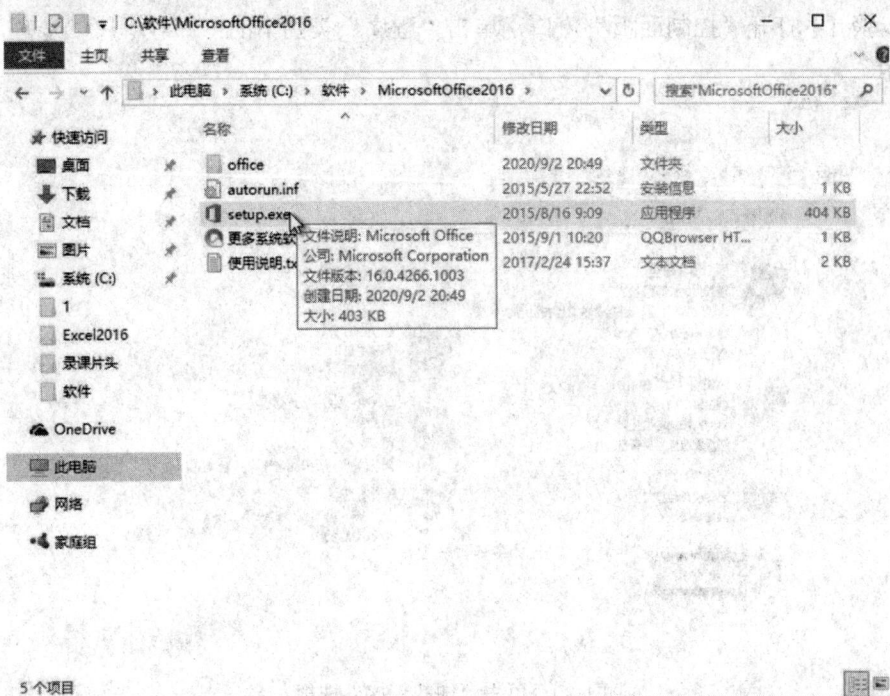

图 1-78　双击安装程序文件

【步骤 2】待软件安装完成，单击"关闭"按钮，如图 1-79 所示。

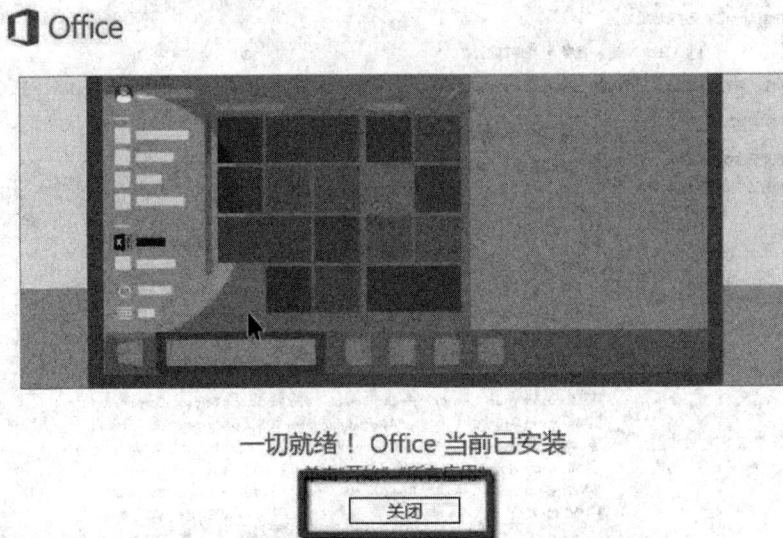

图 1-79　软件安装完成

1.3.6　卸载应用程序

在计算机中安装过多的应用程序不仅占据大量的硬盘空间，还会影响系统的运行速度，所以对于不使用的应用程序，应该将其卸载，具体操作步骤如下：

【步骤1】打开"控制面板"窗口，单击"程序"类别下的"卸载程序"选项，如图1-80所示。

图 1-80　单击"卸载程序"选项

【步骤2】弹出"程序和功能"窗口，在程序列表中单击要卸载的应用程序，单击鼠标右键，在快捷菜单中单击"卸载"选项，如图1-81所示。

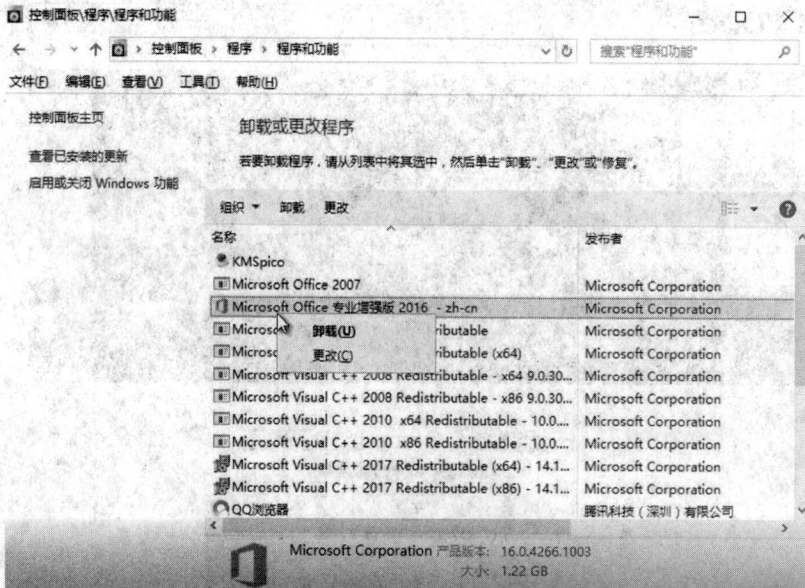

图 1-81　卸载程序

【步骤 3】弹出提示对话框，单击"卸载"按钮，如图 1-82 所示。当卸载完成时，单击"关闭"按钮。

图 1-82　确认卸载程序

此外，也可在"开始"菜单中选择某些应用程序的卸载命令来进行卸载。

1.3.7　启用或关闭 Windows 功能

Windows 10 自带了很多应用程序。对于一些无用的程序，可以将其关闭；对于希望使用的一些程序，则可以将其启用。操作步骤如下：

【步骤 1】在图 1-68 所示的"控制面板"窗口中单击"程序"图标。

【步骤 2】弹出"程序"窗口，在"程序和功能"下单击"启用或关闭 Windows 功能"，如图 1-83 所示。在弹出的对话框中，选择想要启用或关闭的功能，如图 1-84 所示。

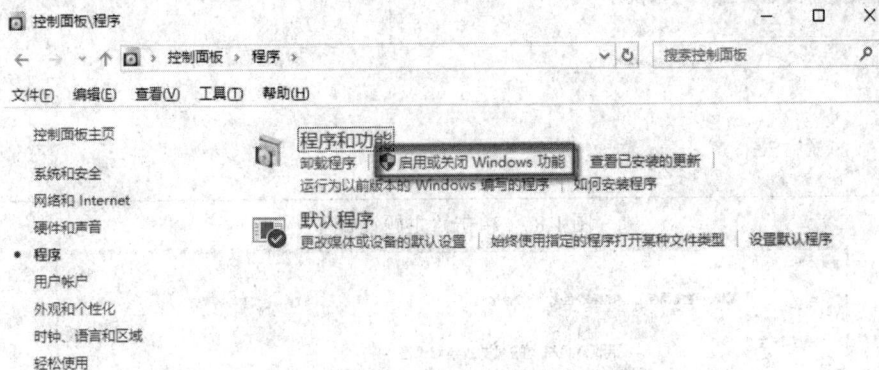

图 1-83　单击"启用或关闭 Windows 功能"

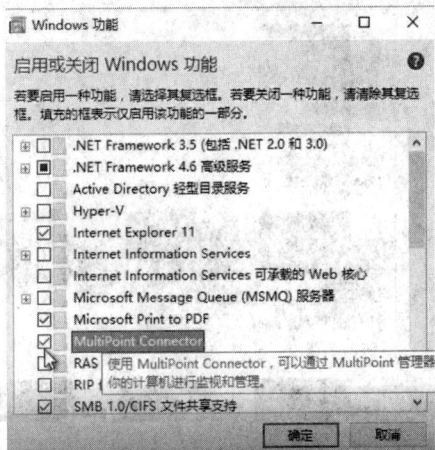

图 1-84　选择想要启用或关闭的 Windows 功能

【步骤 3】单击"确定"按钮。

在图 1-84 所示的列表框中列出了 Windows 10 自带的所有可用的功能。如果某功能复选框已被勾选，表示该功能已被启用，否则表示未被启用。某些组件还带有子组件，对于这类组件，可单击组件左侧的"+"显示其子组件，然后进行启用或关闭。

实 践 操 作

1. 个性化 Windows 10

【步骤 1】更改主题。在桌面空白处单击鼠标右键，在弹出的快捷菜单中单击"个性化"选项，打开"个性化"窗口，单击"主题"→"主题设置"，如图 1-85 所示。然后在主题列表中选择 "鲜花"主题，如图 1-86 所示。

系统管理与运用

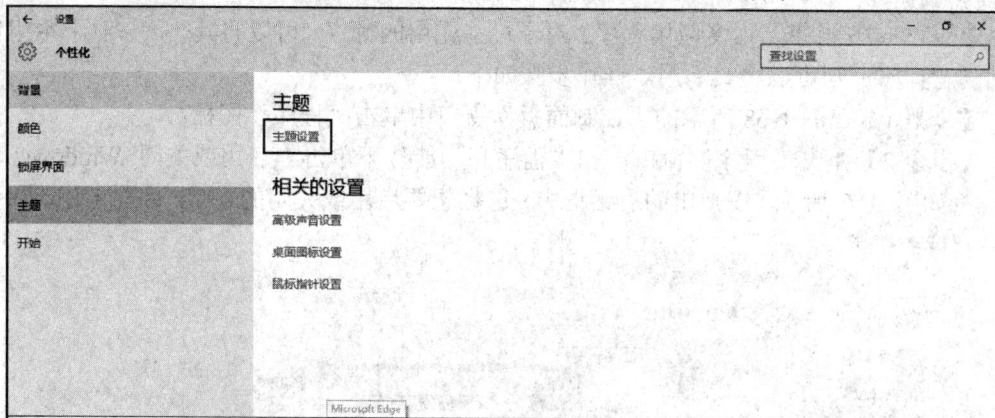

图 1-85　单击"主题设置"

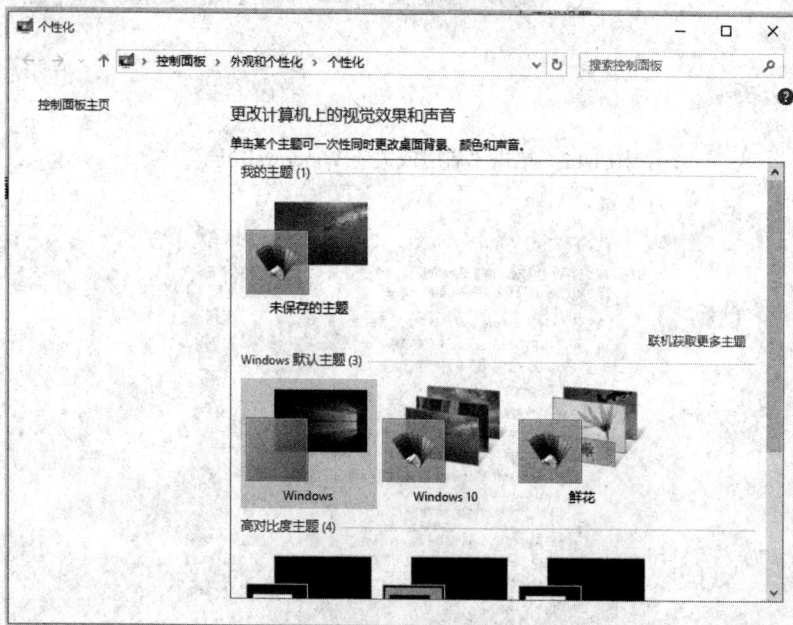

图 1-86　选择"鲜花"主题

【步骤 2】更改背景。单击"个性化"窗口左侧的"背景"，在背景下拉列表框中选择"图片"，然后单击选中图片即可，如图 1-87 所示。

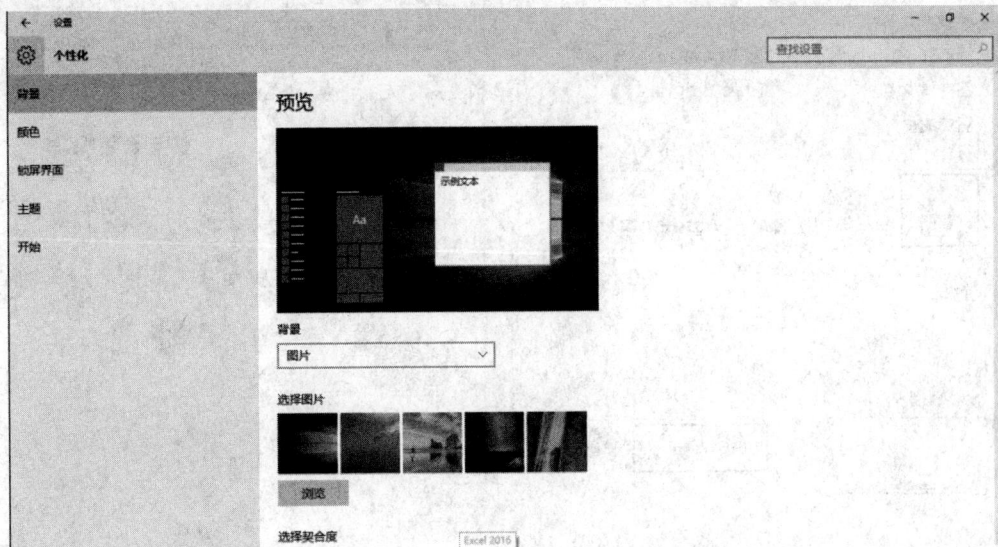

图 1-87　选择"图片"背景

【步骤 3】显示桌面图标。在"个性化"窗口中单击左侧的"主题"→"更改图标"，然后在弹出的"桌面图标设置"对话框中，分别单击"计算机""用户的文件""网络"复选框进行勾选，单击"确定"即可完成桌面图标的显示设置，如图 1-88 所示。

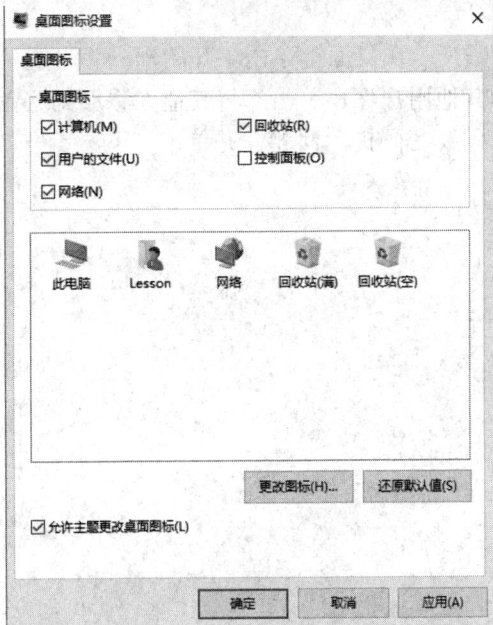

图 1-88　显示桌面图标

【步骤 4】更改桌面图标。在"桌面图标设置"对话框中，单击选中需要更改的图标，然后单击"更改图标"按钮，再在弹出的"更改图标"对话框中，选择一个图标，单击"确定"即可，如图 1-89 所示。

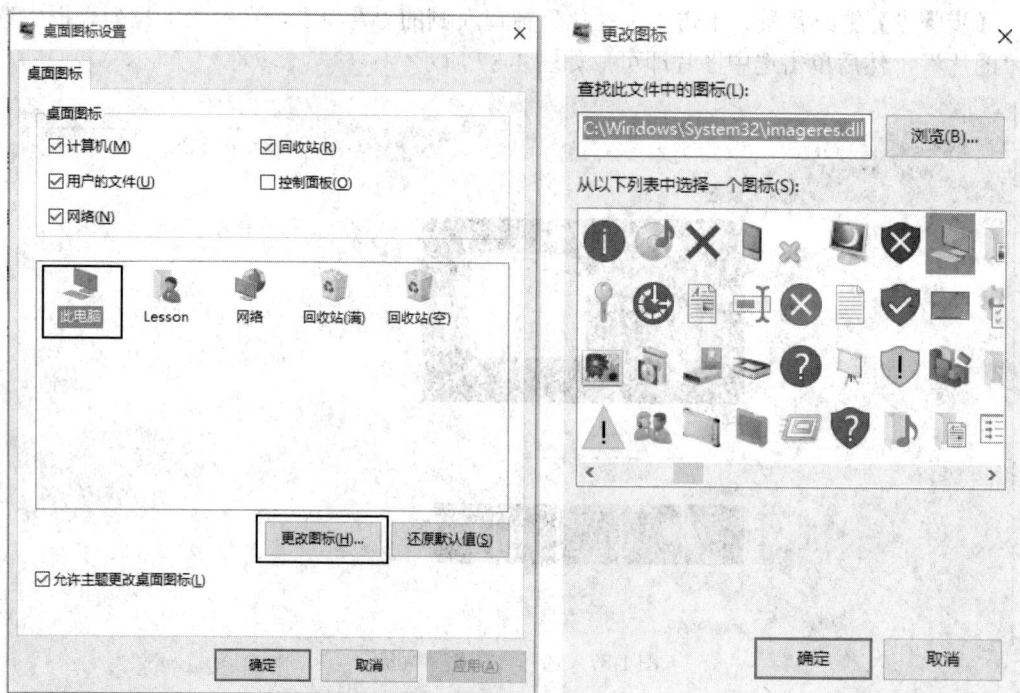

图 1-89　更改桌面图标

2. 创建和管理用户账户

【步骤 1】创建用户账户。在桌面上单击"开始"→"设置"→"账户"。在账户设置窗口中，选择"家庭和其他用户"，单击"将其他人添加到这台电脑"。在弹出的对话框中分别输入用户名、密码及密码提示问题，并单击"下一步"，完成用户账户的创建，如图 1-90 所示。

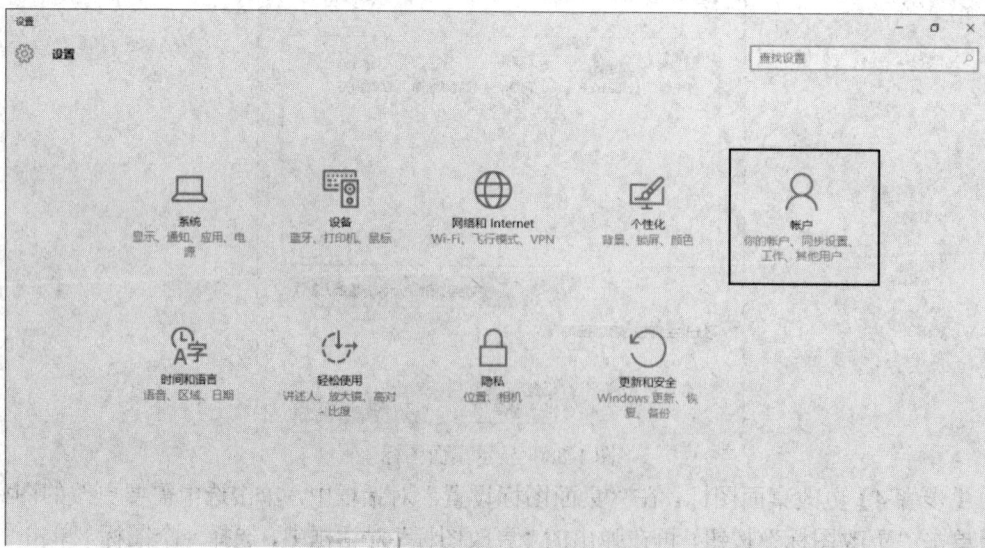

(a)

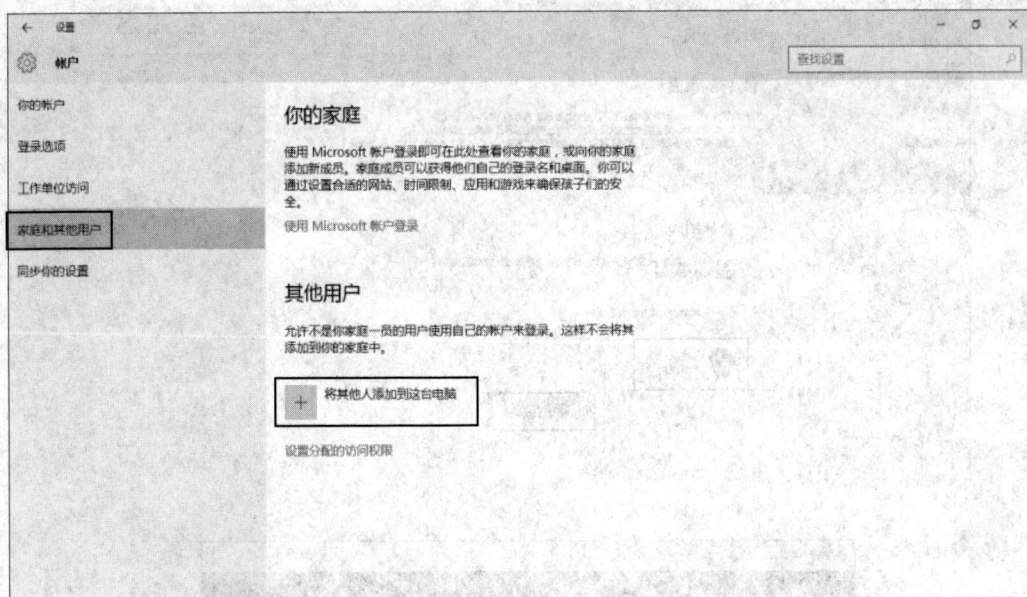

(b)

为这台电脑创建一个帐户

如果你想使用密码，请选择自己易于记住但别人很难猜到的内容。

谁将会使用这台电脑?

用户名

确保密码安全。

输入密码

重新输入密码

密码提示

下一步(N)

(c)

图 1-90　创建用户账户

　　【步骤 2】更改用户账户类型。在账户设置窗口中，单击选中要更改的账户，然后单击"更改账户类型"按钮，在弹出的对话框中，单击"账户类型"下拉列表框，选择"标准用户"即可，如图 1-91 所示。

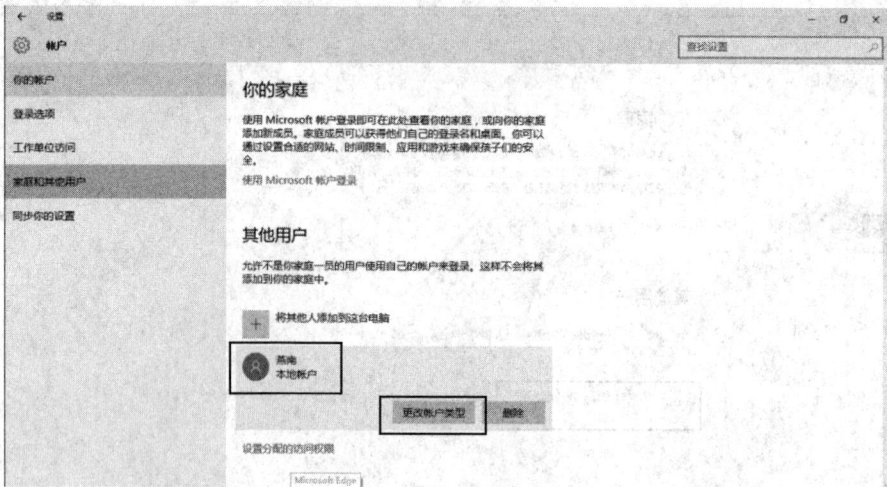

(a)

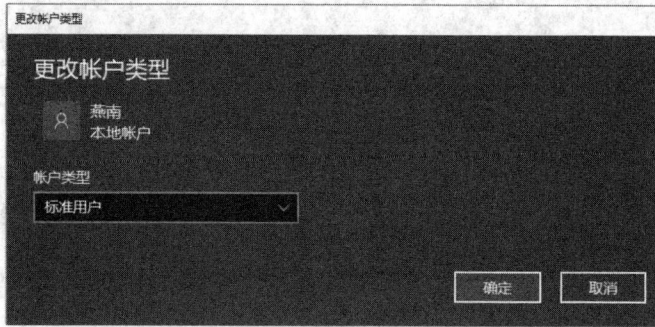

(b)

图 1-91　更改用户账户类型

【步骤 3】删除账户。在账户设置窗口中，单击选中要删除的账户，然后单击"删除"按钮，再在随后弹出的对话框中单击"删除账户和数据"即可，如图 1-92 所示。

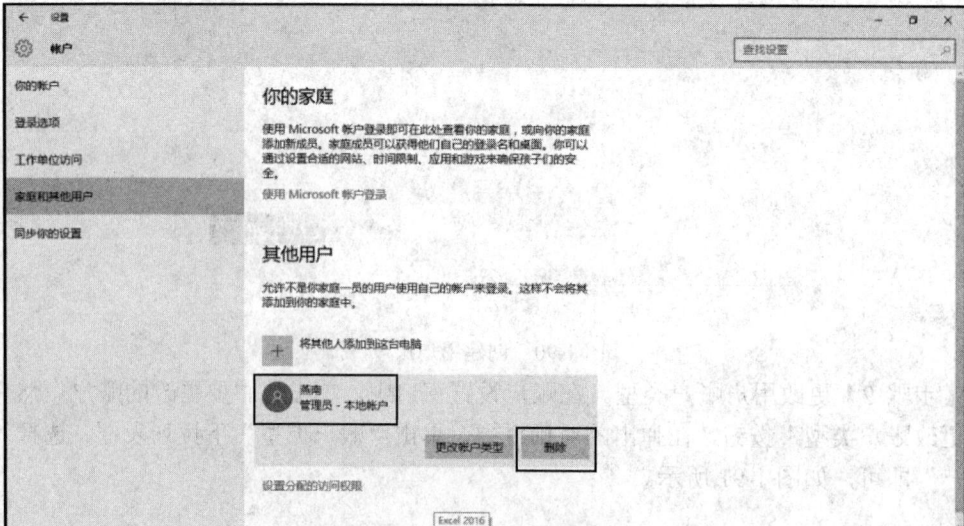

(a)

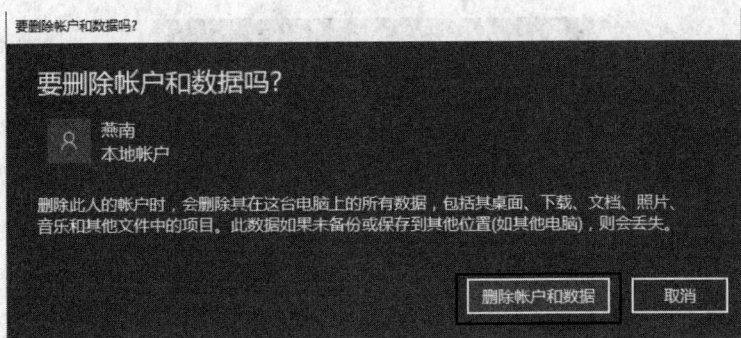

(b)

图 1-92　删除用户账户

3. 安装和卸载应用程序

【步骤 1】安装应用程序。在计算机中找到"搜狗输入法"程序的安装文件并双击，然后在弹出的"用户账户控制"对话框中单击"是"按钮，如图 1-93 所示。

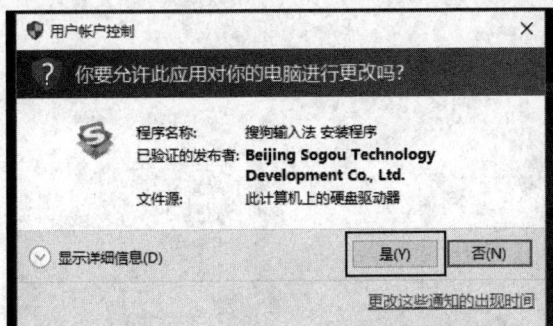

图 1-93　"用户账户控制"对话框

【步骤 2】在打开的安装向导对话框中单击"立即安装"按钮，然后按提示进行相应操作直至安装完成，如图 1-94 所示。

(a)

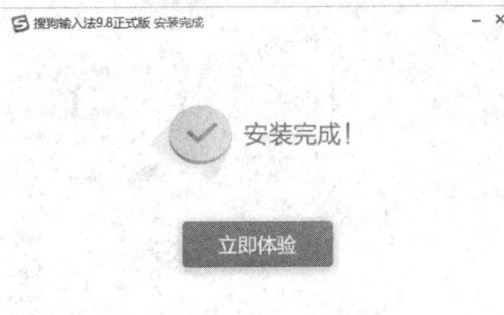

(b)

图 1-94　安装搜狗输入法

【步骤 3】卸载应用程序。在桌面上右键单击"开始"按钮，在快捷菜单中选择"控制面板"。在打开的"控制面板"窗口中，单击"卸载程序"。在"程序和功能"窗口中找到要卸载的应用程序"QQ 影音"，右键单击"QQ 影音"项并选择"卸载/更改"，然后按提示进行操作直至卸载完成，单击"关闭"即可，如图 1-95 所示。

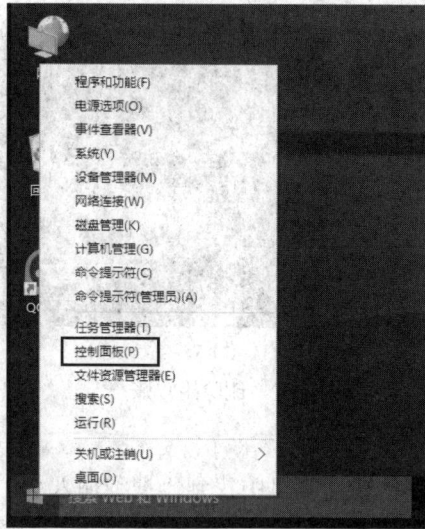

(a)

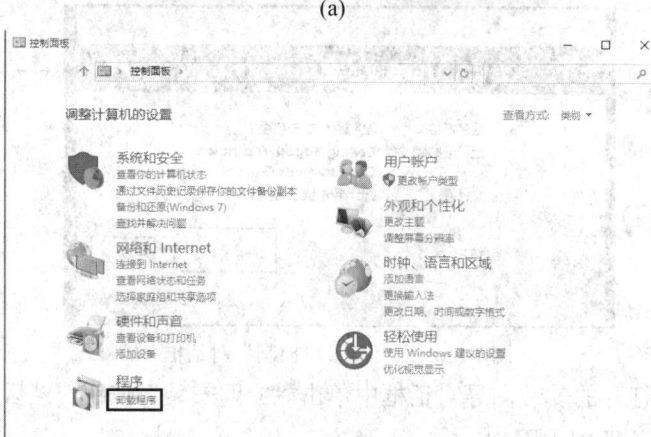

(b)

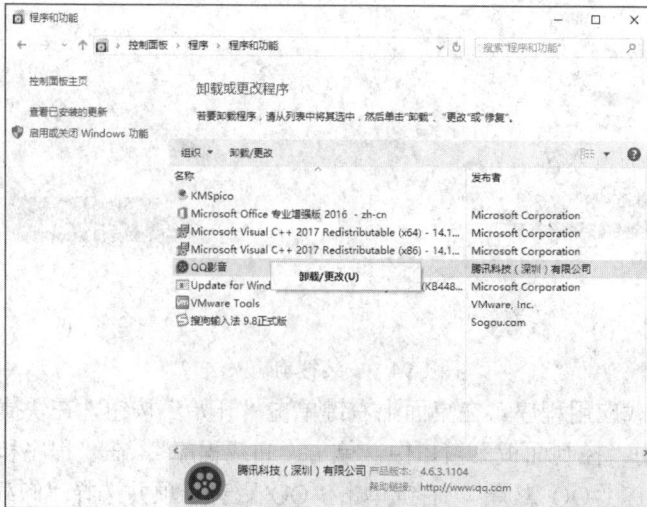

(c)

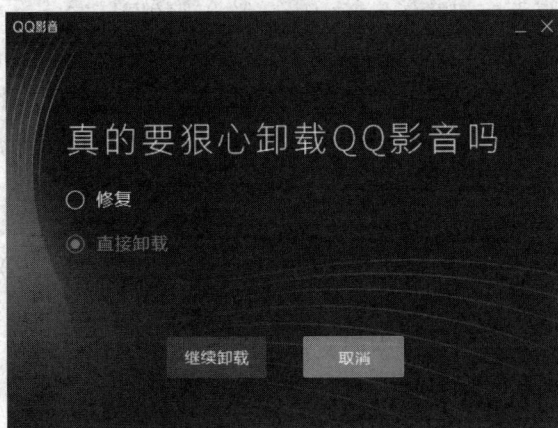

(d)

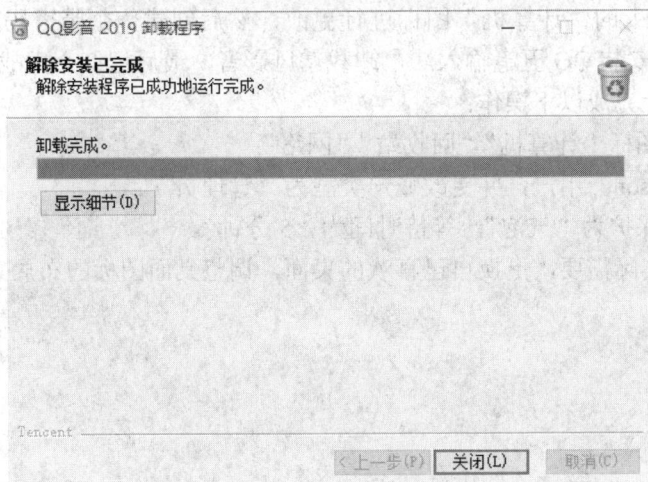

(e)

图 1-95 卸载 QQ 影音

任 务 小 结

通过本任务的学习，读者要认识控制面板以及常用的应用软件，掌握 Windows 10 系统中个性化设置、创建和管理用户、应用程序安装和卸载等常用操作。

任 务 习 题

一、选择题

1. 以下输入法中(   )是 Windows 10 自带的输入法。

A. 搜狗拼音输入法   B. QQ 拼音输入法

C. 陈桥五笔输入法   D. 微软拼音输入法

2. 在 Windows 10 桌面底部的任务栏中，可能出现的图标有(　　)。

A. "开始"按钮、打开应用程序窗口的最小化图标按钮、"计算机"图标

B. "开始"按钮、锁定在任务栏上"资源管理器"图标按钮、"计算机"图标

C. "开始"按钮、锁定在任务栏上的"资源管理器"图标按钮、打开应用程序窗口的最小化图标按钮、位于通知区的系统时钟、音量等图标按钮

D. 以上说法都错

3. 在 Windows 界面下，当一个窗口最小化后，其图标位于(　　)。

A. 标题栏　　　　　　B. 工具栏　　　　　　C. 任务栏　　　　　　D. 菜单栏

4. 在 Windows 10 中默认的键盘中西文切换方法是(　　)。

A. Ctrl+Space　　　B. Ctrl+Shift　　　C. Ctrl+Alt　　　D. Shift+Alt

二、操作题

1. 先将 Windows 10 的默认主题更改为"风景"，再将桌面背景设置为主题图片中的一张，接着将桌面上的"计算机"图标进行更改，然后创建一个带密码的用户账户"燕南"，再在电脑中安装 QQ 五笔输入法，卸载暴风影音，最后把红心大战游戏组件关闭。

2. 请在电脑上完成以下操作：

(1) 显示桌面图标"计算机""回收站""网络"；

(2) 新建"Lesson"用户，并更改账户类型为"管理员"；

(3) 设置屏幕保护为"气泡"，等待时间为"5 分钟"。

3. 根据自己实际需要，更换自己喜欢的桌面，调整桌面图标的布局等。

任务 4　管理和维护磁盘

▶ 教学目标

通过本任务的学习，掌握管理和维护磁盘的方法。

▶ 知识目标

➢ 掌握磁盘清理的基本方法。
➢ 熟悉优化驱动器操作。

▶ 技能目标

➢ 能完成磁盘清理操作。
➢ 能完成磁盘优化。

任 务 描 述

使用一段时间后，电脑运行速度变慢，于是小李需要对磁盘进行清理和优化。本任务先使用磁盘清理工具清理 D 磁盘，然后使用磁盘碎片整理工具整理 C 磁盘，以此学习管理和维护磁盘的方法。

相 关 知 识

(1) 磁盘清理工具：使用磁盘清理工具可以帮助用户找出并清理硬盘中的垃圾文件，从而提高计算机的运行速度，以及增加硬盘的可用空间。

(2) 磁盘扫描工具：该工具用于检查硬盘健康状态及数据储存情况。一般情况下，磁盘扫描能检测出硬盘上的坏道、文件交叉链接和文件分配表错误等故障，从而及时提示用户修复或自动进行修复。

(3) 磁盘碎片整理工具：使用计算机时，系统自身和用户经常需要在硬盘上存储和删除文件，久而久之就会在硬盘上产生大量碎片(未使用的磁盘空间)。当碎片越来越多时，系统读取文件的速度就会越来越慢，进而影响系统的运行速度。利用磁盘碎片整理工具可以整理磁盘碎片，提高系统运行速度。

1.4.1　使用磁盘清理工具

使用磁盘清理工具的具体操作步骤如下：

【步骤 1】在桌面上单击"开始"按钮，然后依次单击"所有应用"→"Windows 管理工具"→"磁盘清理"菜单项，如图 1-96 所示。

【步骤 2】系统首先对磁盘进行检查，统计可以释放多少空间。统计结束后，弹出如图 1-97 所示的对话框。在"要删除的文件"列表框中选择需要清理的文件夹，然后单击"确定"按钮。

管理和维护磁盘

图 1-96 "磁盘清理"菜单项

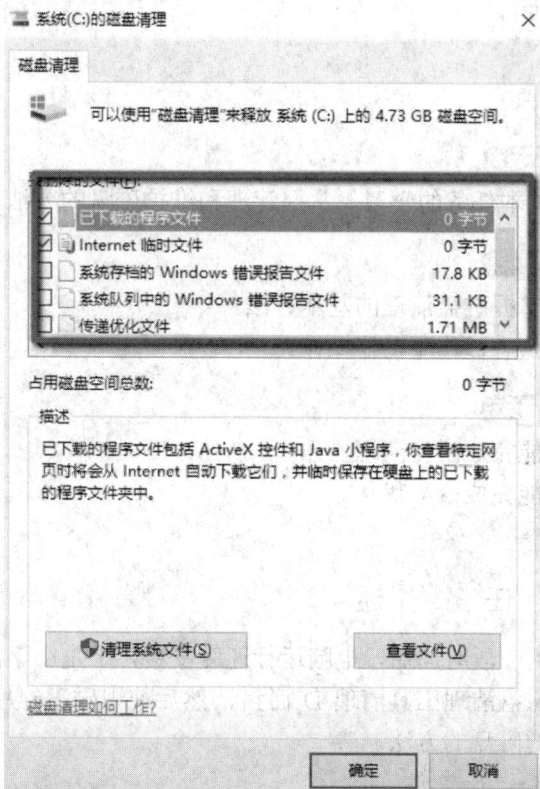

图 1-97 "磁盘清理"对话框

【步骤 3】在弹出的对话框中，单击"删除文件"按钮，系统将开始进行磁盘清理，如图 1-98 所示。

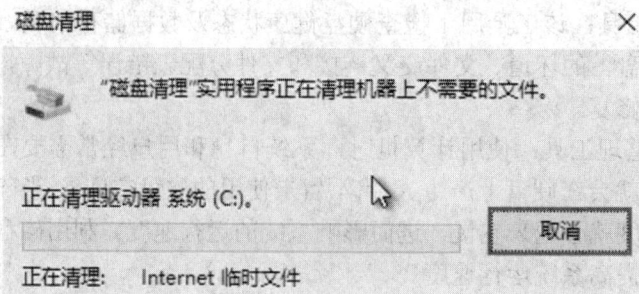

图 1-98 磁盘清理

1.4.2 碎片整理和优化驱动器工具

在使用 Windows 10 系统过程中，会产生一些临时文件。临时文件多了就会占据系统空间，所以需要对驱动器进行优化，优化驱动器可以提高计算机的运行速度和效率。系统使用过程中也会增加大量的文件碎片，长期不整理会影响计算机性能。利用碎片整理和优化驱动器工具整理磁盘碎片的具体操作步骤如下：

【步骤 1】在桌面上单击"开始"按钮，然后依次单击"所有应用"→"Windows 管理工具"→"碎片整理和优化驱动器"菜单项。

【步骤 2】弹出"优化驱动器"对话框，如图 1-99 所示。选择要整理碎片的磁盘驱动器，单击"分析"按钮，分析磁盘是否需要进行碎片整理。

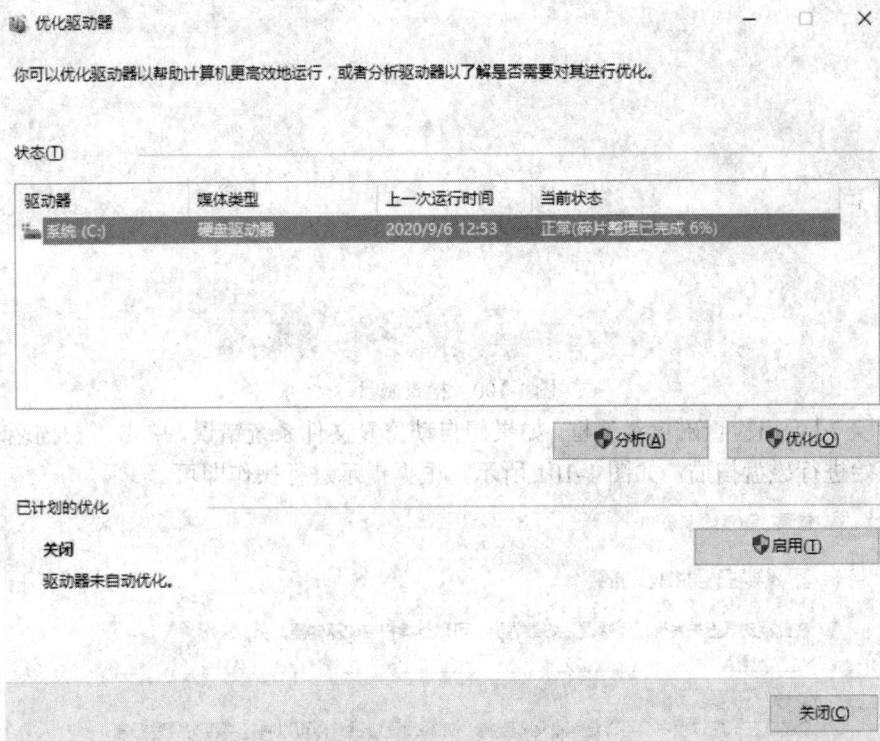

图 1-99 整理磁盘碎片

【步骤 3】分析完成后，如果提示有磁盘碎片(在"当前状态"下方的碎片百分比不是0%)，单击"优化"按钮，对磁盘进行碎片整理。

【步骤 4】磁盘碎片整理会花很长的时间。整理完后，单击"关闭"按钮，完成指定磁盘的碎片整理工作。

1.4.3 使用磁盘扫描工具

利用磁盘扫描工具检测和修复磁盘错误的具体操作步骤如下：

【步骤 1】在桌面上双击"此电脑"图标，打开"此电脑"窗口。右击要检查的磁盘，在弹出的快捷菜单中单击"属性"选项，打开磁盘属性对话框，单击"工具"选项卡，单击"检查"按钮，如图 1-100 所示。

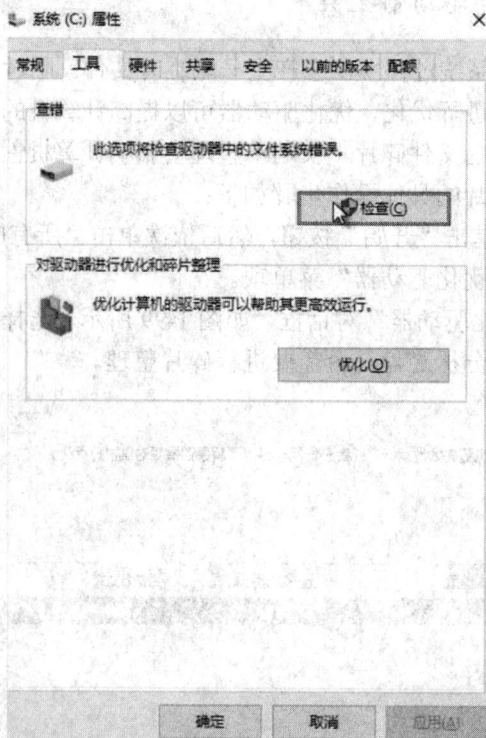

图 1-100　检查磁盘

【步骤 2】弹出检查磁盘对话框，如果想自动修复文件系统错误，单击"扫描驱动器"选项，开始进行磁盘扫描，如图 1-101 所示，根据提示进行操作即可。

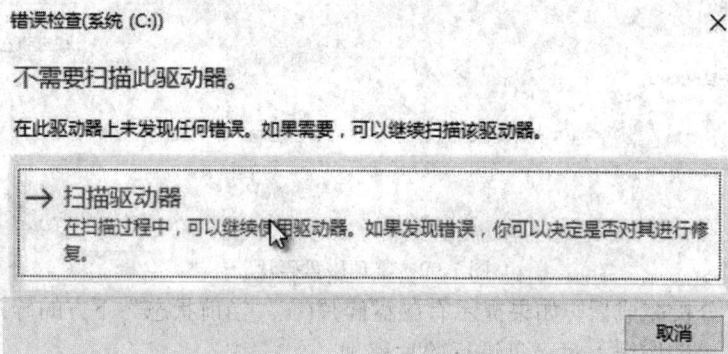

图 1-101　扫描磁盘

实 践 操 作

1. 磁盘清理

【步骤 1】在桌面上单击"开始"按钮，然后依次单击"所有应用"→"Windows 管理工具"→"磁盘清理"菜单项。

管理与维护磁盘操作

　　【步骤 2】系统首先对磁盘进行检查，统计可以释放多少空间。统计结束后，弹出如图 1-102 所示的对话框，在"驱动器"下拉列表框中选择需要清理的驱动器，单击"确定"按钮。随即弹出磁盘清理对话框，在"要删除的文件"列表框中选择需要清理的文件或文件夹，然后单击"确定"按钮开始清理，如图 1-103 所示。

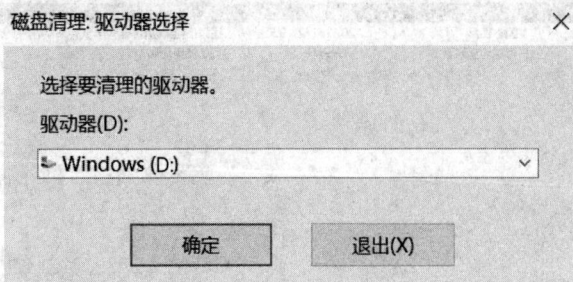

图 1-102　属性对话框

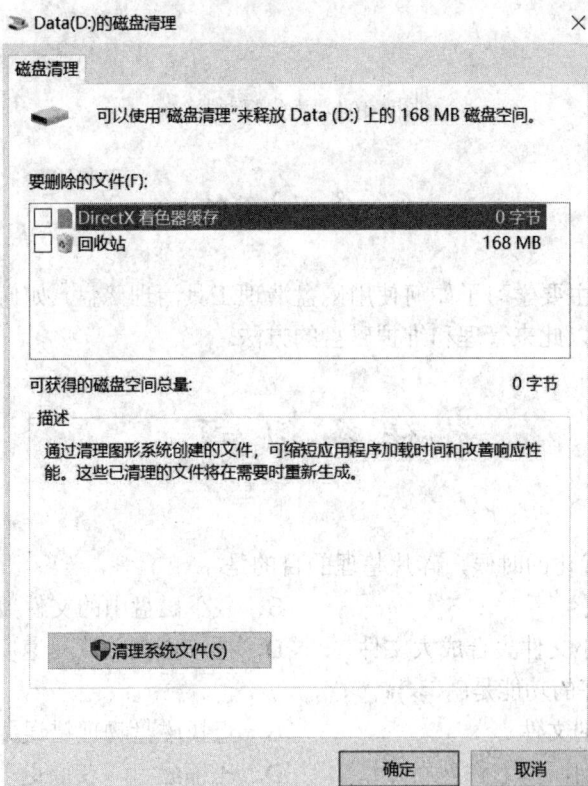

图 1-103　磁盘清理

2. 优化驱动器

　　【步骤 1】在桌面上单击"开始"按钮，单击"Windows 管理工具"→"碎片整理和优化驱动器"，打开"优化驱动器"对话框。

　　【步骤 2】在驱动器列表中，选中需要优化的驱动器，单击"分析"按钮，对驱动器进行分析。单击"优化"按钮，对磁盘进行优化。优化完成后，单击"关闭"按钮退出，如图 1-104 所示。

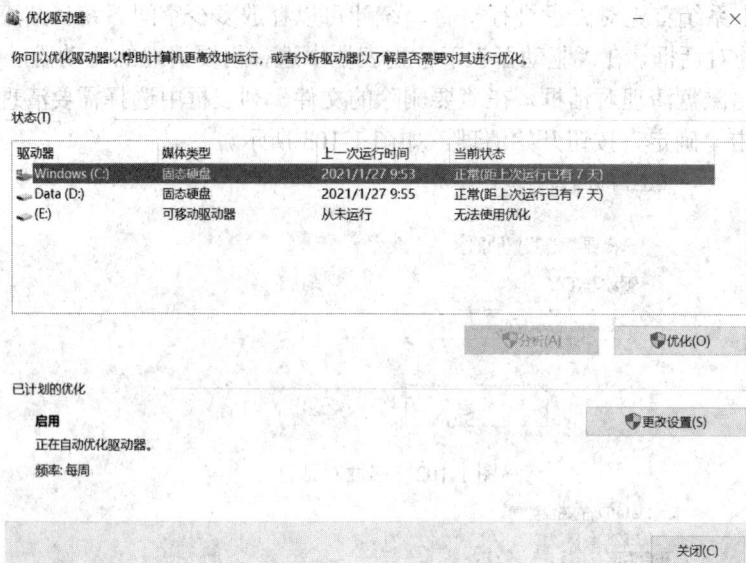

图 1-104　优化驱动器

任 务 小 结

　　本任务带领读者主要学习了如何使用磁盘清理工具清理磁盘，如何使用磁盘碎片整理工具整理磁盘，以及以此来管理和维护磁盘的方法。

任 务 习 题

一、选择题

1. 在进行磁盘优化的时候，碎片整理的目的是(　　)。

A. 增加磁盘容量　　　　　　　　　B. 减少磁盘中的文件数量

C. 把磁盘中的小文件集合成大文件　　D. 提高磁盘的读写速度

2. 磁盘清理程序的功能是(　　)。

A. 推荐可删除的文件　　　　　　　B. 查找磁盘物理错误并尽可能恢复

C. 清除碎片空间，重组磁盘　　　　D. 压缩磁盘，获取更多磁盘空间

3. 磁盘扫描程序是子菜单中的一个选项，是对磁盘压缩并进行管理和维护的(　　)。

A. 系统文件　　　　B. 系统工具　　　　C. 磁盘管理　　　　D. 辅助工具

二、简答题

1. 请简述磁盘清理工具及优化磁盘工具的功能。

2. 请简述磁盘清理的步骤。

三、操作题

1. 请对电脑 C 磁盘进行磁盘清理。

2. 请对电脑 C 磁盘进行优化驱动器操作。

项目二

Word 2016

任务 1　制作请示文档

▶教学目标

　　在本任务中，首先通过"相关知识"掌握启动和退出 Word 2016 的方法，熟悉其工作界面，学习新建、保存、打开、关闭、输入和编辑文档、设置字符和段落格式等操作，最后通过"实践操作"进一步巩固知识点。

▶知识目标

> 学会新建文档和保存文档。
> 学会打开和关闭文档。
> 可以正确输入和编辑文档。
> 知道如何正确设置字符和段落格式。

▶技能目标

> 灵活使用多种方法建立和保存文档。
> 输入和编辑满足任务要求的文本，并对其进行正确的字符和段落设计。

任 务 描 述

　　小李是某公司质量检查机动小组的负责人。由于近日公司推出一款新产品，导致质量检查任务增加，故小李向公司人事部请示增加小组人员名额，同时编制了请示文档，如图 2-1 所示。

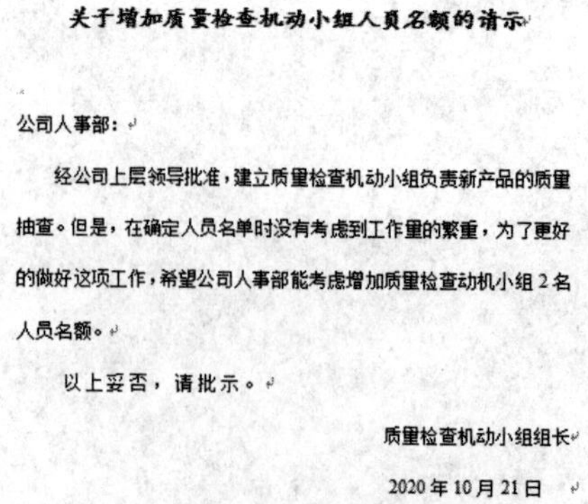

关于增加质量检查机动小组人员名额的请示

公司人事部：

　　经公司上层领导批准，建立质量检查机动小组负责新产品的质量抽查。但是，在确定人员名单时没有考虑到工作量的繁重，为了更好的做好这项工作，希望公司人事部能考虑增加质量检查动机小组 2 名人员名额。

　　以上妥否，请批示。

质量检查机动小组组长
2020 年 10 月 21 日

图 2-1　请示文档

![相关知识]

2.1.1　启动和退出 Word 2016

1．启动 Word 2016

启动 Word 2016 的方法很多，下面介绍几种最常用的方法：

(1) 在桌面上单击"开始"按钮，再依次单击"所有程序"→
"Microsoft Office"→"Microsoft Word 2016"菜单项，如图 2-2 所示。

(2) 如果桌面上有 Word 2016 的快捷图标，可双击它启动程序。

启动和退出 Word 2016

(3) 在资源管理器中双击某个 Word 文档，可启动 Word 2016 程序并打开该文档。

2．退出 Word 2016

退出 Word 2016 的常用方法如下：

(1) 单击程序窗口左上角的"文件"选项卡，在展开的功能项中单击左下方的"退出"选项。

(2) 单击程序窗口右上角的"关闭"按钮。

若同时打开了多个文档，使用第(1)种方法退出 Word 2016 时，将关闭所有打开的文档并退出 Word 2016；使用第(2)种方法退出时，将只关闭当前文档窗口，其他文档窗口依然处于正常工作状态。

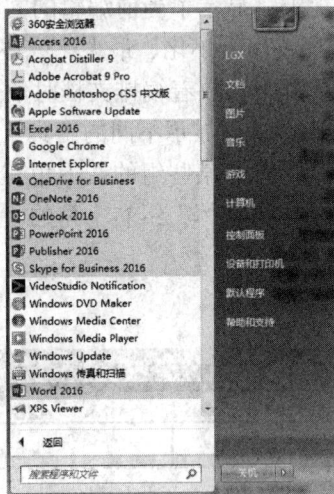

图 2-2　启动 Word 2016

2.1.2　熟悉 Word 2016 工作界面

启动 Word 2016 后，显示在我们面前的是它的工作界面，其中包括快速访问工具栏、标题栏、功能区、编辑区和状态栏等组成元素，如图 2-3 所示。

熟悉 Word2016 工作界面

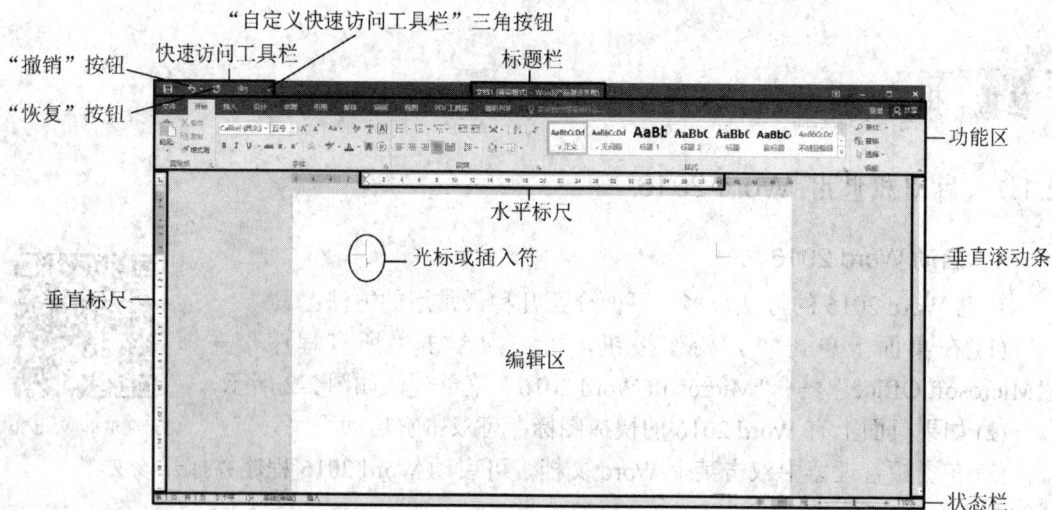

图 2-3　Word 2016 的工作界面

(1) 快速访问工具栏：用于放置一些使用频率较高的工具。默认情况下，该工具栏包含了"保存""撤销"和"恢复"按钮。

> **小技巧**
>
> 如果需要，用户也可以自定义快速访问工具栏。其方法是：单击该工具栏右侧的"自定义快速访问工具栏"三角按钮，在展开的列表中选择要向其中添加或删除的命令(要删除已添加的命令，只需重复选择该命令即可)。

(2) 标题栏：位于窗口的最上方，显示了当前编辑的文档名和程序名。单击标题栏右侧的 3 个窗口控制按钮，可将程序窗口最小化、最大化或还原、关闭。

(3) 功能区：用选项卡的方式分类存放着编排文档时所需要的工具。单击功能区中的选项卡标签可切换到不同的选项卡，从而显示不同的工具；在每一个选项卡中，工具又被分类放置在不同的组中，如图 2-4 所示。某些组的右下角有一个"对话框启动器"按钮，单击可打开相关对话框。例如，单击"字体"组右下角的"对话框启动器"按钮，可打开"字体"对话框。

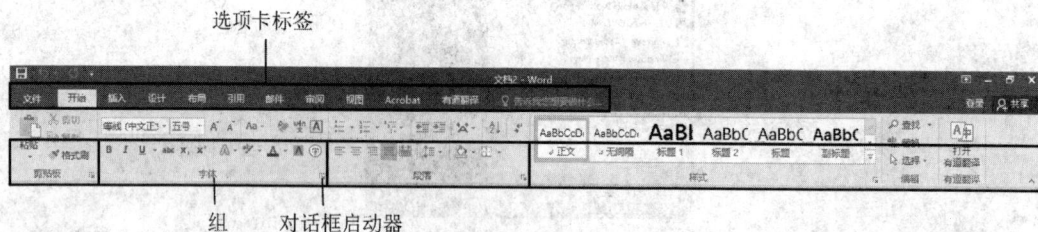

图 2-4　功能区

> **注意**
>
> 如果不知道某个工具按钮的作用，可将鼠标指针移至该按钮上停留片刻，即可显示该按钮的名称和作用。
>
> 除上面默认的选项卡外，有的选项卡会在特定情况下出现，如选择图片时会出现"图片工具 格式"选项卡；绘制图形会出现的"绘图工具 格式"选项卡。

(4) 标尺：分为水平标尺和垂直标尺，主要用于确定文档内容在纸张上的位置和设置段落缩进等。单击编辑区右上角的"标尺"按钮，可显示或隐藏标尺。

(5) 编辑区：指水平标尺下方的空白区域，该区域是用户进行文本输入、编辑和排版的地方。在编辑区左上角有一个不停闪烁的光标，用于定位当前的编辑位置。在编辑区中每输入一个字符，光标会自动向右移动一个位置。

(6) 滚动条：分为垂直滚动条和水平滚动条。当文档内容不能完全显示在窗口中时，可通过拖动文档编辑区下方的水平滚动条或右侧的垂直滚动条查看隐藏的内容。

(7) 状态栏：位于 Word 文档窗口底部，其左侧显示了当前文档的状态和相关信息，右侧显示的是视图模式切换按钮和视图显示比例调整工具。

2.1.3　新建文档

每次启动 Word 2016 时，它都会自动创建一个空白文档，并以"文档 1"命名，此时即可在该文档中输入文本。如果还需要新建其他文档，可执行以下操作：

【步骤 1】单击"文件"选项卡，在展开的列表中单击左侧窗格的"新建"选项。

新建文档

【步骤 2】在右侧单击选择要创建的文档类型，如创建空白文档，则单击"空白文档"按钮，如图 2-5 所示。

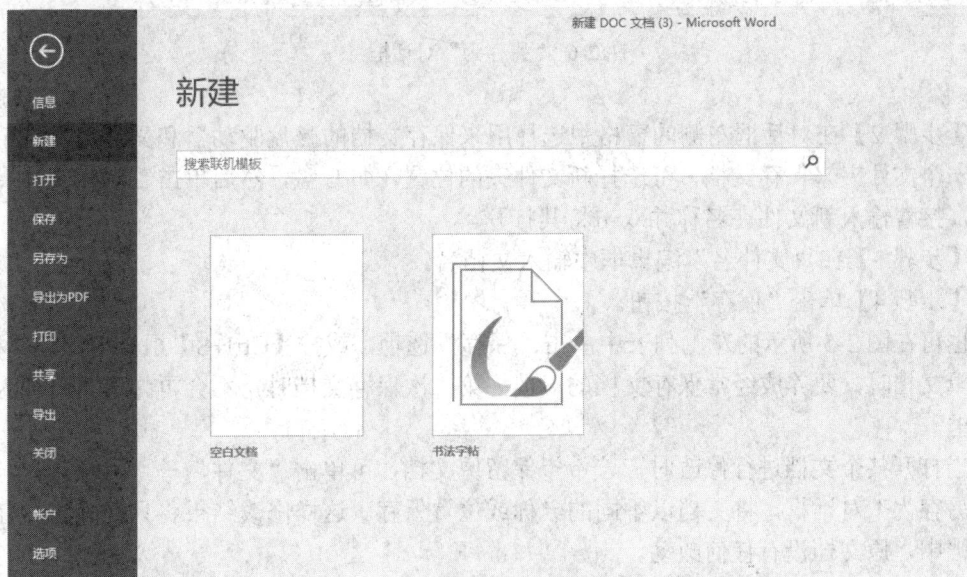

图 2-5　新建文档

按【Ctrl+N】组合键，也可快速新建一个空白文档。

此外，Word 2016 还提供了各种类型的文档模板，利用它们可以快速创建带有相应格式和内容的文档。要应用模板创建文档，可在图 2-5 所示的界面中选择一种模板类型，然后在打开的模板列表中选择想要使用的模板，最后单击"创建"按钮。

2.1.4 保存文档

在新建文档或修改文档后，都需要对文档进行保存，否则文档只是存放在计算机内存中，一旦断电或关闭计算机，文档或修改的信息就会丢失。保存文档的操作步骤如下：

【步骤 1】单击快速访问工具栏中的"保存"按钮，弹出"另存为"对话框，如图 2-6 所示。

保存文档

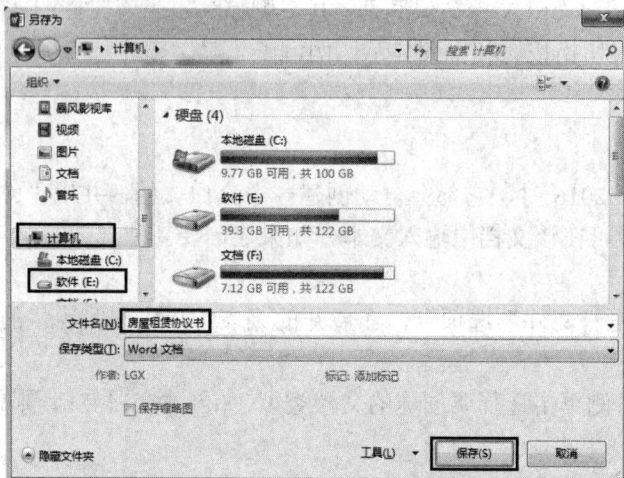

图 2-6 "另存为"对话框

【步骤 2】在对话框左侧的窗格中选择用来保存文档的磁盘驱动器和文件夹。若希望新建一个文件夹来保存文档，可选择新文件夹的位置，如 E 盘，然后单击"新建文件夹"按钮，接着输入新文件夹名称并双击将其打开。

【步骤 3】在"文件名"编辑框中输入文档名。

【步骤 4】单击"保存"按钮。

也可在图 2-5 所示的左侧列表中单击"保存"选项，或按【Ctrl+S】组合键保存文档。在编辑文档时，要养成经常保存文档的习惯。第二次保存文档时，不会再弹出"另存为"对话框。

当打开某个文档进行修改时，若希望保留原文档，可单击"文件"→"另存为"，打开"另存为"对话框，将文档以不同的名称或位置保存。这样修改结果将只反映在另存后的文档中，原文档没有任何改动。

2.1.5 关闭文档

Word 2016 可以同时打开多个文档进行查看或编辑。当不再需要某个文档时，可以将其关闭。为此，可在图 2-5 所示的左侧列表中单击"关闭"选项，或者单击程序窗口右上角的"关闭"按钮。

关闭文档或退出 Word 程序时，若文档经修改后尚未保存，系统将弹出

关闭文档

提示对话框，提醒用户保存文档，如图 2-7 所示。单击"保存"按钮，表示保存文档；单击"不保存"按钮，表示不保存文档；单击"取消"按钮，表示取消关闭文档的操作，返回正常的文档编辑状态。

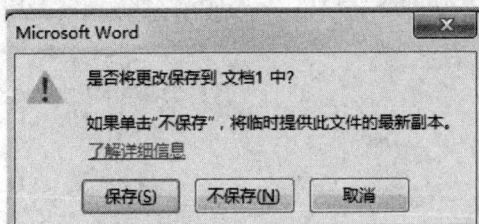

图 2-7　提示对话框

2.1.6　打开文档

如果要打开现有文档进行查看或编辑，可执行以下操作步骤：

【步骤 1】单击"文件"选项卡，在打开的列表中单击"打开"选项，弹出"打开"对话框，如图 2-8 所示。

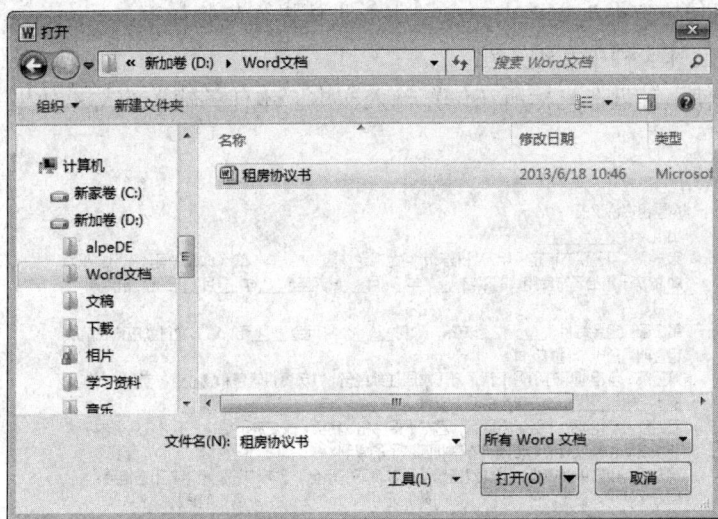

打开文档

图 2-8　"打开"对话框

【步骤 2】在对话框左侧的窗格中选择保存文档的磁盘驱动器或文件夹。

【步骤 3】在对话框中间的列表中选择要打开的文档，然后单击"打开"按钮。也可按【Ctrl+O】组合键打开"打开"对话框。

如果要同时打开多个文档，可参考项目一中介绍的选择文件的方法，在"打开"对话框中同时选中多个文档。注意：当误选了某个文档时，可按住【Ctrl】键单击该文档，以取消其选择。

如果要打开最近打开过的文档，可在"文件"列表中单击"最近所用文件"选项，在打开的界面中单击所需的文档名称即可，如图 2-9 所示。

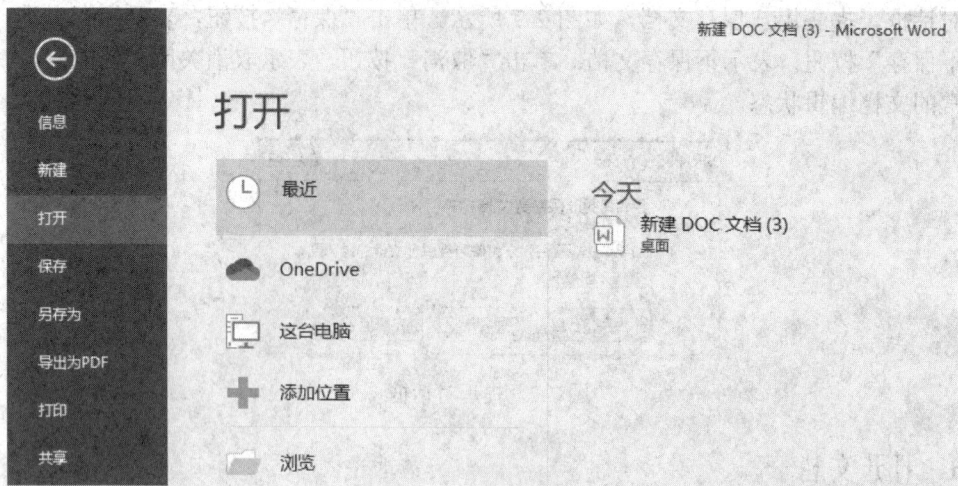

图 2-9　打开最近打开过的文档

2.1.7　输入文本和特殊符号

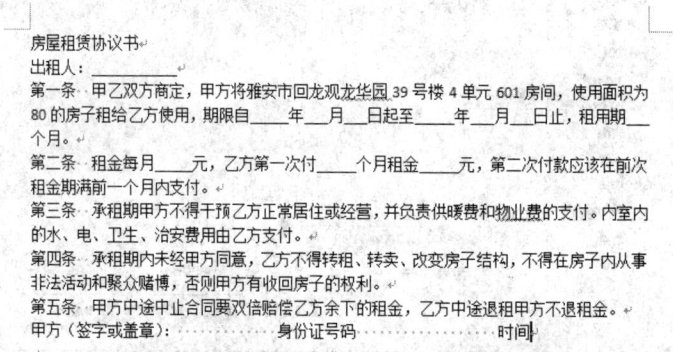

在"房屋租赁协议书"文档中输入文本的具体操作步骤如下：

【步骤 1】选择一种中文输入法。

【步骤 2】使用键盘在光标所在位置输入文本。本任务输入的文本效果如图 2-10 所示。

输入文本和特殊符号

图 2-10　输入文本

小技巧

输入文本的一些常用技巧如下：

(1)　如果希望开始一个新的段落，需要按【Enter】键，此时将在段落末尾产生一个段落标记↵。如果希望将文本在某位置处强制换行而不开始新段落，可在该位置单击将光标置于该处并按【Shift+Enter】组合键(俗称"软回车")。

(2)　如果希望输入空格，可按空格键。

(3)　如果希望输入下划线，可在英文输入状态下，按住【Shift】键的同时按【-】键。

【步骤 3】如果要在文档中输入一些键盘上没有的特殊符号，可单击鼠标将光标置于要插入符号的位置，如"面积为 80"的右侧，如图 2-11 所示。

房屋租赁协议书

出租人（以下简称甲方）：_____

承租人（以下简称乙方）：_____

第一条 甲乙双方商定，甲方将雅安市回龙观龙华园 39 号楼 4 单元 601 房间，使用面积为：

80 房屋租给乙方使用，期限自___年___月___日起至___年___月___日止，租用期___个月。

图 2-11 移动光标位置

【步骤 4】单击功能区中的"插入"选项卡，再单击"符号"组中的"符号"按钮，在展开的列表中单击需要的符号；若列表中没有需要的符号，则单击"其他符号..."选项，如图 2-12 所示。

图 2-12 单击"其他符号..."选项

【步骤 5】弹出"符号"对话框，在"字体"下拉列表框中选择字体，在"子集"下拉列表中选择符号类型，然后单击需要插入的符号，再单击"插入"按钮，如图 2-13 所示。

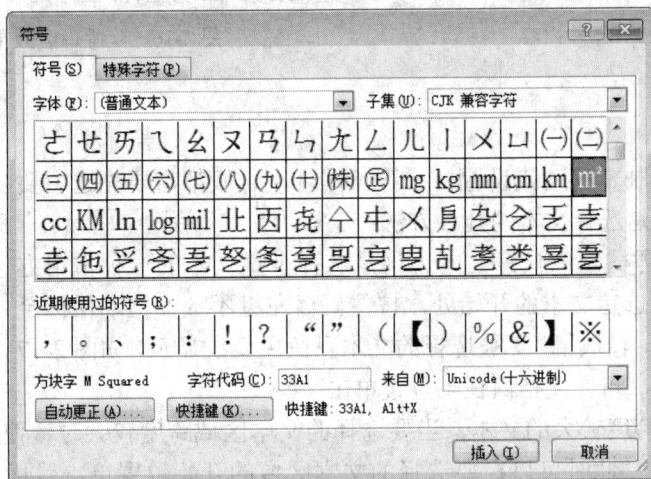

图 2-13 插入特殊符号

【步骤 6】单击"取消"按钮，关闭对话框。

2.1.8 移动光标

输入和编辑文档时，在文档编辑区始终有一闪烁的竖线，称为光标或插入符。光标用来定位要在文档中输入或插入的文字、符号和图像等

移动光标

内容的位置。因此，在文档中输入或插入各种内容前，首先要将光标移动到需要的位置。

要移动光标，只需移动鼠标的"Ⅰ"形指针到文档中的所需位置，然后单击即可。如果内容较长，则需要通过拖动垂直滚动条，或滚动鼠标滚轮，将要编辑的内容显示在文档窗口中，然后在所需位置单击鼠标，即可将光标移至此处。

2.1.9　增补、删除文本

完成文档内容的输入后，还可根据需要对文档内容进行增补、删除或改写。下面继续在"房屋租赁协议书"文档中进行操作。

【步骤 1】　要在文档中增补内容，可将光标移至需增补内容处，然后输入内容，如图 2-14 所示。

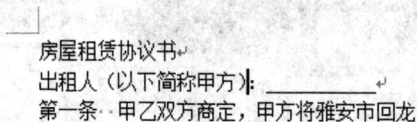

增补、删除与改写文本

房屋租赁协议书
出租人（以下简称甲方）：_____
第一条　甲乙双方商定，甲方将雅安市回龙

图 2-14　增补内容

【步骤 2】若要删除文档中不再需要的内容，可首先将光标放置在该位置，然后按【Delete】键删除光标右侧的字符(按【BackSpace】键可删除光标左侧的字符)，如图 2-15、图 2-16 所示。如果要删除的内容较多，可在选定要删除的内容后，再执行删除操作。

第四条　承租期内未经甲方同意，乙方不得转租、转卖、非法活动和聚众赌博，否则甲方有收回房子的权利。→　第四条　承租期内未经甲方同意，乙方不得转租、转卖、非法活动，否则甲方有收回房子的权利。

图 2-15　删除内容　　　　　　　　　　图 2-16　删除内容效果

2.1.10　选取文本

对文本进行复制、移动或设置格式等操作时，一般都需要先选中要操作的文本。下面是选择文本的几种方法：

选取文本

(1) 使用拖动方式选取任意文本。这是选择少量文本的一种常用方法。将光标置于要选定文本的开始处，按住鼠标左键不放，拖动鼠标至要选定文本的末端，释放鼠标，被选择的文本呈蓝色底纹显示，如图 2-17 所示。要取消选取，可在文档内任意位置单击。

(2) 选取区域跨度较大的文本。当要选择的文本区域跨度较大时，使用拖动方式选择文本将十分不方便，此时可以在要选择的文本区域的开始位置单击鼠标左键，然后按住【Shift】键的同时在文本结束处单击鼠标左键即可。

房屋租赁协议书
出租人（以下简称甲方）：
第一条　甲乙双方商定，甲方将雅安市回龙观龙华园 39 号楼 4 单元 601 房间，使用面积为

图 2-17　使用拖动方式选取文本

(3) 同时选取不连续的多处文本。选取一处文本后，按住【Ctrl】键的同时选取下一处文本。

(4) 选取一个句子。按住【Ctrl】键的同时在要选取的句子中的任意位置单击鼠标。

(5) 利用选定栏选取文本。"选定栏"是指页面左边界到文档内容左边界之间的空白区域，将鼠标指针放在此处时，鼠标指针将变为"⇗"形状，此时单击鼠标左键可选定鼠标指针指向的行，如图 2-18 所示；若按住鼠标左键并拖动，可选择连续的多行；若双击鼠标左键，可选定鼠标指针指向的那个段落。

图 2-18　利用选定栏选取文本

(6) 选取整篇文档。按【Ctrl+A】组合键，或按住【Ctrl】键在选定栏单击鼠标左键。

2.1.11　移动与复制文本

移动与复制是编辑文档最常用的操作之一。例如，对重复出现的文本，不必一次次地重复输入；对放置不当的文本，可以快速将其移到满意的位置。移动和复制文本的方法有两种：一种是使用鼠标拖动；另一种是使用"剪切""复制"和"粘贴"命令。

(1) 使用鼠标拖动移动文本。若是短距离移动文本，使用该方法效率要高一些。首先选中要移动的文本，将鼠标指针移至选定文本上方，此时鼠标指针变为"⇖"形状。按住鼠标左键并拖动，此时鼠标指针变为"⇖"形状，且在其附近出现一条竖虚线，它表明了文本将被移动到的新位置；继续按住鼠标左键并拖动，将竖虚线移至目标位置，如图 2-19(a)所示，然后松开鼠标左键，即可将文本移到该处，如图 2-19(b)所示。

图 2-19　使用鼠标拖动移动文本

(2) 使用鼠标拖动复制文本。若在拖动时按住【Ctrl】键，鼠标指针变为"⇖"形状，此时可将所选文本复制到新位置。例如，将插入符移至"出租人(以下简称甲方)：_____"右侧，按【Enter】键插入一个空段落，然后选中该文本，按住【Ctrl】键的同时将其拖到空段落中，最后依次释放鼠标左键和【Ctrl】键，即可将所选文本复制到新位置，如图 2-20 所示。

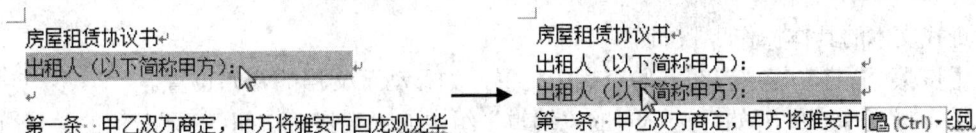

图 2-20　使用鼠标拖动复制文本

(3) 使用命令复制文本。该方法适用于将文本复制到该篇文档的其他页面或另一篇文档中。首先选中要复制的文本，单击功能区中"开始"选项卡的"剪贴板"组中的"复制"按钮，如图 2-21 所示，或者按【Ctrl+C】组合键。将光标移到目标位置，单击"剪贴板"组中的"粘贴"按钮，或者按【Ctrl+V】组合键，即可将文本复制到新位置，效果如图 2-22 所示。最后将前面复制过来的文本修改成如图 2-23 所示的样式，并保存文档。

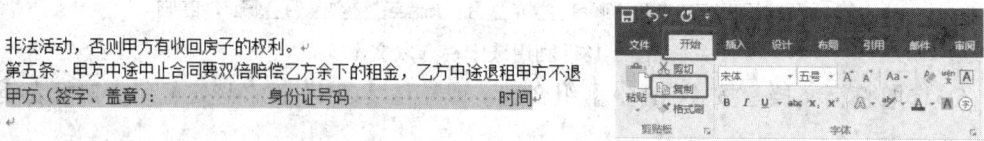

图 2-21　选择文本并执行"复制"命令

图 2-22　粘贴文本

图 2-23　修改文本

要利用命令移动文本，只需将"使用命令复制文本"中的单击"剪贴板"组中的"复制"按钮操作换为单击"剪贴板"组中的"剪切"按钮(或按【Ctrl+X】组合键)，其余的操作不变。

小技巧

移动或复制文本后，在目标文本处将出现一个"粘贴标记"。单击该标记，在弹出的列表中可选择移动或复制过来的文本是保留原格式，还是使用目标位置处的格式等。

2.1.12　文本的查找与替换

利用 Word 2016 提供的查找与替换功能，不仅可以在文档中迅速查找到相关内容，还可以将查找到的内容替换成其他内容，从而使得文档修改工作变得十分迅速和高效。

文本的查找与替换

1. 查找文本

查找文本的具体操作步骤如下：

【步骤 1】将光标放置在开始查找的位置，如移动至文档的开始位置。

【步骤 2】单击"开始"选项卡的"编辑"组中的"查找"按钮，打开左侧的"导航"任务窗格，在窗格上方的编辑框中输入要查找的内容，如"租金"，如图 2-24 所示。

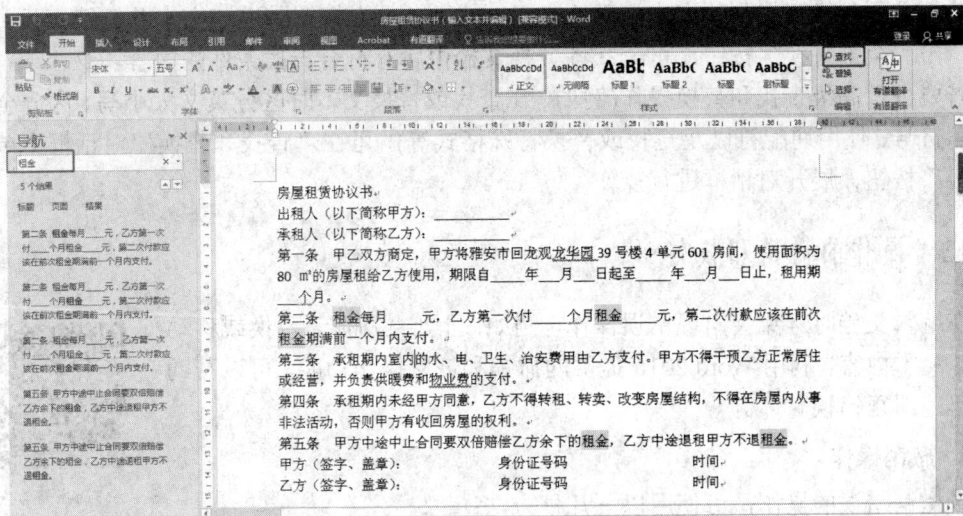

图 2-24　输入要查找的内容

【步骤 3】此时文档中将以橙色底纹突出显示查找到的内容，"导航"任务窗格中则显示查找到的文本所在的标题。

【步骤 4】在"导航"任务窗格的编辑框右下角单击"⏷"按钮，可从上到下定位搜索结果；单击"⏶"按钮，则可从下到上定位搜索结果。

【步骤 5】单击"导航"任务窗格右上角的"×"按钮，关闭窗格。

2. 替换文本

在编辑文档时，有时需要将文档中的某一内容统一替换成其他内容，此时可以使用 Word 2016 的替换功能进行操作，以加快修改文档的速度。下面将"房屋租赁协议书"中的文本"房子"替换为"房屋"，具体操作步骤如下：

【步骤 1】单击"开始"选项卡的"编辑"组中的"替换"按钮，打开"查找和替换"对话框并显示"替换"选项卡，如图 2-25 所示。

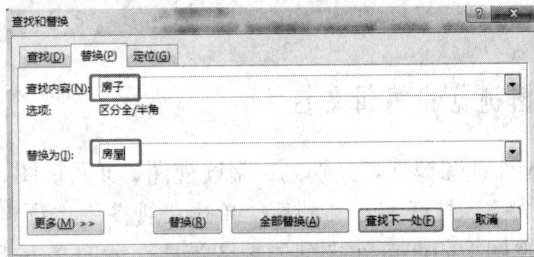

图 2-25　替换文本

【步骤 2】在"查找内容"编辑框中输入需要替换的文本内容，如"房子"，在"替换为"编辑框中输入替换为的内容，如"房屋"。

【步骤 3】单击"替换"按钮，逐个替换查找到的内容。

【步骤 4】替换完毕，在弹出的提示对话框中单击"确定"按钮，再在"查找和替换"对话框中单击"取消"按钮，关闭对话框。

若不需要替换查找到的文本，可单击"查找下一处"按钮跳过该文本并继续查找。此外，单击"全部替换"按钮，可一次性替换文档中所有符合查找条件的内容。

若要进行高级查找和替换操作(例如，在查找或替换文本时区分英文大小写、区分全角和半角符号、使用通配符以及查找或替换特殊格式等)，可在"查找和替换"对话框中单击"更多"按钮，展开对话框进行操作。

2.1.13　操作的撤销和恢复

在编辑文档时难免会出现错误操作，例如，不小心删除、替换或移动了某些文本内容，利用 Word 2016 提供的撤销和恢复操作功能，可以帮助用户迅速纠正错误。

操作的撤销与恢复

1. 撤销操作

要撤销错误的操作，可使用以下几种方法：

(1) 按【Ctrl+Z】组合键，或单击快速访问工具栏中的"撤销"按钮，即可撤消上一步操作；连续执行该命令可撤销多步操作。

(2) 单击"撤销"按钮右侧的三角按钮，打开历史操作列表，从中选择要撤销的操作，则该操作以及其后的所有操作都将被撤销。

2. 恢复操作

如果进行了错误的撤销操作，可以利用恢复功能将其恢复，方法如下：

(1) 按【Ctrl+Y】组合键，或单击快速访问工具栏中的"恢复"按钮，即可恢复上一次撤销的操作；重复执行该命令可恢复多步被撤销的操作。

(2) 在快速访问工具栏中单击"恢复"按钮，打开恢复列表，从中选择要恢复的操作，则该操作以及其后的所有操作都将被恢复。

> **注意**
>
> 只有在执行了撤销操作后恢复选项才生效。另外，若在执行了撤销操作后又执行了其他操作，则被撤销的操作无法恢复。

2.1.14　使用不同视图浏览和编辑文档

Word 2016 提供了 5 种视图模式，分别为：阅读视图、页面视图、Web 版式视图、大纲视图和草稿。打开某一文档后，单击"视图"选项卡，在"视图"组中单击某一视图按钮即可切换到该视图模式，如图 2-26 所示。单击"页面视图"，即切换到页面视图模式。

使用不同视图浏览和编辑文档

(1) 阅读视图：该视图模式下 Word 程序窗口将隐藏功能区和状态栏等组成元素，只显示文档正文区域中的所有信息，从而便于用户阅读文档内容。

(2) 页面视图：是 Word 2016 默认的视图模式，也是编辑文档时最常用的视图模式。在该视图模式下，文档内容的显示效果与打印效果基本相同。

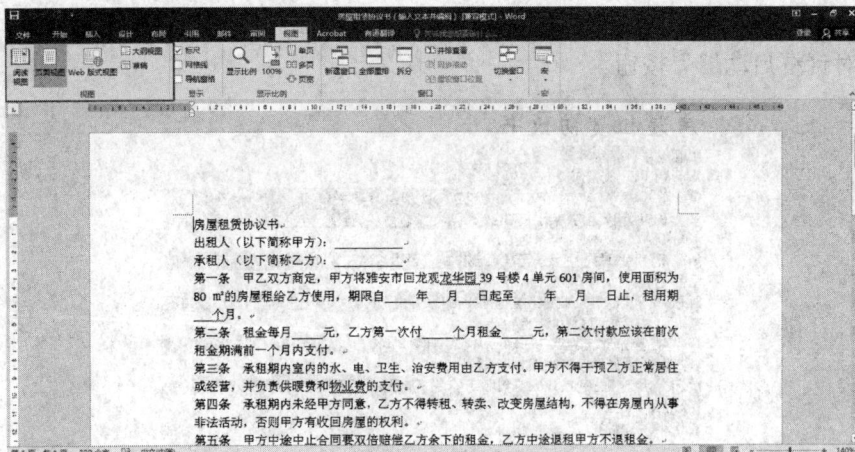

图 2-26　切换文档视图

(3) Web 版式视图：是以 Web 浏览器的形式显示文档。

(4) 大纲视图：在编辑长文档时，标题的级别往往较多，此时可利用大纲视图层次分明地显示各级标题，还可快速改变各标题的级别。

(5) 草稿：取消了页面边距、分栏、页眉页脚和图片等元素，仅显示标题和正文。

2.1.15　设置字符格式

设置字体、字号和字形是编辑文档过程中最常见的操作。字体决定了文字的外观，字号决定了文字的大小，而字形是指是否将文字设置为加粗或倾斜。下面利用两种方法分别设置"房屋租赁协议书"文档中标题和正文的字体、字号和字形，具体操作步骤如下：

设置字符格式

【步骤 1】选择要设置字符格式的标题文本"房屋租赁协议书"。

【步骤 2】在"开始"选项卡的"字体"组中的"字体"下拉列表中选择所需字体，如"楷体"；在"字号"下拉列表中选择字号，如"二号"；单击"加粗"按钮，将所选文本设置为加粗效果，如图 2-27 所示。

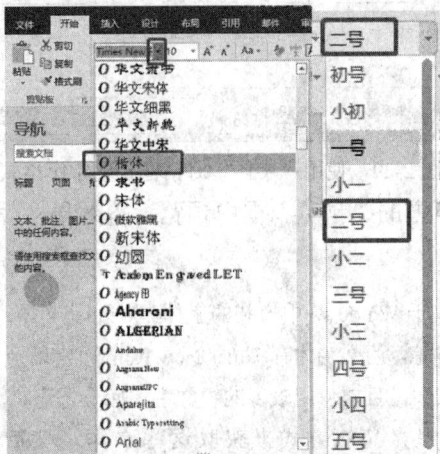

图 2-27　使用"字体"组设置字符格式

【步骤3】选择全部正文文本，如图 2-28 所示，单击"开始"选项卡上"字体"组右下角的"对话框启动器"按钮。

房屋租赁协议书

出租人（以下简称甲方）：

承租人（以下简称乙方）：

第一条　甲乙双方商定，甲方将雅安市回龙观龙华园 39 号楼 4 单元 601 房间，使用面积为 80 ㎡的房屋租给乙方使用，期限自　　年　　月　　日起至　　年　　月　　日止，租用期　　个月。

第二条　租金每月　　元，乙方第一次付　　个月租金　　元，第二次付款应该在前次租金期满前一个月内支付。

第三条　承租期内室内的水、电、卫生、治安费用由乙方支付。甲方不得干预乙方正常居住或经营，并负责供暖费和物业费的支付。

第四条　承租期内未经甲方同意，乙方不得转租、转卖、改变房屋结构，不得在房屋内从事非法活动，否则甲方有收回房屋的权利。

第五条　甲方中途中止合同要双倍赔偿乙方余下的租金，乙方中途退租甲方不退租金。

甲方（签字、盖章）：　　　　身份证号码　　　　时间：

乙方（签字、盖章）：　　　　身份证号码　　　　时间：

图 2-28　选择文本

【步骤 4】弹出"字体"对话框，在"中文字体"下拉列表中选择"楷体"；在"西文字体"下拉列表中选择"Times New Roman"；在"字形"列表框中选择"常规"；在"字号"列表框中单击选择"小四"，如图 2-29 所示。

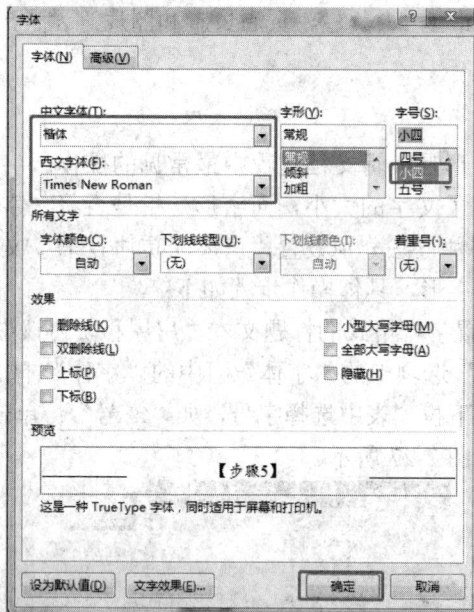

图 2-29　使用"字体"对话框设置字符格式

【步骤5】在对话框下方的"预览"框中预览设置效果，然后单击"确定"按钮。

注意

用户可以选择的字体取决于 Windows 中安装的字体。Windows 10 中本身附带了一些字体，其中中文字体有宋体、黑体、楷体等，西文字体有 Times New Roman(常用于正文)、Arial(常用于标题)等。要使用其他字体，必须另行安装。目前使用较多的中文字体库有方正、汉仪和文鼎字库等，用户可通过互联网下载或购买字体库光盘的方式来获取这些字体，然后将它们复制到系统磁盘的"Windows\Fonts"文件夹中。

在 Word 中字号的表示方法有两种：一种以"号"为单位，如初号、一号、二号等，数值越大，文字越小；另一种以"磅"为单位，如6.5、10、10.5等，数值越大，文字也越大。

对于一些标题文字或需要特别强调的文字，可以将字形设置为加粗或倾斜。大多数书刊、公文的正文使用的中文字体均为宋体，字号一般为五号、小四或四号等。

Word 2016 中，"开始"选项卡的"字体"组中其他常用按钮的作用如图 2-30 所示。设置时，一般直接单击相应按钮即可；但也有的设置项需要单击按钮右侧的三角按钮，从弹出的下拉列表框中选择需要的选项。例如，设置字体颜色时，需要单击"字体颜色"按钮右侧的三角按钮，从弹出的颜色列表中选择需要的颜色。

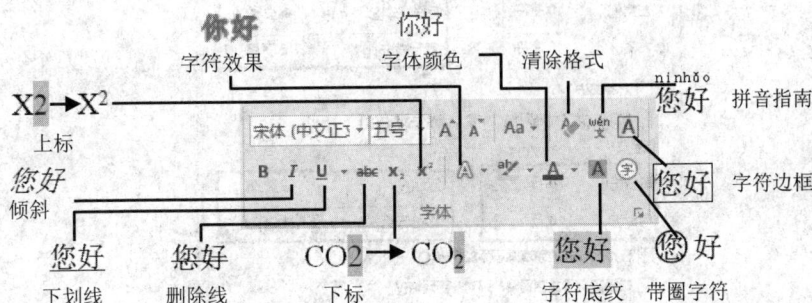

图 2-30 "字体"组中各按钮的作用

利用"字体"对话框中的"所有文字"设置区也可设置字体颜色、下划线和着重号效果，只需在相应的下拉列表框中进行选择即可；利用"效果"设置区也可设置字符的删除线、阴影、上标和下标等效果，只需选中相应的复选框即可。

此外，若在"字体"对话框中单击"高级"选项卡，则还可设置字符在宽度方向上的缩放百分比，以及字符之间的距离，字符的上下位置等效果。

2.1.16 设置段落格式

段落的格式主要包括段落的对齐方式、段落缩进、段落间距以及行间距等。若要设置某个段落的格式，需将光标置于该段落中；若要同时设置多个段落的格式，可同时选中这些段落。以"房屋租赁协议书"文档为例，段落格式的设置步骤如下：

设置段落格式

【步骤 1】将光标置于需要设置对齐方式的段落中，如标题文本段落。单击"开始"选项卡的"段落"组中的对齐方式按钮之一，如"居中"，如图 2-31 所示。这几个对齐方式按钮的作用分别是将段落沿页面左端对齐、居中对齐、右端对齐、两端对齐和分散对齐，未设置时默认为两端对齐。

图 2-31 设置段落对齐方式

【步骤 2】同时选中除标题外的多个段落，单击"开始"选项卡的"段落"组右下角的"对话框启动器"按钮，打开"段落"对话框，如图 2-32 所示。

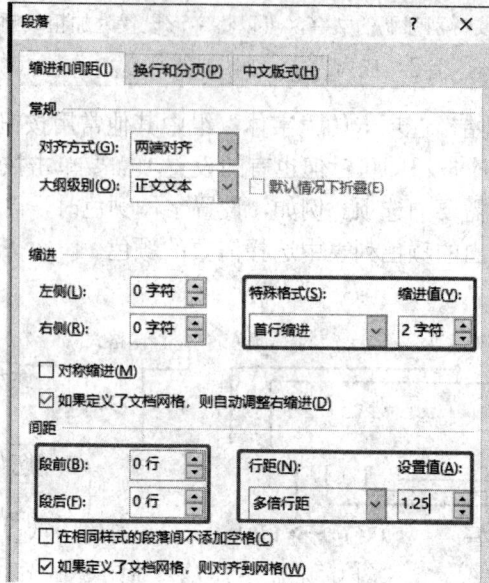

图 2-32　设置段落格式

【步骤 3】在"缩进"设置区设置缩进方式。例如，在"特殊格式"下拉列表框中选择"首行缩进"，然后在右侧"缩进值"框中选择"2 字符"，即首行缩进两个字符。设置"磅值"时，可以直接输入数值，也可单击右侧的微调按钮进行调节。

【步骤 4】在"间距"设置区设置段落间距和行距。这里将"段前"间距设为"0 行"，"行距"设为"多倍行距"，"设置值"为 1.25。

【步骤 5】设置完毕，单击"确定"按钮，效果如图 2-33 所示。

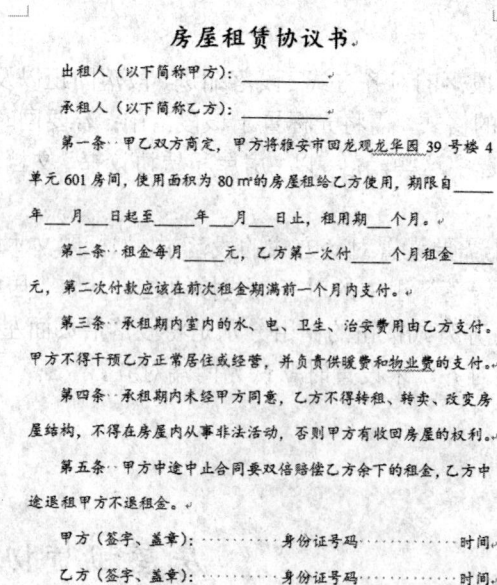

图 2-33　段落格式设置效果

【步骤 6】"房屋租赁协议书"制作完成后按【Ctrl+S】组合键保存文档。

段落的缩进主要包括首行缩进、左缩进、右缩进和悬挂缩进。中文编辑状态下，按中文的书写习惯，一般需要在每个段落的首行缩进 2 个字符(这时缩进的是 2 个汉字)；左缩进和右缩进是指在某些段落的左侧或右侧留出一定的空位；悬挂缩进是指将段落除首行外的其他行向内缩进，用户可在"段落"对话框的"特殊格式"下拉列表框中选择"悬挂缩进"选项，然后设置缩进值。

除了利用"段落"对话框设置段落缩进外，通过拖动标尺上的相关滑块也可设置段落缩进，如图 2-34 所示。如果文档窗口中没有显示标尺，可在功能区的"视图"选项卡的"显示"组中选择"标尺"复选框，即可在文档窗口中显示标尺。

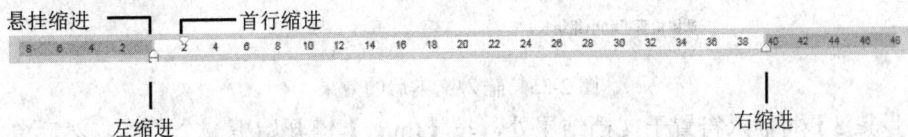

图 2-34　利用标尺上的相关滑块设置段落缩进

2.1.17　复制格式

在 Word 2016 中，用户可利用格式刷复制段落或字符格式，具体操作步骤如下：

【步骤 1】选中要复制格式的源段落文本，单击"开始"选项卡的"剪贴板"组中的"格式刷"按钮，此时鼠标指针变为格式刷形状。

【步骤 2】使用拖动方式选中希望应用源段落格式的目标段落，即可完成格式复制。

复制格式

若只复制段落格式(而不复制字符格式)，则只需将光标插入源段落中，然后选择"格式刷"按钮，再在目标段落中任意位置处单击即可；若只复制字符格式，则在选择文本时，不要选中段落标记。

若要将所选格式应用于文档中的多处内容，可双击"格式刷"按钮，然后依次选择要应用该格式的文本或段落即可；再次单击"格式刷"按钮可取消复制格式。

❖ 实 践 操 作

1. 新建"请示"文档并输入内容

【步骤 1】启动 Word 2016，或在已启动的 Word 2016 界面中按【Ctrl+N】组合键创建一个新文档。

【步骤 2】 输入文本"关于增加质量检查机动小组人员名额的请示"，然后按【Enter】键插入一个空段落；再次按【Enter】键开始一个新段落，然后输入"公司人事部："文本；使用相同的方法输入其他文本，效果如图 2-35 所示。

制作请示文档

关于增加质量检查机动小组人员名额的请示

公司人事部：

经公司上层领导批准，建立质量检查机动小组负责新产品的质量抽查。

但是，在确定人员名单时没有考虑到工作量的繁重，为了更好的做好

这项工作，希望公司人事部能考虑增加质量检查动机小组 2 名人员名

额。

以上妥否，请批示。

质量检查机动小组组长

图 2-35　输入文本后的效果

【步骤 3】将插入符置于文档结尾处，按【Enter】键开始下一个段落，然后单击"插入"选项卡的"文本"组中的"日期和时间"按钮，在打开的对话框的"语言(国家/地区)"下拉列表中选择"中文(中国)"；在"可用格式"列表框中选择第 2 种日期格式，单击"确定"按钮，在文档中插入当前日期，如图 2-36 所示。

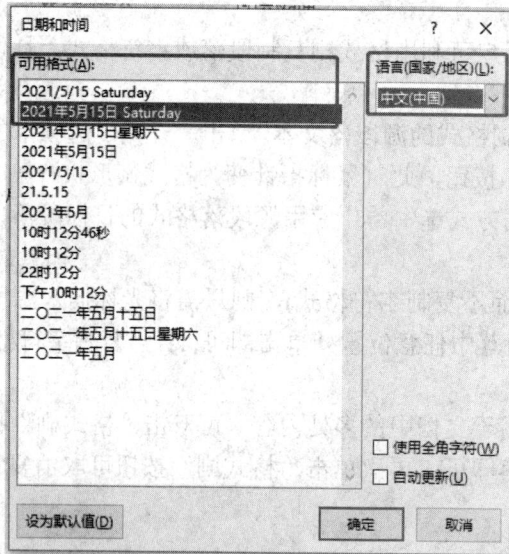

图 2-36　在文档中插入当前日期

2. 设置请示文本格式

【步骤 1】选中要设置格式的标题文本，在"开始"选项卡"字体"组中"字体"下拉列表中选择"华文楷体"；在"字号"下拉列表中选择"小二"，然后单击"加粗"按钮，如图 2-37 所示。

【步骤 2】选中"请示"文档的其他内容，然后在"字体"下拉列表中选择"Times New Roman"；在"字号"下拉列表中选择"四号"。

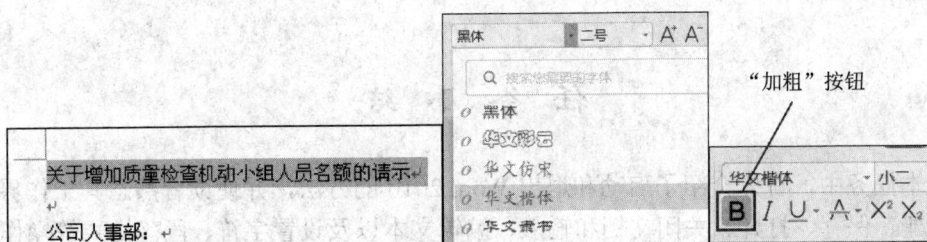

图 2-37　设置标题文本的字符格式

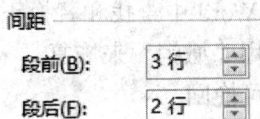

【步骤 3】选中倒数第二段文本，然后单击"字体"组右下角的"对话框启动器"按钮，打开"字体"对话框，单击"高级"选项卡，然后设置所选文本的"间距"为加宽，"磅值"为 1.5 磅，如图 2-38 所示，单击"确定"按钮。

【步骤 4】在第一行中单击鼠标右键将插入符置于该段落中，然后单击"开始"选项卡的"段落"组中的"居中"按钮，再在"页面布局"选项卡的"段落"组中设置"段前"和"段后"间距分别为 3 行和 2 行，如图 2-39 所示。

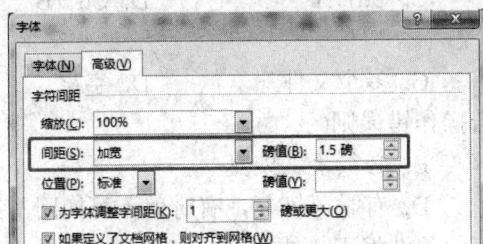

图 2-38　设置文本的字符间距　　　　　　　图 2-39　设置段前和段后间距

【步骤 5】同时选中第三段和第四段，单击"段落"组右下角的对话框启动器按钮，打开"段落"对话框；在"特殊格式"下拉列表中选择"首行缩进"，并设置"磅值"为"2 字符"，单击"确定"按钮，即可将这两个段落首行缩进 2 字符。

【步骤 6】选中最后两个段落，然后单击"开始"选项卡的"段落"组中的"右对齐"按钮，将这两个段落右对齐；再将插入符置于最后一个段落右侧，并按 5 次空格键，使最后两段落左侧对齐。

【步骤 7】选中除标题外的其他段落，在"开始"选项卡的"段落"组中的"行距"下拉列表中选择"2.5"，如图 2-40 所示。此时的文档效果如图 2-41 所示，最后将文档保存在"项目二"文件夹中，名称为"请示"。

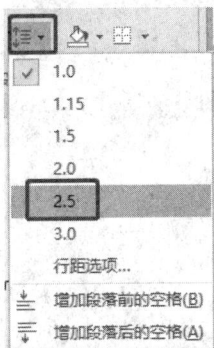

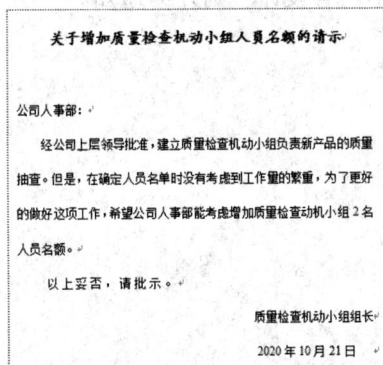

图 2-40　设置行距　　　　　　　　　图 2-41　制作的"请示"文档

任 务 小 结

在本任务中，首先介绍了启动和退出 Word 2016 的方法，并使读者熟悉其工作界面，学习新建、保存、打开、关闭文档和输入、编辑文本以及设置字符、段落格式等操作，最后利用"实践操作"进一步巩固知识点。

任 务 习 题

一、选择题

1. 文本复制的快捷键是( )。

A. Ctrl+C   B. Ctrl+V   C. Ctrl+X   D. Ctrl+B

2. 文件夹中不可存放( )。

A. 一个文件   B. 文件夹   C. 多个文件   D. 字符

3. 在 Word 中查找和替换正文时，若操作错误则( )。

A. 可用"撤销"来恢复   B. 必须手工恢复

C. 无可挽回   D. 有时可恢复，有时就无可挽回

4. 在 Word 编辑时，英文单词下面有红色波浪下划线表示( )。

A. 已修改过的文档   B. 对输入的确认

C. 可能是拼写错误   D. 可能是语法错误

5. Windows 将整个计算机显示屏幕看作是( )。

A. 窗口   B. 背景   C. 桌面   D. 工作台

二、简答题

1. 如何新建文档？

2. Word 2016 中文档有哪几种视图方式？如何切换？

三、操作题

1. 依据所学内容制作一个请假条。

2. 根据所学内容设计一则开会通知。

任务 2　制作课程表

▶教学目标

　　在本任务中，首先通过"相关知识"掌握设置文档页面、预览并打印文档的方法，学习在文档中创建、编辑和美化表格，以及在表格中输入文本并设置文本格式等操作，然后通过"实践操作"进一步巩固知识点。

▶知识目标

➢ 掌握设置文档页面、预览并打印文档的方法。
➢ 学会创建、编辑和美化表格。

▶技能目标

➢ 能够设置文档页面、预览并打印文档。
➢ 知道如何正确地创建、编辑和美化表格。

☒　任 务 描 述

　　新学期开学了，某初中教务处的王老师负责为各班级排课。本任务制作 2020-2021 年度秋季学期初三(1)班的课程表，如图 2-42 所示。

	星期一	星期二	星期三	星期四	星期五
1	数学	语文	数学	外语	外语
2	外语	数学	语文	语文	数学
3	自习	历史	生物	地理	自习
4	语文	外语	外语	数学	语文
5	美术	政治	体育	自习	语文
6	地理	计算机	数学	历史	政治
7	生物	自习	自习	外语	音乐

图 2-42　2020-2021 年度秋季学期初三(1)班的课程表

═══ 相 关 知 识 ═══

2.2.1　设置文档页面

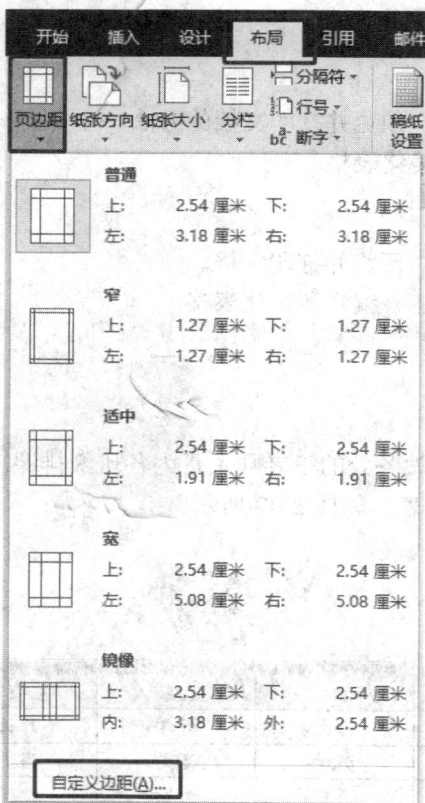

默认情况下，Word 文档使用的是 A4 幅面纸张，纸张方向为"纵向"，我们可根据需要改变纸张的大小、方向和页边距等。具体操作步骤如下：

【步骤 1】单击功能区"布局"选项卡的"页面设置"组中的"页边距"按钮，在展开的列表中选择一种页边距样式；若列表中的页边距样式不能满足需要，可单击列表底部的"自定义边距..."选项，如图 2-43 所示。

设置文档页面

图 2-43　选择系统提供的页边距样式

【步骤 2】此时弹出"页面设置"对话框，单击"页边距"选项卡，在"页边距"设置区的"上""下""内侧""外侧"编辑框中指定文档内容区与页面边界之间的距离；在"纸张方向"设置区中选择页面方向(一般默认为"纵向")；在"应用于"下拉列表中选择所设页边距的应用范围，一般选择"整篇文档"，如图 2-44 所示。

【步骤 3】单击"纸张"选项卡标签，然后在"纸张大小"下拉列表中选择纸张大小，如图 2-45 所示。设置好后，单击"确定"按钮。

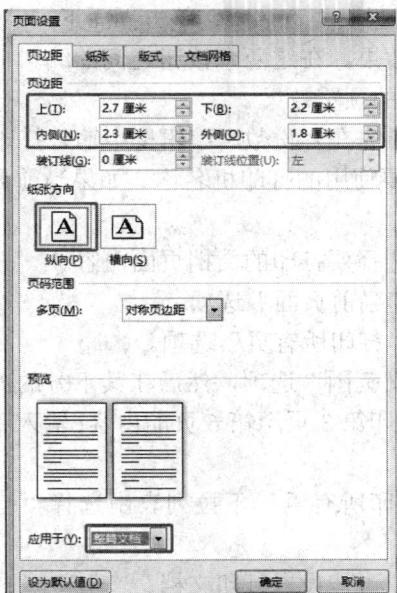

图 2-44　自定义页边距并选择纸张方向　　　　图 2-45　设置纸张大小

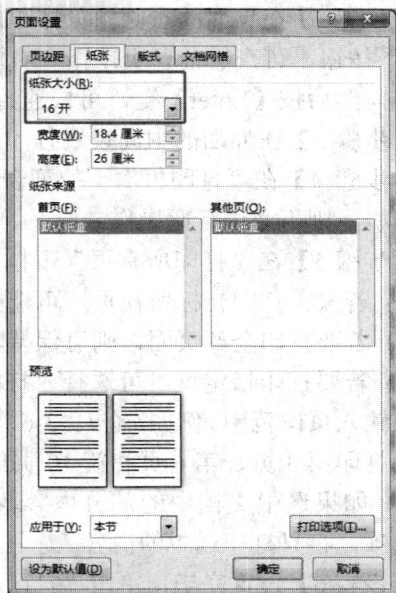

也可在功能区"页面设置"组中的"纸张方向"列表中选择纸张方向，在"纸张大小"列表中选择纸张大小。

要打开"页面设置"对话框，也可单击"页面设置"组右下角的"对话框启动器"按钮。

2.2.2　预览和打印文档

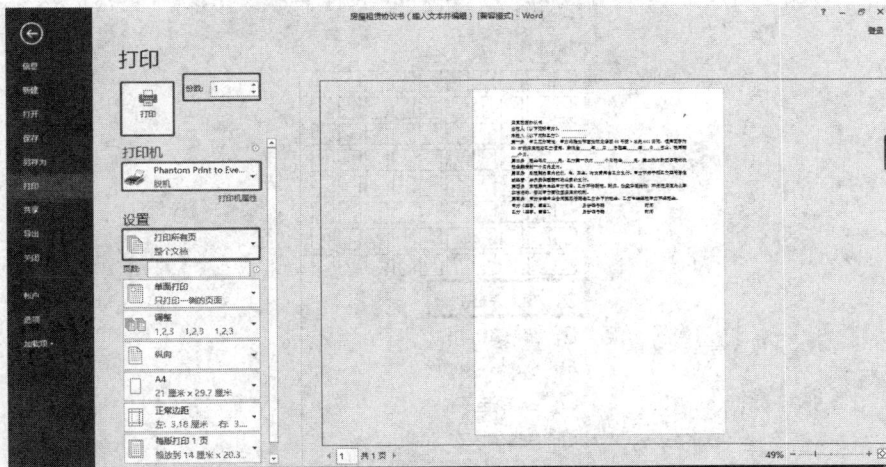

文档编辑完成后便可以将其打印出来。为防止出错，一般在打印文档之前，都会先预览一下打印效果，以便及时改正错误。

【步骤1】单击功能区中的"文件"选项卡，在打开的界面中单击"打印"选项，弹出文档的打印和打印预览界面，如图2-46所示。

预览和打印文档

图 2-46　文档的打印和打印预览界面

【步骤 2】在界面的右侧预览打印效果。如果文档有多页，单击界面下方的"◄"按钮和"►"按钮，可查看前一页或下一页的预览效果。在这两个按钮之间的编辑框中输入页码数字，然后按【Enter】键，可快速查看该页的预览效果。

【步骤 3】在界面的中间设置打印选项。首先在"份数"编辑框中输入打印份数。

【步骤 4】在"打印机"下拉列表中选择要使用的打印机名称。如果当前只有一台可用打印机，则不必进行此操作。

【步骤 5】在"打印所有页"下拉列表中选择要打印的文档页面内容。

(1) 若只需打印光标所在页，可选择"打印当前页面"选项。

(2) 若要打印全部页面，则可保持默认的"打印所有页"选项。

(3) 若要打印指定页，可选择"打印自定义范围"选项，然后在其下方的"页数"编辑框中输入页码范围。例如，输入"3-6"，表示打印第 3 页至第 6 页的内容；输入"3,6,10"，表示只打印第 3 页、第 6 页和第 10 页。

(4) 如果选中文档中的部分内容，在"打印所有页"下拉列表中选择"打印所选内容"选项，将只打印选中的内容。

【步骤 6】设置完毕，单击"打印"按钮即可按设置打印文档。

2.2.3 创建表格

可以根据需要的行、列数来创建表格，然后通过合并、拆分单元格、设置表格行高或列宽等操作来对表格进行调整。

【步骤 1】新建一个 Word 文档，并以"个人简历"为名进行保存。

【步骤 2】单击"插入"选项卡上"表格"组中的"表格"按钮，在展开的列表中选择"插入表格..."选项，如图 2-47 所示。

创建表格

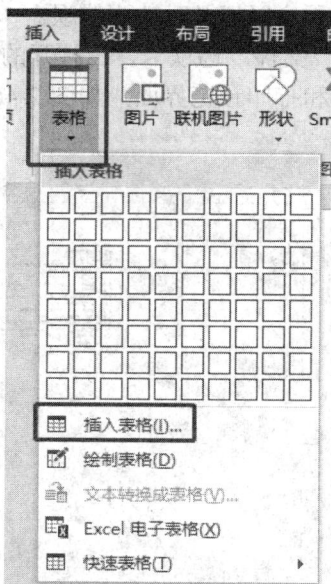

图 2-47 选择"插入表格..."选项

【步骤3】弹出"插入表格"对话框，在"列数"和"行数"编辑框中输入行、列数，单击"确定"按钮，如图2-48所示，即可按照设置创建一个表格，效果如图2-49所示。

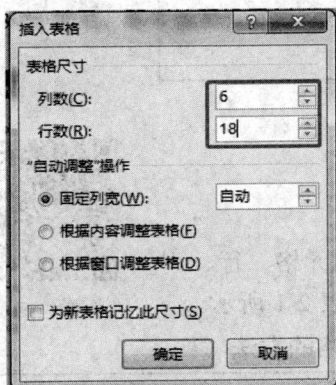

图2-48　输入表格行列数

图2-49　插入的表格效果

在"插入表格"对话框中还可进行其他设置：

➢ 固定列宽：选择该选项后，可在后面的编辑框中指定表格的列宽。

➢ 根据内容调整表格：表格各列列宽随输入的内容自动调整。

➢ 根据窗口调整表格：表格宽度与文档正文宽度一致。

若要快速创建表格，可单击"表格"按钮后，在展开的列表中直接在网格中移动鼠标指针来确定表格的行、列数，如图2-50所示，然后单击鼠标(一般指单击鼠标左键)即可。

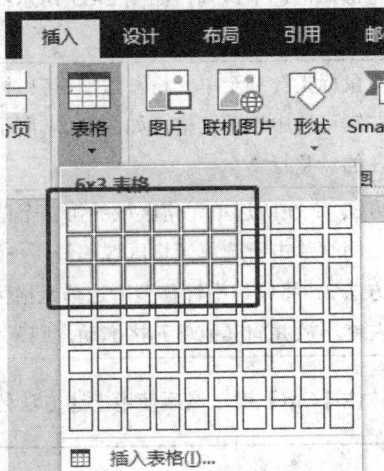

图2-50　快速创建表格

若在单击"表格"按钮后展开的列表中选择"绘制表格"选项，鼠标指针将变为笔形，此时可自由绘制表格：在文档编辑区按住鼠标左键并拖动，到合适位置后释放鼠标，绘制出一个矩形作为表格外边框，然后按住鼠标左键在矩形框内水平或竖直拖动，绘制表格的行线或列线，如图2-51所示。若要结束表格绘制，可按【Esc】键。

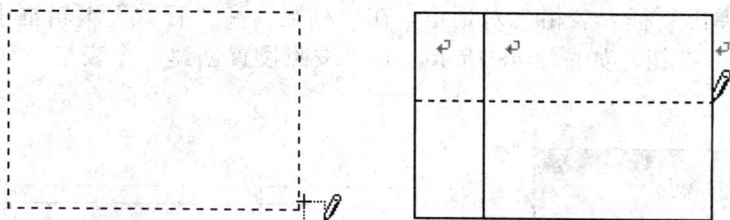

图 2-51　绘制表格

2.2.4　选择表格和单元格

选择表格和单元格

若要对表格进行编辑操作，首先需要选中要修改的单元格、行、列或整个表格。为此，Word 2016 提供了多种选择方法，如表 2-1 所示。

表 2-1　选择表格、行、列与单元格的方法

选择对象	操作方法
选择整个表格	将鼠标指针移至表格上方，此时表格左上角将显示"⊞"控制柄，单击该控制柄即可选中整个表格
选择行	将鼠标指针移至所选行左边界的外侧，待鼠标指针变成"⍅"形状后单击鼠标左键，可选中该行，如图 2-52 所示；如果此时按住鼠标左键上下拖动，可选中多行
选择列	将鼠标指针移至所选列的顶端，待鼠标指针变成"↓"形状后单击鼠标左键，可选中该列，如图 2-53 所示；如果此时按住鼠标左键并左右拖动，可选中多列
选择单个或多个单元格	将鼠标指针移至单元格左边框，待鼠标指针变成"↗"形状后单击鼠标左键可选中该单元格，如图 2-54 所示；若此时双击可选中该单元格所在的一整行
选择连续的单元格区域	方法 1：在所选单元格区域的第 1 个单元格中单击，然后按住【Shift】键的同时单击所选单元格区域的最后一个单元格； 方法 2：将鼠标指针移至所选单元格区域的第 1 个单元格中，按住鼠标左键不放并向其他单元格拖动，则鼠标指针经过的单元格均被选中
选择不连续的单元格或单元格区域	按住【Ctrl】键，然后使用上述方法依次选择单元格或单元格区域

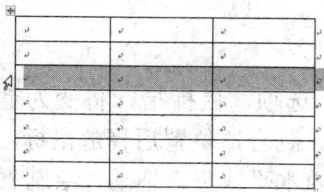

图 2-52　选择行

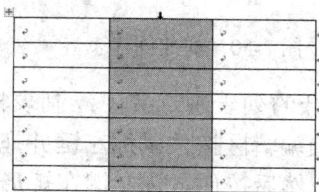

图 2-53　选择列

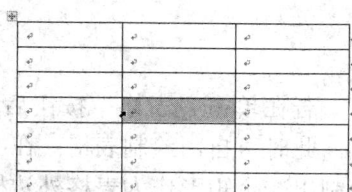

图 2-54　选择单元格

2.2.5　编辑表格

为满足用户在实际工作中的需要，Word 2016 提供了多种方法来修改已创建的表格。例如，插入行、列或单元格，删除多余的行、列或单元格，合并或拆分单元格，以及调整单元格的行高和列宽等。

编辑表格1　　　编辑表格2

创建好表格后，将光标放置在表格的任意一个单元格中，在 Word 2016 的功能区中将出现"表格工具 设计"和"表格工具 布局"选项卡，对表格的大多数编辑和美化操作都是利用这两个选项卡来实现的，如图 2-55 和图 2-56 所示。

图 2-55　"表格工具 设计"选项卡

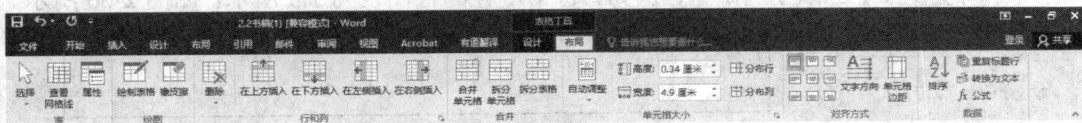

图 2-56　"表格工具 布局"选项卡

下面通过编辑表格来制作简历表的框架。

【步骤1】选中表格第 1 行。

【步骤2】在功能区中切换到"表格工具 布局"选项卡，单击"合并"组中的"合并单元格"按钮，将所选单元格合并，如图 2-57 所示。

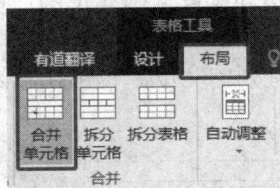

图 2-57　合并单元格

单击"拆分单元格"按钮，可将所选单元格拆分成指定的多个单元格；单击"拆分表格"按钮，可从所选单元格处将表格拆分成上下两个。

【步骤3】　对照图 2-58，分别选择其他单元格进行合并，从而获得表格的基本框架。

图 2-58　合并其他单元格

　　也可利用删除表格线的方式来合并单元格。方法是单击选择"表格工具 布局"选项卡的"绘图边框"组中的"橡皮擦"按钮，然后在要删除的行线或列线上单击；要取消"橡皮擦"按钮的选取，可按【Esc】键或再次单击该按钮。此外，选择"绘制表格"按钮，还可在表格中拖动鼠标来绘制行线或列线，从而拆分单元格。

　　【步骤 4】接下来设置表格行高。设置行高最简单的方法是将鼠标指针移至表格的行分界线处，待鼠标指针变为"÷"形状后按住鼠标左键上下拖动，如图 2-59 所示。

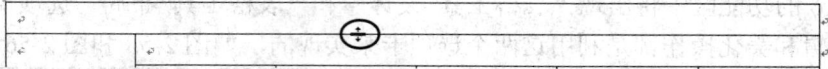

图 2-59　利用拖动方法调整行高

　　【步骤 5】要精确调整行高，可先将光标置于该行任意单元格中，或同时选中要调整行高的多行，然后在"表格工具 布局"选项卡的"单元格大小"组中的"高度"编辑框中输入行高值，按【Enter】键确认。例如，将第 1 行的行高设为 1.3 厘米，如图 2-60 所示。

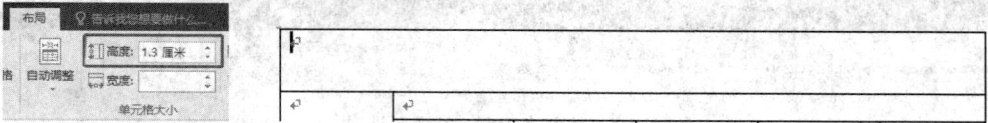

图 2-60　精确调整行高

　　【步骤 6】选中除第 1 行之外的所有行，然后在"单元格大小"组中的"高度"编辑框中输入 1，将这些行的高度全部设置为 1.0 厘米。

　　【步骤 7】调整列宽。同时选中第 3 行、第 4 行和第 5 行的第 2 列单元格，将鼠标指针移至所选列右分界线处，待鼠标指针变为"╫"形状后按住鼠标左键并向左拖动，调整所选单元格列宽，如图 2-61 所示。

　　【步骤 8】对照图 2-62，通过选择其他一些单元格调整相关列的宽度。也可在输入表格内容后，再根据表格内容调整单元格宽度和高度。

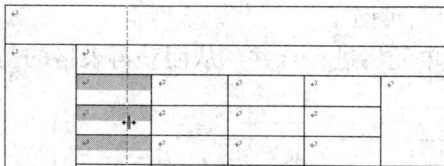

图 2-61　调整所选单元格的列宽

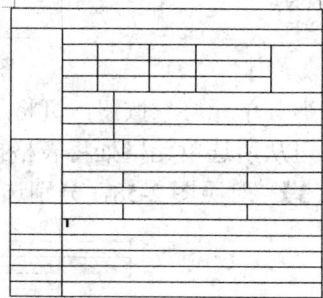

图 2-62　调整行高和列宽后的表格

　　插入或删除行、列也是编辑表格时经常使用的操作。这些操作主要是通过"表格工具 布局"选项卡的"行和列"组中的"插入"或"删除"按钮实现的。

　　(1) 插入行：在要插入行的位置选择与要插入的行数相同的行，然后单击"在上方插入"或"在下方插入"按钮，即可在所选行的上方或下方插入与所选行数目相同的行，如图 2-63 所示。

图 2-63 在下方插入行

(2) 插入列：在要插入列的位置选择与要插入的列数相同的列，然后单击"在左侧插入"或"在右侧插入"按钮。

(3) 删除行、列、单元格或表格：选中要删除的行、列或单元格，然后单击"删除"按钮，从展开的列表中选择相应选项，如图 2-64 所示。

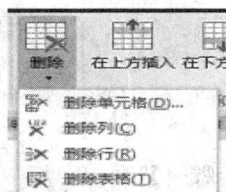

图 2-64 删除行、列、单元格或表格

2.2.6 在表格中输入内容并设置格式

创建好表格框架后，就可以根据需要在表格中输入文字了。输入内容后，还可以根据需要调整表格内容在单元格中的对齐方式，以及设置其字体、字号等。

在表格中输入内容并设置格式

【步骤 1】对照图 2-65，分别将光标置于各单元格中，输入相关文字。

个人简历					
个人概况	求职意向：图书编辑				
	姓名：	伊乔	出生日期：	1982	
	性别：	女	户口所在地：	河北省保定市	
	民族：	汉	专业和学历：	计算机应用	
	联系电话：	12345667787, 0234-3343827			
	通讯地址：	北京市大兴区日月小区 2-456			
	电子邮件地址：	Wangdaxin@163.com			
工作经验	2005.8-2007.8	北京新新文化发展有限公司		北京	
	编辑 参与编辑加工全国职业教育精品教材，主要参与者 参与策划电脑新干线系列图书，任负责人				
	2007.9-至今	北京零点文化传播有限公司		北京	
	策划编辑 全国高职高专计算机专业教材，策划人 全国高职高专机械专业教材，策划人				
教育背景	2001.9-2005.7	北京邮电大学		计算机应用	
	学士 连续四年获校三好学生 参与开发人事管理信息系统、财务管理信息系统				
外语水平	六级				
计算机水平	二级				
性格特点	喜欢阅读和写作，喜欢思考和钻研				
业余爱好	爬山、旅游				

图 2-65 在表格中输入文字

【步骤2】适当调整某些列的宽度和某些行的高度，使表格内容不显得拥挤。

【步骤3】将光标置于表格第3行最右侧的单元格中，单击"插入"选项卡的"插图"组中的"图片"按钮，如图2-66所示。

图2-66　单击"图片"按钮

【步骤4】弹出"插入图片"对话框，在对话框左侧的导航窗格中找到存放图片的文件夹(本书配套素材"项目三"文件夹)，选择"相片"图片文件，单击"插入"按钮，将相片插入到光标所在的单元格中，如图2-67所示。

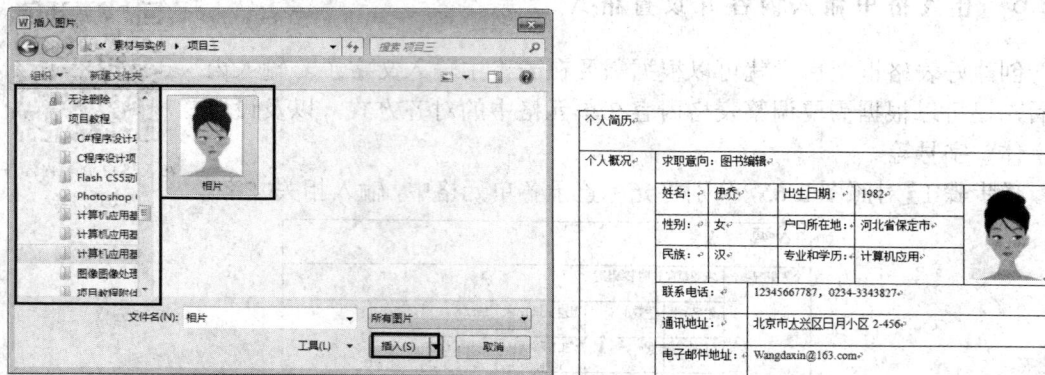

图2-67　在单元格中插入图片

【步骤5】单击表格左上角的控制柄选中整个表格，然后单击"表格工具 布局"选项卡的"对齐方式"组中的"中部两端对齐"按钮，将各单元格中文字相对于单元格垂直居中对齐、水平居左对齐，如图2-68所示。

(1) 对齐按钮用来设置单元格中的文字相对于单元格的对齐方式，将鼠标指针移至对齐按钮上，可显示它们的作用。

(2) 单击"文字方向"按钮，可使单元格中文字水平或垂直排列。

(3) 单击"单元格边距"按钮可打开"表格选项"对话框，利用该对话框可设置单元格中文字距单元格上、下、左、右边线的边距。

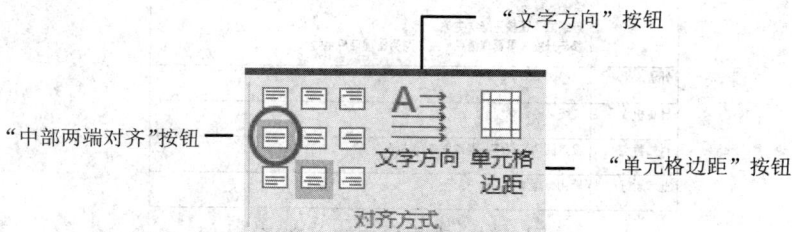

图2-68　设置单元格对齐方式

【步骤6】选中第1行单元格，然后利用"开始"选项卡的"字体"组将其字体设为黑体，字号设为三号，利用"段落"组中的按钮将文字对齐方式设为"居中对齐"。

要调整整个表格相对于页面的对齐方式和与周围文字的环绕方式，可选中整个表格，然后单击"表格工具 布局"选项卡的"表"组中的"属性"按钮，在打开的"表格属性"对话框中进行设置，如图 2-69 所示。如果将该对话框切换到"行""列"或"单元格"选项，则还可设置所选单元格的行高、列宽或单元格中文字的对齐方式等，如图 2-70 所示。

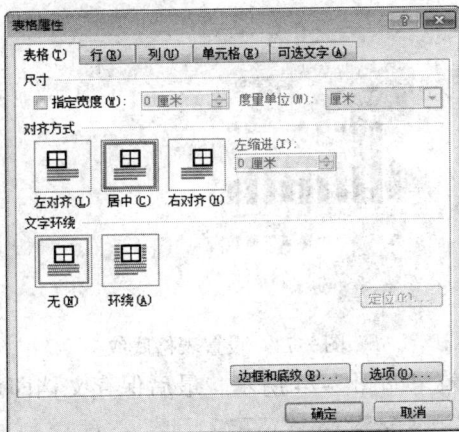

图 2-69　设置表格对齐和文字环绕方式

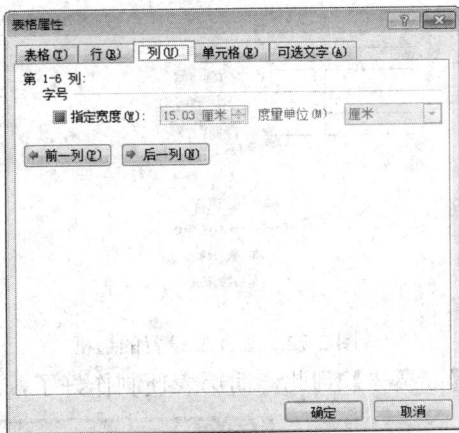

图 2-70　表格属性选项(列宽)设置

2.2.7　美化表格

表格创建和编辑完成后，还可进一步对表格进行美化操作，如设置单元格或整个表格的边框和底纹等。

【步骤1】选中要设置边框的单元格区域，本任务选中整个表格。

【步骤2】在"表格工具 设计"选项卡的"边框"组中分别单击"边框样式""笔画粗细"和"笔颜色"右侧的三角按钮，从弹出的列表中选择边框的样式、粗细和颜色，如图 2-71 所示。

美化表格

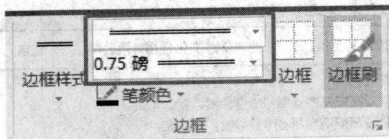

图 2-71　选择边框样式、笔画粗细和笔颜色

本任务选择"边框样式"为双实线，粗细为 0.75 磅，"笔颜色"保持默认的黑色。

【步骤3】单击"边框"组中"边框"按钮下侧的三角按钮，在展开的列表中选择要设置的边框，本任务选择"外侧框线"为所选表格设置外边框，如图 2-72 所示。注意：如果所选的是单元格区域，则是为该单元格区域设置外边框。

选择相应的选项，可为所选单元格区域设置下框线、上框线、所有框线、外侧框线和内部框线等。

【步骤 4】选中表格第 1 行(标题行),单击"边框"组中的"底纹"按钮下方的三角按钮,在展开的列表中选择一种底纹颜色,如橙色,如图 2-73 所示。

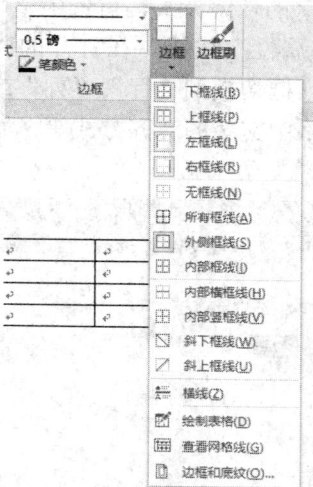

图 2-72 选择要设置的边框

图 2-73 设置表格底纹

【步骤 5】到此,简历表便制作好了,最终效果如图 2-74 所示。最后保存文档即可。

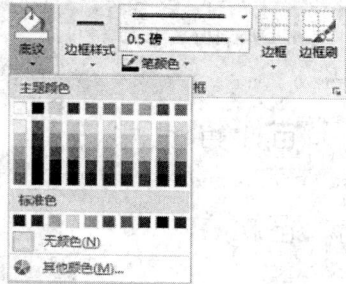

图 2-74 个人简历最终效果

　　要为表格设置复杂边框和底纹，也可单击"边框"底部的三角按钮，选择"边框和底纹"选项，在打开的"边框和底纹"对话框中进行设置；要使用系统内置的漂亮样式快速改变表格的外观，可在选中表格后，在"表格工具　设计"选项卡的"表格样式"组中单击需要应用的样式。

实 践 操 作

1. 创建表格并输入课程表内容

　　【步骤1】新建一空白文档，然后单击"插入"选项卡上"表格"组中的"表格"按钮，在展开的列表中选择"插入表格"选项，在打开的"插入表格"对话框中输入表格的列数为6，行数为8，如图2-75(a)所示，单击"确定"按钮，创建一个6列8行的表格。

制作课程表

　　【步骤2】在表格中输入所需数据，如图2-75(b)所示。

　　【步骤3】将文档保存在文件夹"项目二"中，名称为"课程表"。

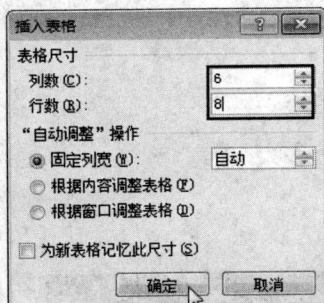

	星期一	星期二	星期三	星期四	星期五
1	数学	语文	数学	外语	外语
2	外语	数学	语文	语文	数学
3	自习	历史	生物	地理	自习
4	语文	外语	外语	数学	语文
5	美术	政治	体育	自习	语文
6	地理	计算机	数学	历史	政治
7	生物	自习	自习	外语	音乐

(a)　　　　　　　　　　　　(b)

图2-75　创建表格并输入内容

2. 编辑、美化课程表

　　【步骤1】将光标置于表格第7行的任意单元格中，如图2-76所示，然后分别单击"表格工具　布局"选项卡的"行和列"组中的"在上方插入"和"合并"组中的"合并单元格"按钮。

	星期一
1	数学
2	外语
3	自习
4	语文
5	美术
6	地理
7	生物

图2-76　插入行并合并新行中的单元格

【步骤2】设置表格中文字的字符格式。单击表格左上角的"✛"符号选中表格，然后单击"开始"选项卡的"字体"组右下角的"对话框启动器"按钮，在打开的"字体"对话框中设置表格中文本的中英文字符格式，如图2-77所示。

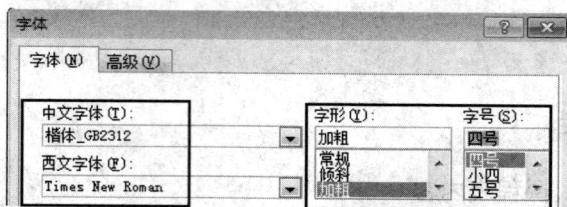

图2-77　设置表格中文本的字符格式

【步骤3】保持表格的选中状态，单击"表格工具　布局"选项卡的"对齐方式"组中的"水平居中"按钮。

【步骤4】将鼠标指针移到第1列的右侧边框线上，待鼠标指针变成"✛"形状时向左拖动，如图2-78(a)所示，到合适位置后释放鼠标，调整该列列宽(宽度大概为2.73厘米)。再选中其他各列，然后单击"表格工具　布局"选项卡的"单元格大小"组中的"分布列"按钮，调整列宽如图2-78(b)所示。

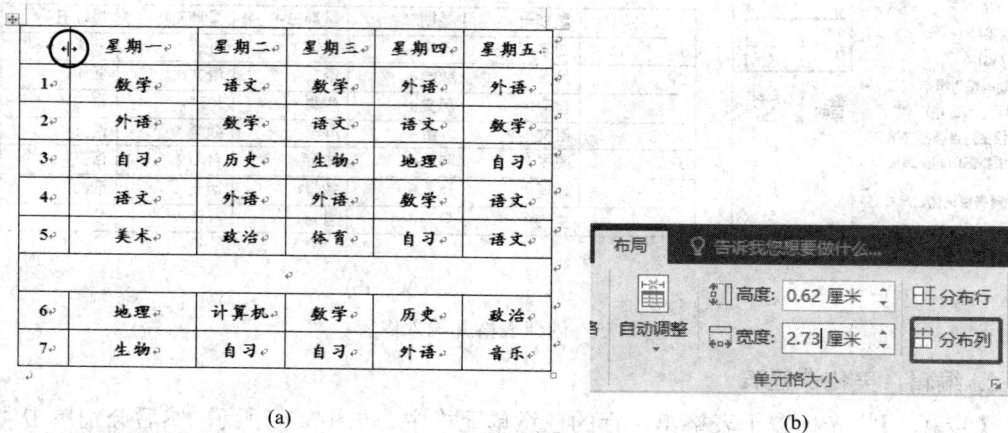

(a)　　　　　　　　　　　　　　　　　　　(b)

图2-78　调整列宽

【步骤5】单击表格左上角的符号选中整个表格，为其添加一个紫色的双线外侧框线，操作如图2-79所示。

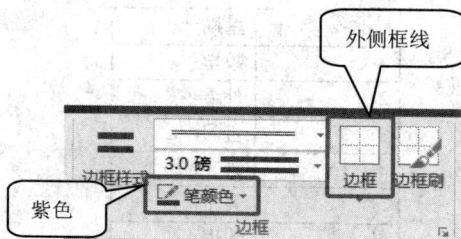

图2-79　设置表格外侧框线

【步骤6】为相关单元格添加底纹，底纹颜色如图2-80所示。

图 2-80　为相关单元格添加底纹

【步骤 7】在表格上方插入一空行，然后在空行中插入艺术字"课程表"作为表头，将艺术字的文字环绕方式设置为"嵌入型"，设置艺术字字号为 50，对齐方式为居中，最后为文字添加艺术字效果，如图 2-81 所示。最后另存为"课程表(效果)"，文档如图 2-42 所示。

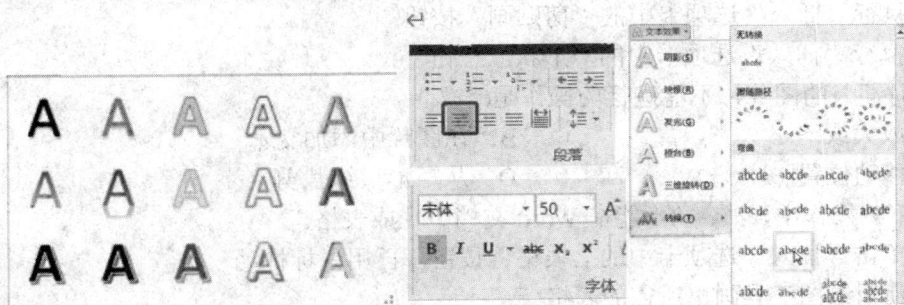

图 2-81　为表格添加艺术字表头

任 务 小 结

在本任务中，首先介绍了设置文档页面、预览并打印文档的方法，之后指导大家学习在文档中创建、编辑、美化表格以及在表格中输入文本、设置文本格式等操作，最后通过"实践操作"进一步巩固知识点。

任 务 习 题

一、选择题

1. 假设当前正在编辑一个新建文档"文档 1"，当执行"保存"命令后，（　　）。

A. 该文档采用系统给定的文件名存盘

B. 该文档以"文档 1"为名存盘

C. 弹出"另存为"对话框，供进一步操作

D. 不能将该文档存盘

2. 假设已经打开了一个文档，编辑后进行"保存"操作，该文档（　　）。

A. 被保存在原文件夹下　　　　　B. 被保存在其他文件夹下

C．被保存在新建文件夹下　　　　D．保存后文档被关闭

3．执行"粘贴"命令后，(　　)。

A．被选定的内容移到光标所在位置

B．剪贴板中的某一项内容移动到光标所在位置

C．被选定的内容移到剪贴板

D．剪贴板中的某一项内容复制到光标所在位置

4．删除一个段落标记符后，前、后两段将合并成一段，原段落格式的编排(　　)。

A．没有变化　　　　　　　　B．后一段将采用前一段的格式

C．后一段格式未定　　　　　D．前一段将采用后一段的格式

5．下列操作中，执行(　　)不能在 Word 文档中插入图片。

A．单击"插入"选项卡中的"图片"按钮

B．使用剪贴板粘贴其他文件中的图片

C．执行"插入"选项卡中的"剪贴画"按钮

D．执行"插入"选项卡中的"形状"按钮

6．对插入的图片，不能进行的操作是(　　)。

A．放大或缩小　　　　　　　B．在图片中添加文本

C．移动位置　　　　　　　　D．从矩形边缘裁剪

7．下列操作中，(　　)不能在 Word 文档中生成表格。

A．单击"插入"选项卡中的"表格"按钮，再用鼠标拖动

B．使用绘图工具画出所需的表格

C．选定某部分按规则生成的文本，在"表格"按钮下拉列表中选择"文本转换成表格"选项

D．在"表格"按钮下拉列表中选择"插入表格"选项

8．在 Word 表格中选定一列，按【Delete】键，则(　　)；如选择"表格工具 布局"选项卡"删除"按钮列表中的"删除列"选项，则(　　)。

A．将该列删除，表格减少一列

B．将该列单元格中的内容删除，变为空白

C．将该列单元格中的内容改为 0

D．分成两个表格

二、简答题

1．常用的选择文本的方法有哪几种？

2．如何利用拖动方式复制文档中的文本、图片等对象？

3．假设有 2 个文档 A 和 B，现需要将 A 文档中第 2 段、第 3 段内容复制到 B 文档的第 3 段后，并清除复制过来的内容的格式，该如何操作？

4．要将某文档中的"英语"文本统一替换为"英文"，该如何操作？

5．要将某文档中的中文字体统一设为楷体，西文字体统一设为 Times New Roman，该如何操作？

三、操作题

依据所学内容制作一个值日表。

任务 3　制作毕业设计文档

▶教学目标

　　在本任务中，学习并理解分页符、分节符、分栏以及内置样式的使用方法，掌握设计页眉、页脚，为文档内容添加目录的操作方法。

▶知识目标

　　➢ 掌握分页符、分节符的使用。
　　➢ 掌握设置页眉、页脚和页码的方法。
　　➢ 掌握分栏的应用。
　　➢ 掌握使用样式、使用应用系统内置样式、创建样式、修改样式的方法，可以进行文档的常规排版操作。
　　➢ 掌握插入、更新和删除目录的方法，能够根据文档内容，完善毕业设计文档。

▶技能目标

　　➢ 能够使用分页符、分节符。
　　➢ 能够设置页眉、页脚和页码。
　　➢ 能够应用分栏。
　　➢ 能够使用样式。
　　➢ 能够应用系统内置样式。
　　➢ 能够创建样式。
　　➢ 能够修改样式。
　　➢ 能够插入目录。
　　➢ 能够更新和删除目录。

任务描述

　　本任务通过制作如图 2-82 所示的毕业设计文档，练习文档的各种排版操作，包括设置文档封面，在文档中插入分页符，对文档应用系统自带的标题 1、标题 2 和标题 3 样式，创建"自定标题 4"样式并将其应用到文档中，修改正文样式为"首行缩进 2 个字符"，在分节的文档中设置与首页不同的页眉和页脚，以及提取文档目录等。

学号 _____

北京育人职业技术学院

□ 毕业论文

□ 毕业设计

□ 毕业实习报告

（请在相应的文章类型中打"√"）

计算机网络安全

系（部）_____

专业名称 _____

年　　级 _____

学生姓名 _____

指导教师 _____

年　　月　　日　　分节符(下一页)

1、绪论

随着互联网的飞速发展，网络安全逐渐成为一个潜在的巨大问题。网络安全性是一个涉及面很广泛的问题，其中也涉及到是否构成犯罪行为的问题。在其最简单的形式上，它主要关心的是确保无关人员不能读取，更不能改动传送给其他接收者的信息。此时，它关心的对象是那些无权使用，但却试图获得远程服务的人。安全性也涉及到消息被乱和重播的问题，以及发送者是否曾经发送过该条消息的问题。

大多数安全性问题的出现都是由于有恶意的人因想要获得某些好处或损害某些人而故意引起的，可以看出保证网络安全不仅仅是要让它没有编程错误。它包括防范那些聪明的、通常是狡猾的、专业的，并且在时间和金钱上是非充足、富有的人。同时，必须清楚地认识到，能够制止偶然实施破坏行为的敌人的方法对那些惯于作案的老手未必，收效甚微。

网络安全性可以被粗略地分为4个相互交织的部分：保密、鉴别、反拒认以及完整性控制。保密是保护信息不被未授权者访问，这是人们提到网络安全性时最常想到的内容。鉴别主要指在揭示敏感信息或进行事务处理之前先确认对方的身份。按拒认主要与签名有关。保密和完整性通过使用注册过的邮件和文件就来实现。

2、方案目标

本方案主要从网络层次考虑，将网络系统设计成一个支持各级别用户或用户群的安全网络，该网在保证其网络内部网络安全的同时，还实现与 internet 或国内其它网络的安全互连。本方案在保证网络安全可以满足异种用户的需求，比如：可以满足个人的通讯保密性，也可以满足企业客户的计算机系统的安全保障，数据库不被非法访问和破坏，系统不被病毒侵犯，同时也可以防范诸如反功能等等有害信息的扩散。

需要明确的是，安全技术并不能杜绝破坏对本网络的侵犯和破坏，它的作用仅在于最大限度地防范，以及在受到侵犯的破坏后尽可能地降低损失。具体地说，网络安全技术主要作用有以下几点：

(1) 采用多层防卫手段，将受到侵犯和破坏的数量降到最低；
(2) 提供迅速检测非法使用和非法初始进入点的手段，核查跟踪侵入者的活动；
(3) 提供恢复被破坏的数据和系统的手段，尽量降低损失；
(4) 提供对突入侵入者的手段。

网络安全技术是实现安全管理的基础，近年来，网络安全技术得到了迅速发展，已经产生了十分丰富的理论和实践内容。

3、安全需求

通过对网络系统的风险分析及需要解决的安全问题，我们需要制定合理的安全策略及安全方案来保护网络系统的机密性、完整性、可用性、可控性与可审查性，即：

可用性：授权实体有权访问数据。
机密性：信息不被露给未授权实体或进程。

5.4　安全服务

网络是个庞杂的系统，有着变化性使得网络设备的增容，网络配置的变化、各种软件系统、应用程序的修改、管理人员的变化、即使是控制性的安全策略十分可高。但是得益于网络结构和设计的不断优化，安全现可有高效，必须及时进行相应的调整。对可以运用相应的网络安全人员的手为。下面介绍一系列的比较重要的网络服务，包括：

(1) 通信伙伴认证
通信伙伴认证的作用是确认信息是被信伙伴。安全上是，在进入通信过程，认证一般是通信设立初期。但在应用的通信网可能是通信持续中能进行，认证如有两种形式，一种是单方面认证，一种是通信双方相互认证，对可与实验证方式对身份进行更互认证。通信伙伴认证可以通过加密机制，数字签名机制以及认证机制实现。

(2) 访问控制
访问控制服务的作用是确认只有被授权的用户才被访问访问和利用资源。访问控制的基本功能是控制用户访问、口令，根据操作户的类别和其它资源的利用范围和权度，例如各自有权系统的 CPU 的授权的资源、各自有权访问被拒绝进行要看和修改等等。访问控制服务通过访问控制机制实现。

(3) 数据保密
数据保密服务的作用是防止数据被非无授权下泄露，数据保密是防在物等传输中的数据，也包括传输中的数据，读数据可以时存放文件、通信被破坏，某某文件不需提供手段进行。数据保密服务可以通过加密机制和随着密钥的机制实现。

(4) 业务流安全保护
业务流分析保护的作用是防止通过分析业务流、类取取业务保护的各种，信息长度以及信息流路的目的等等信息。
业务流分析保护服务可以通过加密机制，信息业务填充机制，路由控制机制实现。

(5) 数据完整性保护
数据完整性保护服务的作用是保护数据传输中的数据不被删除、更改、插入和重复，完数据随保护是对若干信息可能合等一定的防范功能。
数据完整性保护服务可以通过加密机制，数字签名机制以及数据完整性机制实现。

(6) 签字
签字服务包括发信器字可为接收方的指收的验证确认、以保证对参信信息是是否器字器发出或接收外，这个服务的作用可于通过通信方对信息的来验发起争议。
签字服务通过数字签名机制以实现。

5.5　安全技术的研究现状和动向

我国信息网络安全研究历经了通信保密、数据保护两个阶段，正在进入网络信息安全研究阶段，已经开发出了出防火墙、安全路由器、安全网卡、单文入侵检测、系统脆弱性与网络安全评估、信息安全强网络安全监控多个产品，以及的诸的领域实验综合了了利用数字、机械、光化信息技术和计算机技术的综合多学科的长期积累和研究新发展成果，现出系统的、先进的和同的网络信息安全保护技术的方法。目前应从安全体系结构、安全协议、现代密码理论、信息分析和监控以及网络安全系统几个方面开展研究。分析当前国内外的网络安全系统，国际上也是从安全的角度人手进行研究，力图从、框架多、应用广、在 70 年代美国的网络安全技术基础理论研究成果"计算机通密模型"(Bell & La pedula 模型)的基础上，推出了"可信计算机系统

10

安全评估准则"(TCSEC)，其后又制定了用于不同系统数据库方面的系列安全准则，形成了安全信息系统评估系列的标准。

安全协议的形式化方法研究是网络安全的重要内容，其形式化方法起源于 80 年代初。目前具有三种方法，模型和推现代数工具和其推理方法，但在有局限性和缺陷，以开发理论的推或方法，作为信息安全网络技术类同时分析，适应表互助信息，类、欧、日各和会有的老同年利用基本安全单术研究或结果。1976 年我国步学者提出对公开密钥的开发确密等种问题。发展了同络信息系统安全研究的重要内容。同时解决了数字签名问题，客成信息时研究的热点。同样对于同样的安全证书已是当前人们普遍关注的重点。目前正处于研究和发展阶段，信息数字论据研究，由于计算机复杂度的不断提高，各种对网络及管理维持的复杂难度。加重子密码、DNA 密码、通讯结合等各种新技术及其发展的重点之一。因此网络安全技术及 21 世纪成为的为信息网络发展的关键领域。21 世纪人民的个人世纪会是，信息是一个社会全应用的素质将提升需要网络安全技术的努力的保障。对数字系统会是发展的推动力，技民互信息安全技术的有同对产品开发在己年的关键阶段。对重大里的工作应期的主题的。开发和侵略，让电出寻充网络安全的维护以及信息安全技术，就上继续地提高国家对的水平，以此提证我国信息网络的安全。推动我国安全网络的迅速发展。

结论

随着互联网的飞速发展，网络安全逐渐成为一个潜在的巨大问题。网络安全性是一个涉及面很广泛的问题。其中也涉及到是否构成犯罪行为的问题。在其最简单的形式上，它主要关心的是确保无关人员不能读取的信息。此时，它关心的对象是那些无权使用，但却试图获得远程服务的人。安全性也涉及到信息被乱信息的问题，以及发送者是否曾经发送过该条消息的问题。

本论文从多方面地对了网络安全的领域方案。目的在于为用户网络信息的安全，认证的关键性维护机制，它网络分析的安全服务、数据以及系统免受侵扰和破坏、以加的火病、认证，加密性术等都是分常用的方面。本论文从安全进入手深入研究几个方面的网络安全问题的基础术。可以使读者有对网络安全技术的更浅的了解。

11

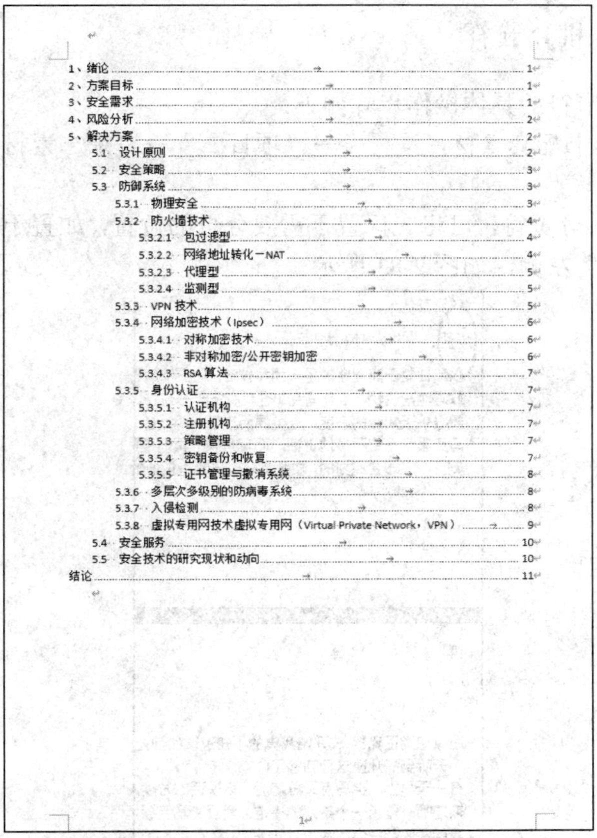

1、绪论 1
2、方案目标 1
3、安全需求 1
4、风险分析 2
5、解决方案 2
5.1 设计原则 2
5.2 安全策略 3
5.3 防御系统 3
5.3.1 物理安全 3
5.3.2 防火墙技术 4
5.3.2.1 包过滤型 4
5.3.2.2 网络地址转化－NAT 4
5.3.2.3 代理型 5
5.3.2.4 监测型 5
5.3.3 VPN 技术 5
5.3.4 网络加密技术（Ipsec） 6
5.3.4.1 对称加密技术 6
5.3.4.2 非对称加密/公开密钥加密 6
5.3.4.3 RSA 算法 7
5.3.5 身份认证 7
5.3.5.1 认证机构 7
5.3.5.2 注册机构 7
5.3.5.3 策略管理 7
5.3.5.4 密钥备份和恢复 7
5.3.5.5 证书管理与撤消系统 8
5.3.6 多层次多级别的防病毒系统 8
5.3.7 入侵检测 8
5.3.8 虚拟专用网技术虚拟专用网（Virtual Private Network，VPN） 9
5.4 安全服务 10
5.5 安全技术的研究现状和动向 10
结论 11

1

图 2-82　毕业设计文档

相关知识

➢ 分页符：通常情况下，用户在编辑文档时，系统会自动分页。如果要对文档进行强制分页，可通过插入分页符来实现。

➢ 分节符：通过为文档插入分节符，可将文档分为多节。节是文档格式的最大单位，只有在不同的节中，才可以对同一文档中的不同部分进行不同的页面设置，如设置不同的页眉、页脚、页边距、文字方向或分栏版式等格式。

➢ 页眉和页脚：页眉和页脚分别位于页面的顶部和底部，常用来插入页码、文章名、作者姓名或公司徽标等内容。在 Word 2016 中，用户可以统一为文档设置相同的页眉和页脚，也可分别为偶数页、奇数页或不同的节设置不同的页眉和页脚。

➢ 样式：样式是一系列格式的集合，使用它可以快速统一或更新文档的格式。例如，一旦修改了某个样式，所有应用该样式的内容的格式会自动更新。

➢ 目录：目录的作用是列出文档中的各级标题及其所在的页码。一般情况下，所有正式出版物都有一个目录，其中包含书刊中的章、节及各章节的页码位置等信息，方便读者查阅。

2.3.1 插入分页符和分节符

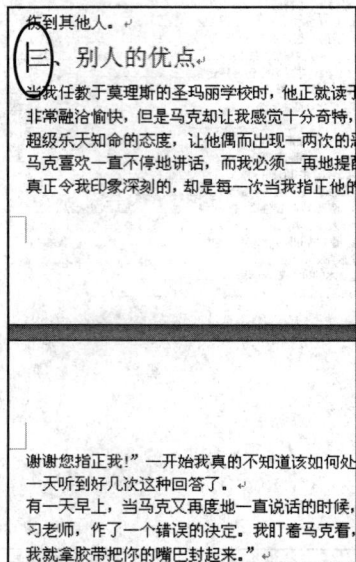

插入分页符和分节符的具体操作步骤如下：

【步骤1】打开本书配套素材"素材"→"项目二"→"杂志素材"
文档。

【步骤2】要插入分页符，可将光标置于需要分页的位置，如置于标
题"三、别人的优点"左侧，如图2-83所示。   插入分页符和分节符

图 2-83　光标位置

然后在功能区"页面布局"选项卡中单击"页面设置"组中的"分隔符"按钮 ，在
展开的列表中选择"分页符"类别中的"分页符"选项，如图2-84所示。

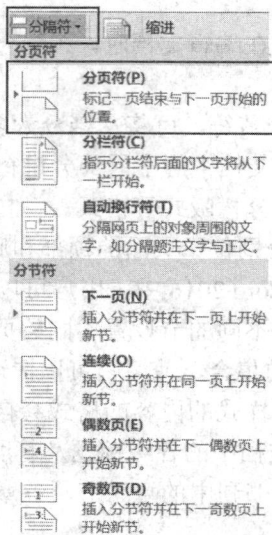

图 2-84　选择"分页符"选项

【步骤 3】插入分页符效果如图 2-85 所示。选中插入的分页符标记，然后按【Delete】键将其删除，此时分开的两页又合并为一页了。

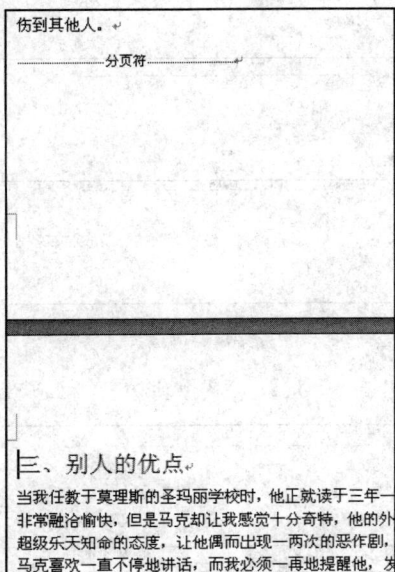

图 2-85 插入分页符效果

【步骤 4】要插入分节符，可将光标置于需要分节的位置，如置于第 4 页的"健康"栏目左侧，如图 2-86 所示。

然后在"分隔符"列表中选择"分节符"类别中的"下一页"或其他选项，效果如图 2-87 所示。

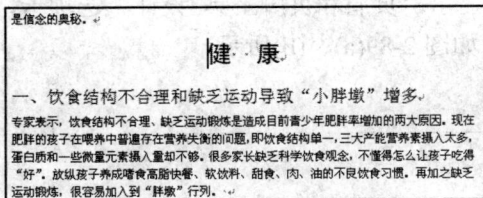

图 2-86 光标位置

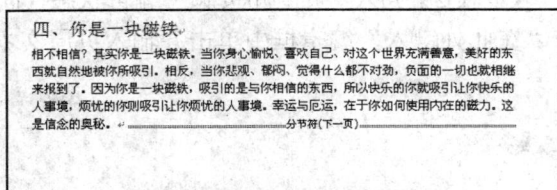

图 2-87 插入分节符效果

若在"分节符"类别中选择"连续"选项，表示新节与前一节同处于当前页中；若选择"偶数页"或"奇数页"选项，表示新节显示在下一偶数页或奇数页上。

2.3.2 设置页眉、页脚和页码

在页眉和页脚编辑区中设置的内容一般将自动显示在文档的每一页上。设置页眉、页脚和页码的具体操作步骤如下：

【步骤 1】返回"杂志素材"文档首页，单击功能区"插入"选项卡的"页眉和页脚"组中的"页眉"按钮，在展开的列表中选择页眉样式，如"空白"，如图 2-88 所示。

设置页眉、页脚和页码

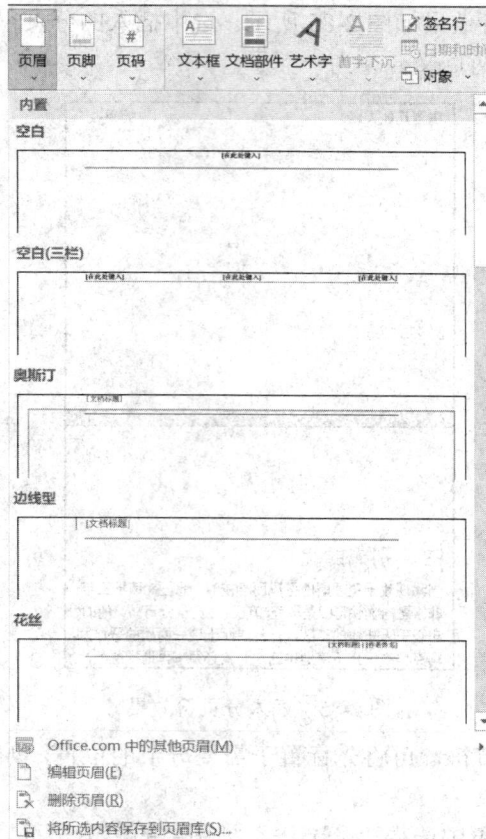

图 2-88　选择页眉样式

【步骤 2】进入"页眉和页脚"编辑状态，同时显示"页眉和页脚工具 设计"选项卡，在"在此处键入"编辑框中单击并输入页眉文本，如图 2-89(a)、(b)所示。

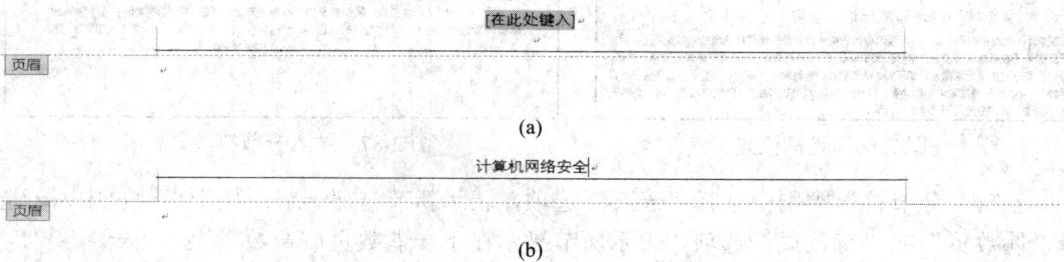

(a)

(b)

图 2-89　编辑页眉

注意

　　进入页眉页脚编辑状态后，可像编辑正文一样对页眉和页脚进行编辑，如输入文本、插入图片、设置格式等。需要注意的是，页眉和页脚与文档的正文处于不同的层次上，因此在编辑页眉和页脚时不能编辑文档正文，在编辑文档正文时也不能编辑页眉和页脚。

　　若在"页眉"列表中选择"编辑页眉"选项，可直接进入页眉页脚编辑状态；若选择"删除页眉"选项，可删除添加的页眉。

【步骤 3】单击"页眉和页脚工具 设计"选项卡的"导航"组中的"转至页脚"按钮，如图 2-90 所示，或直接在页脚区单击，即可切换到页脚编辑区。

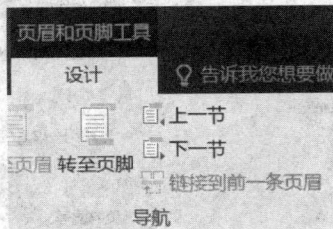

图 2-90　转至页脚

　　然后在页脚编辑区输入所需的页脚内容，或单击"页眉和页脚"组中的"页脚"按钮，在展开的列表中选择一种页脚样式，如"空白(三栏)"，如图 2-91 所示，然后输入页脚内容。

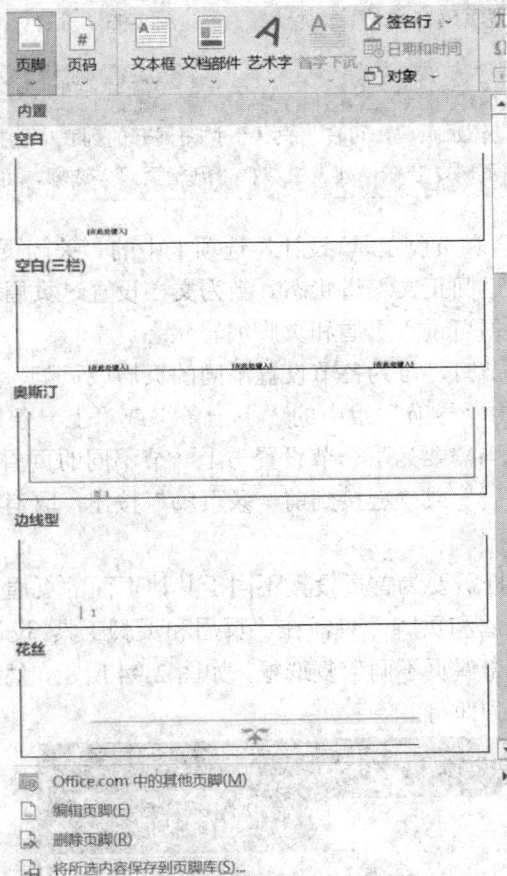

图 2-91　选择页脚样式

【步骤 4】插入页脚后一般将自动插入页码，该页码从文档的第 1 页开始自动进行编号。单击"页眉和页脚工具 设计"选项卡的"页眉和页脚"组中的"页码"按钮，在展开的列表中选择"设置页码格式..."选项，如图 2-92 所示。

　　打开"页码格式"对话框，对页码格式进行设置，如图 2-93 所示。

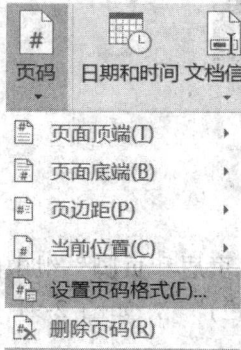

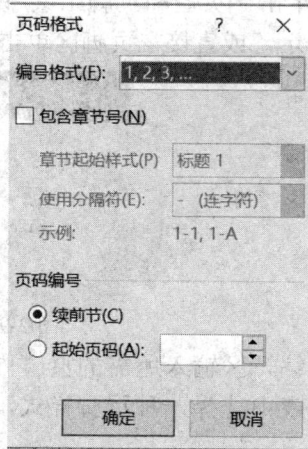

图 2-92　选择"设置页码格式…"选项　　　　图 2-93　设置页码格式

　　如果设置页脚时没有自动添加页码，可在"页码"按钮展开的列表中选择"需要插入的页码位置"及"页码类型"，为文档添加页码。若在该列表中选择"删除页码"选项，可删除为文档添加的页码。

　　【步骤 5】单击"页眉和页脚工具 设计"选项卡中的"关闭页眉和页脚"按钮 ✕，退出页眉和页脚编辑状态，返回正文编辑状态。当为文档设置过页眉和页脚后，以后只需在页眉和页脚区双击鼠标，便可进入页眉和页脚编辑状态。

　　当文档划分了不同的节时，可为各节设置不同的页眉或页脚。为此，可单击"页眉和页脚工具 设计"选项卡的"导航"组中的"下一条"或"上一条"按钮，转到下一节或上一节，如图 2-94 所示。当需要为下一节设置与上一节不同的页眉或页脚时，需要单击该组中的"链接到前一条页眉"或"链接到前一条页脚"按钮，取消其选中状态，然后再设置该节的页眉或页脚。

　　此外，用户还可以根据需要为首页设置不同于其他页面的页眉页脚，或者分别为奇数页和偶数页设置不同的页眉和页脚，只需在"页眉和页脚工具 设计"选项卡的"选项"组中选中"首页不同""奇偶页不同"复选框，如图 2-94 所示，然后再分别设置首页、奇数页和偶数页的页眉或页脚即可。

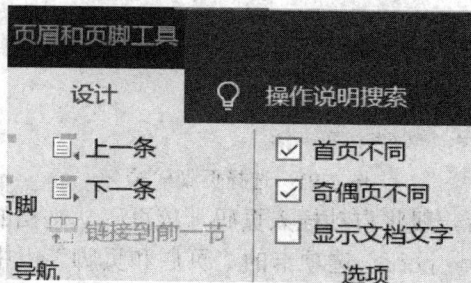

图 2-94　"导航"组和"选项"组

2.3.3　应用分栏

在"杂志素材"文档中选择第一则小故事的正文部分，单击"布局"选项卡的"页面设置"组中的"分栏"按钮，在展开的列表中选择分栏类型，如"两栏"，如图 2-95 所示。

设置分栏后的效果如图 2-96 所示，也可使用相同的方法对其他文章的正文部分进行分栏。

应用分栏

图 2-95　选择分栏类型　　　　　　　　　　图 2-96　分栏效果

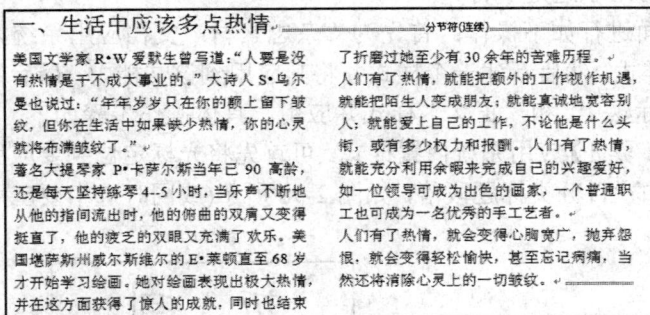

注意

要对文档的全部内容分栏，可将光标放置于文档任意位置，再选择分栏方式。要将文档分为更多的栏或设置分栏选项，可在选中文本后，在"分栏"按钮展开的列表中选择底部的"更多栏"选项，在打开的"分栏"对话框中进行操作，如图 2-97 所示。

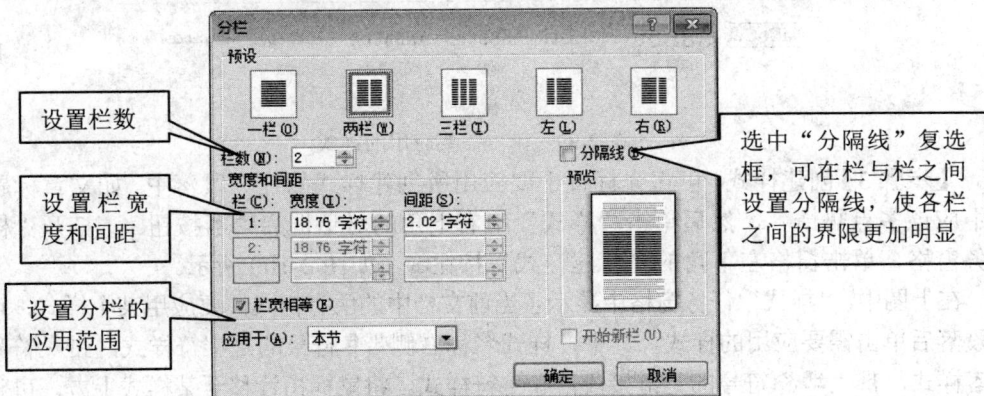

设置栏数

设置栏宽度和间距

设置分栏的应用范围

选中"分隔线"复选框，可在栏与栏之间设置分隔线，使各栏之间的界限更加明显

图 2-97　设置分栏选项

2.3.4　使用样式

样式是一系列格式的集合，使用它可以快速统一或更新文档的格式。例如，一旦修改了某个样式，所有应用该样式的内容格式会自动更新。Word 2016 中的样式有 3 类：一类是字符样式，一类是段落样式，还有一类是链接段落和字符样式。

(1) 字符样式：只包含字符格式，如字体、字号、字形等，用来控制字符的外观。要应用字符样式，需要先选中要应用样式的文本。

(2) 段落样式：既可包含字符格式，也可包含段落格式，用来控制段落的外观。段落样式可以应用于一个或多个段落。当需要对一个段落应用段落样式时，只需将光标置于该段落中即可。

(3) 链接段落和字符样式：这类样式包含了字符格式和段落格式设置，它既可用于段落，也可用于选定字符。

下面进行如下操作：首先为"杂志素材"文档应用系统内置的"标题 1"样式，然后新建一个样式并将其应用到该文档中，最后修改系统自带的"标题 2"和"正文"样式并应用，具体操作步骤如下。

【步骤 1】应用系统内置样式。可首先将光标定位到要应用样式的段落中，如栏目分类标题段落，如图 2-98 所示(或同时选中要应用样式的多个段落)。

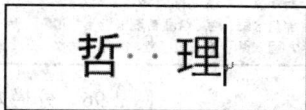

图 2-98　将光标定位到栏目分类标题段落

【步骤 2】在"开始"选项卡"样式"组中单击需要应用的样式即可，这里单击"标题 1"样式，如图 2-99 所示，此时该段落将应用所选样式规定的字符和段落格式。使用相同的方法，为"健康"和"美食"段落应用系统内置的"标题 1"样式。

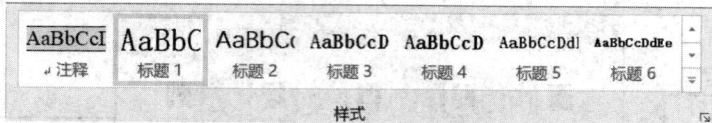

图 2-99　单击需要应用的样式

【步骤 3】创建样式。可将光标置于要应用所创建样式的任一段落中，如文章标题"生活中应该多点热情"，然后单击"样式"组右下角的对话框启动器按钮，打开"样式"任务窗格，单击窗格左下角的"新建样式"按钮，如图 2-100 所示。

在上图中，"样式"任务窗格中显示了当前文档中的所有样式。要应用某个样式，可在选中段落后单击需要应用的样式，其中，样式名称右侧带 ^{a} 符号的是字符样式，带 ↵ 符号的是段落样式，带"❤️"符号的是链接段落和字符样式。将鼠标指针移至某样式上方，可查看其包含的格式。

【步骤 4】弹出"根据格式化创建新样式"对话框。在"名称"编辑框中输入新样式名称，如"文章标题"；在"样式类型"下拉列表中选择样式类型，如"段落"；在"样式基准"下拉列表中选择基准样式(对基准样式进行修改时，基于该样式创建的样式也将被修改)，在"后续段落样式"下拉列表中选择"正文"，如图 2-101 所示。

図 2-100　"样式"任务窗格　　　　図 2-101　"根据格式化创建新样式"对话框

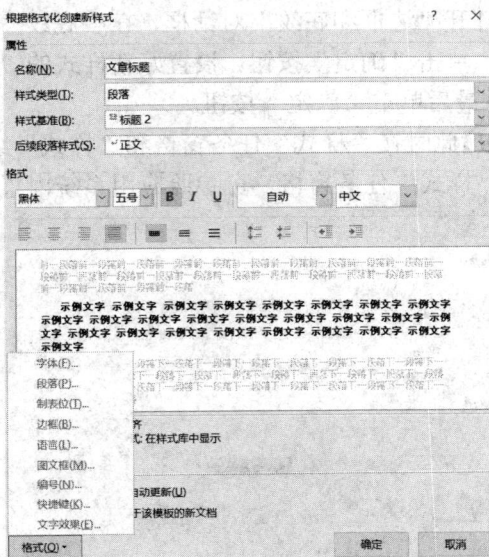

【步骤 5】单击图 2-101"根据格式化创建新样式"对话框左下角的"格式"按钮，从弹出的列表中选择要设置的新样式格式，这里先选择"字体"选项。

【步骤 6】弹出"字体"对话框，设置"中文字体"为"华文行楷"，"字号"为"三号"，"字形"为"常规"，"字体颜色"为紫色，如图 2-102 所示，然后单击"确定"按钮。

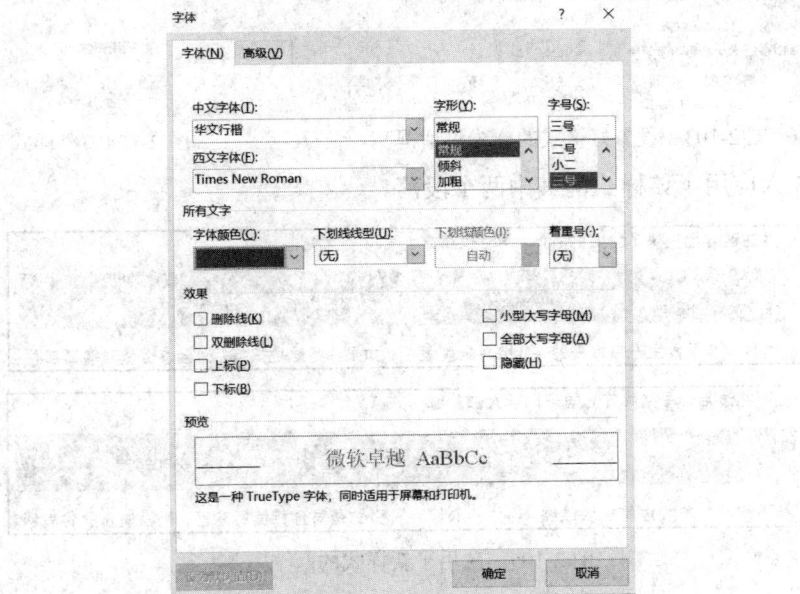

図 2-102　设置新样式的字符格式

【步骤 7】在图 2-101"根据格式化创建新样式"对话框的"格式"列表中选择"段落"选项，打开"段落"对话框，设置段前段后间距为 0.5 行(或 6 磅)，对齐方式为居中对齐，行距为单倍行距，无缩进，单击"确定"按钮。

【步骤 8】在图 2-101"根据格式化创建新样式"对话框的"格式"列表中选择"边框"选项，打开"边框和底纹"对话框，在"底纹"选项卡中选择底纹颜色为浅绿，应用对象为段落，单击"确定"按钮。设置好新样式的"根据格式化创建新样式"对话框如图 2-103 所示，最后单击"确定"按钮。

【步骤 9】此时在"样式"任务窗格和"样式"组中都将显示新样式的"文章标题"。图 2-104 为"样式"任务窗格，可参照应用系统内置样式的方法，将其应用于其他文章标题段落中。

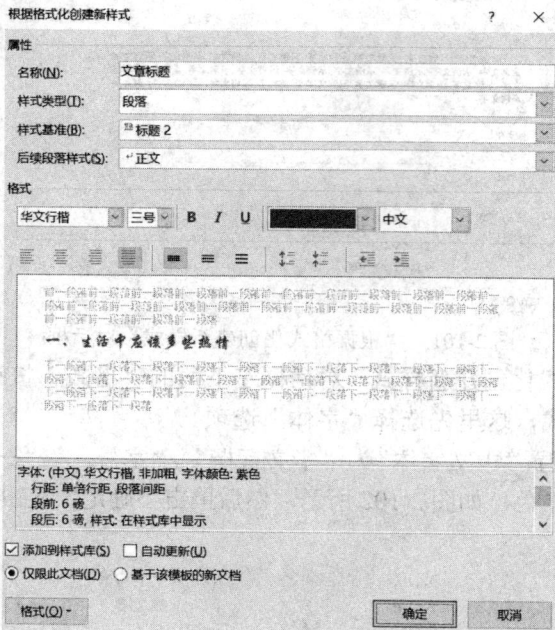

图 2-103 设置好格式的样式对话框

图 2-104 "样式"任务窗格

图 2-105 为应用了该样式的其中两个段落。

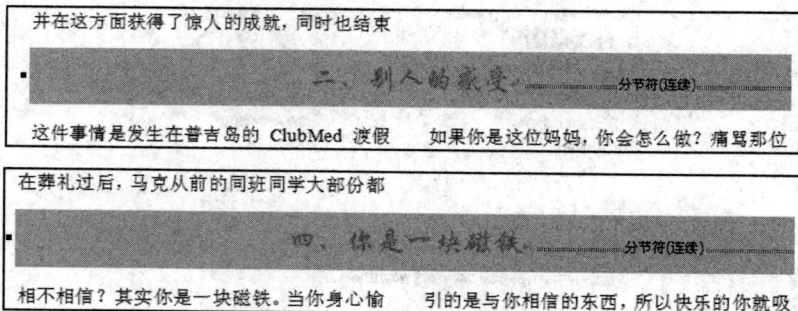

图 2-105 应用了新样式的两个段落

【步骤 10】修改样式。如果预设或创建的样式不能满足要求，可以修改此样式，方法是：在"样式"任务窗格中将鼠标移动至要修改的样式上方，如"正文"样式，然后单击"正文"样式右侧显示的三角按钮，在展开的列表中选择"修改"选项，如图 2-106 所示。

修改样式

【步骤 11】在打开的"修改样式"对话框中对该样式进行相应修改(单击左下角"格式"右侧显示的三角按钮进行修改)，如将字号改为"小四"，将段落格式改为首行缩进 2 字符，多倍行距(修改方法和创建样式时设置样式格式相同)，如图 2-107 所示，单击"确定"按钮，则应用该样式的所有段落的格式均会自动更新。

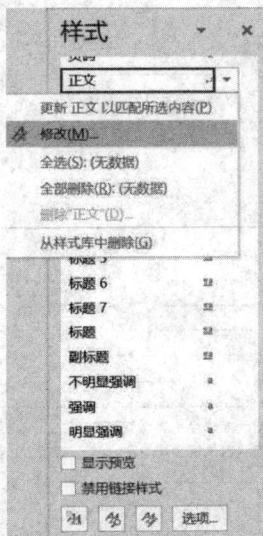

图 2-106　选择要修改的样式并执行修改命令　　　　　图 2-107　"修改样式"对话框

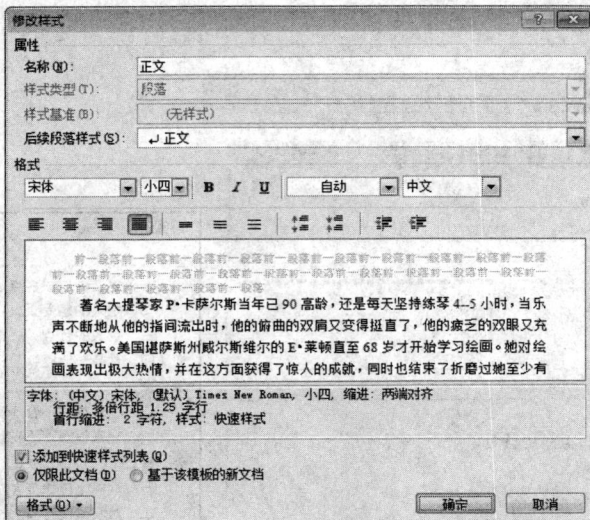

【步骤 12】用同样的方法，将"标题 1"样式的段落格式修改为居中对齐。到此，杂志文档便编排好了，最后将文档保存即可。

要删除样式，可在图 2-106 所示的展开列表中选择"从样式库中删除"选项(基于正文创建的样式)或"还原为×××"(基于标题创建的样式)。需要注意的是，用户只能删除自己创建的样式，而不能删除 Word 2016 的内置样式。

2.3.5　插入目录

对于一些长文档，需要为其创建目录。Word 具有自动创建目录的功能，但在创建目录之前，需要先为要提取为目录的标题设置标题级别(不能设置为正文级别)，并且为文档添加页码。在 Word 中主要有 3 种设置标题级别的方法：利用大纲视图设置；应用系统内置的标题样式(或基于标题样式创建的样式)；在"段落"对话框的"大纲级别"下拉列表中选择。

1. 插入目录

【步骤 1】在杂志文档的最后一段文本后插入一个"下一页"分节符，然后取消新节的分栏版式。

插入目录

【步骤 2】将光标置于要插入目录的位置。

【步骤 3】单击"引用"选项卡的"目录"组中的"目录"按钮，在展开的列表中选择一种目录样式，如"自动目录 1"，如图 2-108 所示。

【步骤 4】 Word 将搜索整个文档中 3 级标题及以上的标题，以及标题所在的页码，并把它们编制为目录，插入的目录效果如图 2-109 所示。

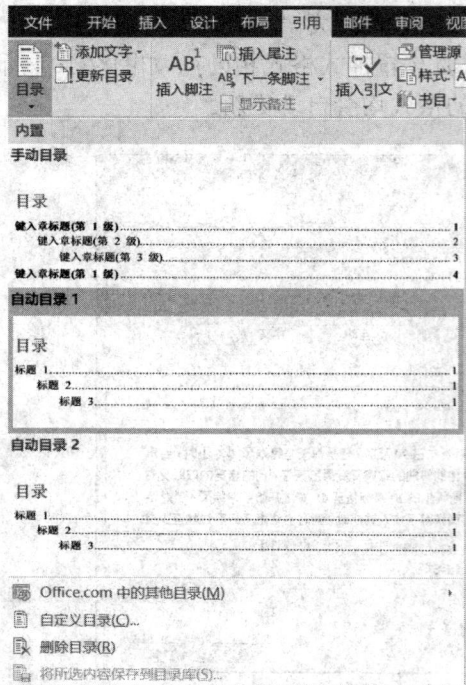

图 2-108　目录样式列表

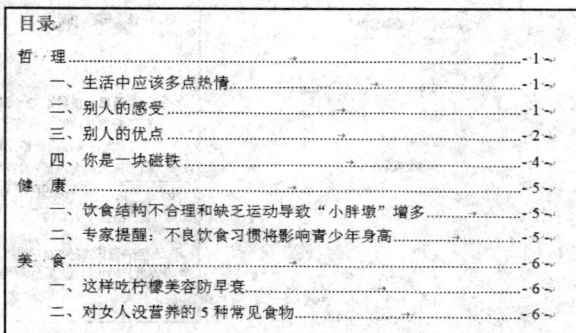

图 2-109　插入的目录效果

若单击目录样式列表底部的"自定义目录"选项，可打开如图 2-110 所示的"目录"对话框，在其中可自定义目录的样式。

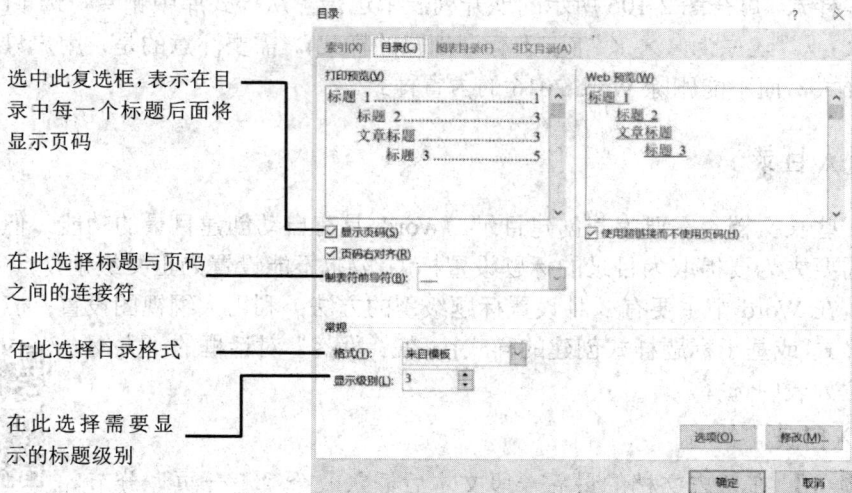

选中此复选框，表示在目录中每一个标题后面将显示页码

在此选择标题与页码之间的连接符

在此选择目录格式

在此选择需要显示的标题级别

图 2-110　"目录"对话框

2. 更新和删除目录

Word 所创建的目录以文档的内容为依据，如果文档的内容发生了变化，如页码或者标题发生了变化，就要更新目录，使它与文档的内容保持一致。其具体操作步骤如下：

【步骤 1】单击需更新目录的任意位置，此时在目录左上角将显示"更新目录"选项，单击该选项，或者单击"引用"选项卡的"目录"组中的"更新目录"按钮。

更新和删除目录

【步骤 2】弹出"更新目录"对话框，选择要执行的操作，如"更新整个目录"，如图 2-111 所示，然后单击"确定"按钮，目录即可被更新。

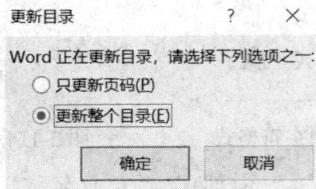

图 2-111 "更新目录"选项

若要删除在文档中插入的目录，可单击"目录"任务窗格下方的三角按钮，点击显示在列表底部(如图 2-108 所示)的"删除目录"选项，或者选中要删除的目录后按【Delete】键。

实 践 操 作

1. 制作毕业设计文档封面

【步骤 1】打开本书配套素材"素材"→"项目二"→"毕业论文(素材文档)"文档。

制作毕业设计文档(上)

【步骤 2】按住【Ctrl】键同时选中如图 2-112(a)所示的文本，设置其字符格式为"楷体""四号"，如图 2-112(b)所示。

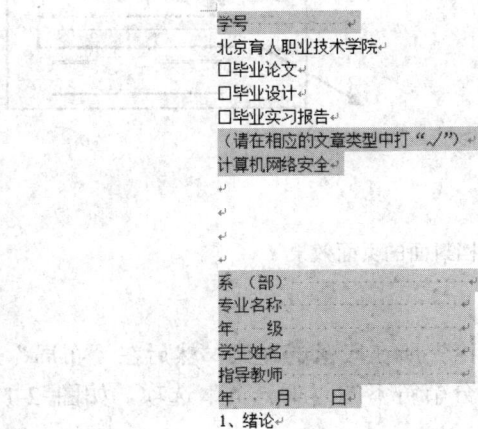

(a)   (b)

图 2-112 选择文本并设置字符格式

【步骤 3】选中学校名称所在段落文本，然后设置其字体为"华文行楷"(如果电脑中没有该字体，也可选择其他字体)，字号为"小初"，字形为"加粗"，如图 2-113 所示。

【步骤 4】选中如图 2-114 所示的段落文本，设置其字号为"小二"。

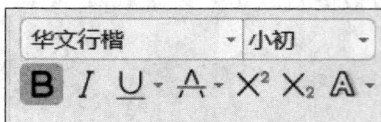

图 2-113　设置学校名称的字符格式　　　　图 2-114　设置其他文本的字符格式

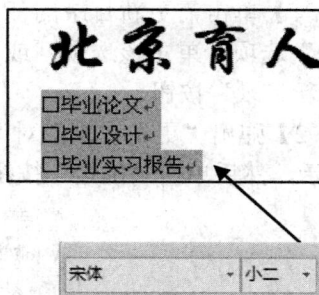

【步骤 5】分别选择"学号""系(部)""专业名称""年级""学生姓名""指导老师"所在段落右侧的空格符，然后单击"下划线"按钮 U 的右侧三角按钮，在展开的列表中选择"下划线"项，此时的页面效果如图 2-115 所示。

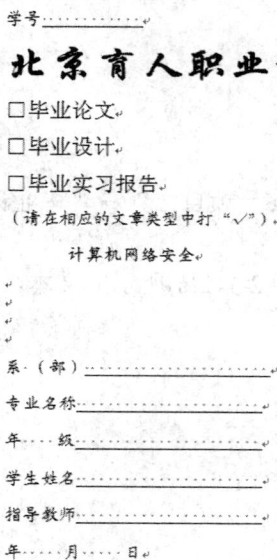

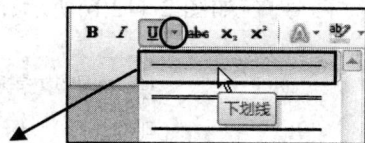

图 2-115　设置毕业设计文档封面的页面效果

2. 应用、修改与创建样式

【步骤 1】插入分节符。将光标置于"1、绪论"所在段落的左侧，然后在"布局"选项卡上"页面设置"组中"分隔符"列表中单击分节符下的"下一页"选项，如图 2-116 所示。

【步骤 2】应用样式。保持光标现有位置不变，然后在"开始"选项卡的"样式"组中单击"标题 1"样式，如图 2-117 所示。

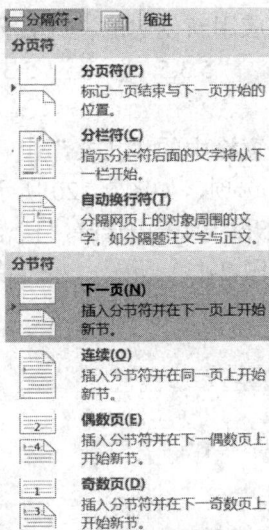

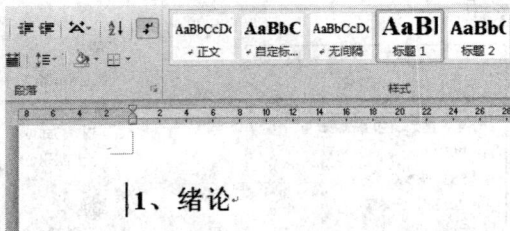

图 2-116　插入分节符　　　　图 2-117　对段落应用系统内置的"标题 1"样式

【步骤 3】分别选中"2、"至"5、"和"结论"所在段落，对其应用系统内置的"标题 1"样式；分别选中"5.1"至"5.5"所在段落，对其应用系统内置的"标题 2"样式；分别选中"5.3.1"至"5.3.7"所在段落，对其应用系统内置的"标题 3"样式。

【步骤 4】创建样式。将光标置于要应用所创建样式的段落"5.3.2.1　包过滤型"中，然后单击"样式"组右下角的对话框启动器按钮，打开"样式"任务窗格，单击左下角的"新建样式"按钮，弹出"根据格式设置创建新样式"对话框，如图 2-118 所示。

【步骤 5】在图 2-118 中，在"名称"编辑框中输入新样式名称"自定标题4"，在"样式类型"下拉列表中选择"段落"，在"样式基准"下拉列表中选择"标题3"，在"后续段落样式"下拉列表中选择"正文"，然后设置字号为"四号"。

【步骤 6】单击"格式"按钮，在展开的列表中单击"段落"选项，打开"段落"对话框，设置"大纲级别"为"4级"，"段前"和"段后"间距为"6磅"，"行距"为"单倍行距"，如图 2-119 所示。

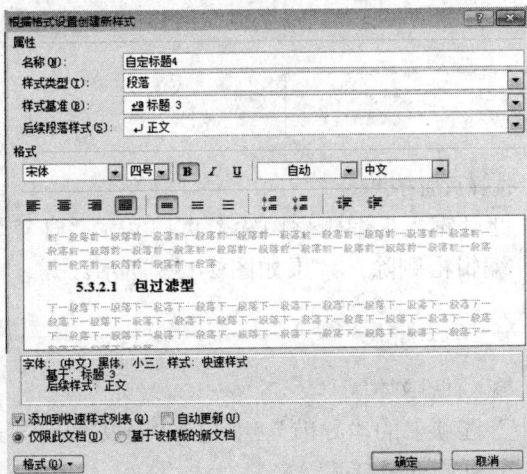

图 2-118　"根据格式设置创建新样式"对话框　　　　图 2-119　设置新样式的"段落"对话框

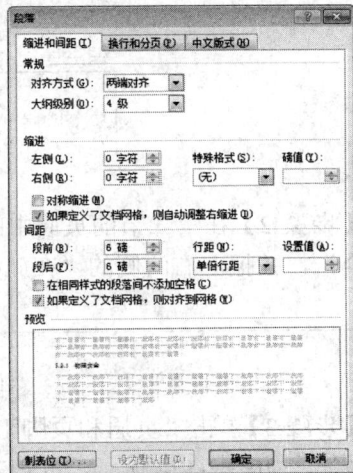

【步骤7】单击2次"确定"按钮，光标所在段落即可应用新创建的样式。分别将光标置于"5.3.2.1"至"5.3.2.4"、"5.3.4.1"至"5.3.4.3"、"5.3.5.1"至"5.3.5.5"所在段落，对其应用"自定标题4"样式。

【步骤8】修改样式。将鼠标指针移动至"样式"任务窗格中的"正文"上，然后单击样式右侧显示的三角按钮，在展开的列表中单击"修改"选项，如图2-120所示。

【步骤9】在打开的对话框中单击"格式"按钮，在展开的列表中选择"段落"项，在打开的"段落"对话框中设置"首行缩进""2字符"，如图2-121所示，然后单击2次"确定"按钮。

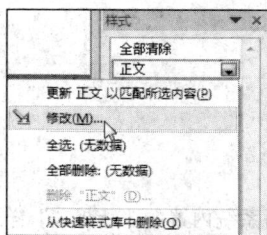

图2-120　修改样式　　　　　　图2-121　修改"正文"样式

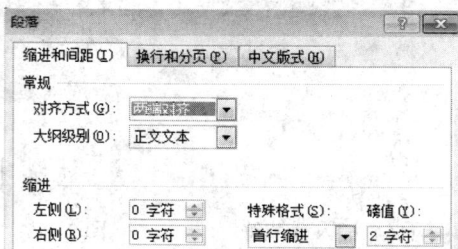

【步骤10】　调整封面文档中因修改样式引起的格式(跑版)问题，即取消"北京育人职业学院"段落的缩进格式。

制作毕业设计文档(下)

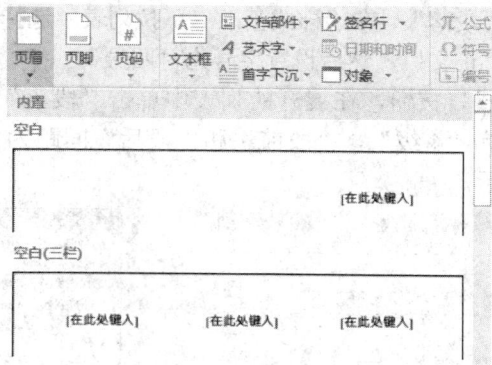

3. 设置页眉和页脚

【步骤1】单击功能区"插入"选项卡的"页眉和页脚"组中的"页眉"按钮，在展开的列表中选择"空白(三栏)"，如图2-122所示。

图2-122　选择页眉样式

【步骤2】在第二节的页眉中间的"在此处键入"编辑框中输入页眉文本"计算机网络安全"，并把左右两侧的"在此处键入"编辑框删除，效果如图2-123所示。

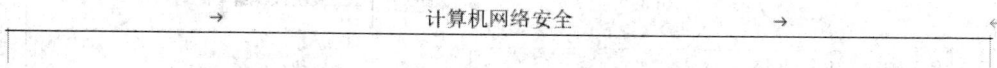

计算机网络安全

图2-123　输入页眉文本

【步骤3】单击"页眉和页脚工具 设计"选项卡的"导航"组中的"链接到前一条页眉"按钮，如图2-124所示，取消其与第1节页眉的链接。

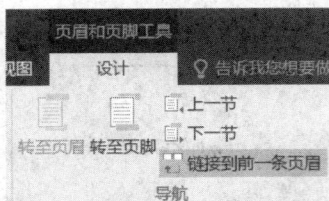

图 2-124　单击"链接到前一条页眉"

【步骤 4】将第 1 节，即封面页所在的页眉去掉，效果如图 2-125 所示。

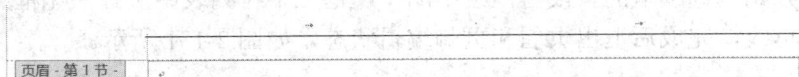

图 2-125　取消首页页眉

【步骤 5】单击"页眉和页脚工具 设计"选项卡的"导航"组中的"转至页脚"按钮，如图 2-126 所示。

　　然后单击"页眉和页脚"组中的"页码"按钮，在展开的列表中选择"页面底端"→"普通数字 2"，如图 2-127 所示。

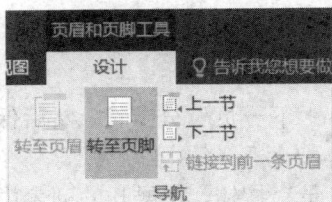

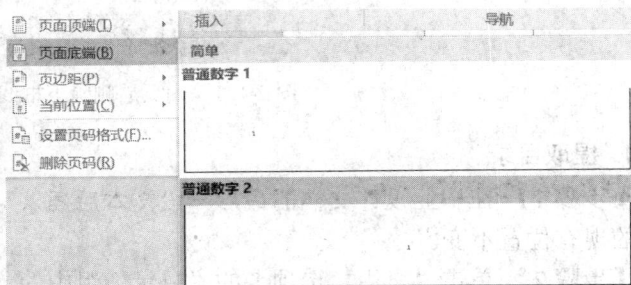

图 2-126　转至页脚　　　　　　　　　图 2-127　选择在页面底端显示页码

即可在页脚中插入页码，如图 2-128 所示。

图 2-128　在页脚处插入页码

【步骤 6】单击"页眉和页脚工具 设计"选项卡的"导航"组中的"链接到前一节"按钮，然后在第 2 节中设置页码的起始页为 1，如图 2-129 所示。

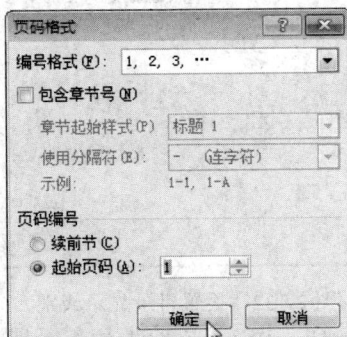

图 2-129　在第 2 节设置起始页码

【步骤 7】选中第 2 节页眉的段落标记，如图 2-130 所示。

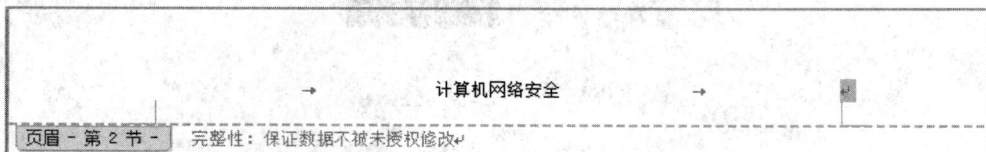

计算机网络安全

页眉 - 第 2 节 -　完整性：保证数据不被未授权修改

图 2-130　选中段落标记

然后在"开始"选项卡的"段落"组中的"边框"下拉列表中选择"无框线"项，为页眉删除下边框线，完成后退出页眉和页脚编辑状态，如图 2-131 所示。

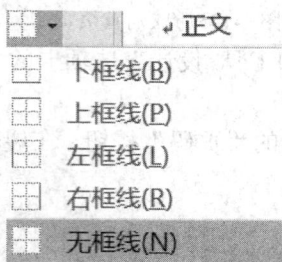

正文
下框线(B)
上框线(P)
左框线(L)
右框线(R)
无框线(N)

图 2-131　为页眉删除下框线

4. 提取目录

【步骤 1】　在毕业设计文档的最后一段文本后插入一个"下一页"分节符，然后保持光标的现有位置不变。

【步骤 2】　单击"引用"选项卡的"目录"组中的"目录"按钮，在展开的列表中选择"插入目录"，打开"目录"对话框，将"显示级别"设置为 4，如图 2-132 所示。

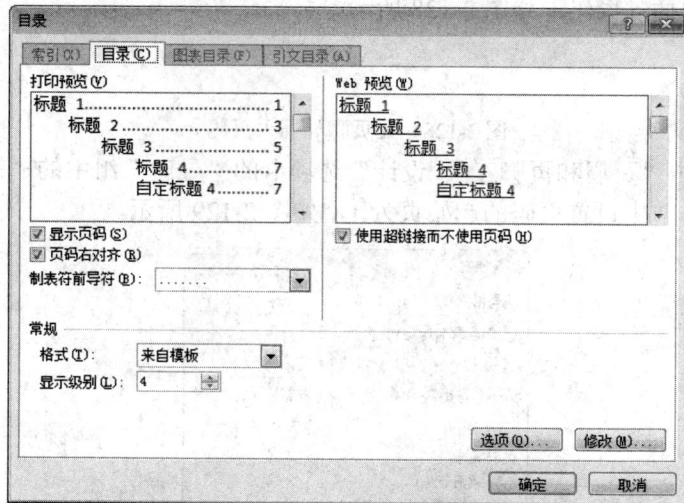

图 2-132　设置目录显示级别

【步骤 3】　单击"确定"按钮，Word 将搜索整个文档中标识的标题以及标题所在的页码，并把它们编制为目录，如图 2-133 所示。最后将文档另存为"毕业论文(效果)"。

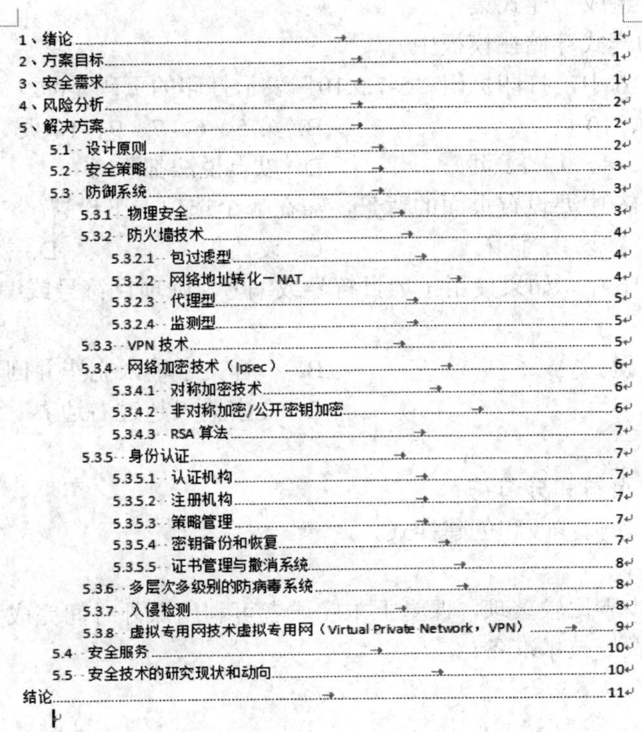

图 2-133　插入目录

任 务 小 结

　　本任务主要介绍了如何制作毕业设计文档，并带领读者实践文档的各种排版操作，包括设置文档封面，在文档中插入分页符，对文档应用系统自带的标题样式，创建自定标题样式并将其应用到文档中，修改正文样式，在分节的文档中设置与首页不同的页眉和页脚，以及提取文档目录等。通过本任务的学习，读者应能够运用多种方法对毕业设计文档进行排版操作。

任 务 习 题

一、选择题

1. 在 Word 2016 编辑状态中，若要进行字体效果设置(如上标)，则首先单击"开始"选项卡，在什么组中即可找到相应的设置按钮(　　)。

A. 剪贴板　　　　　　B. 字体　　　　　　C. 段落　　　　　　D. 编辑

2. 关于样式、样式库和样式集，以下表述正确的是(　　)。

A. 快速样式库中显示的是用户最为常用的样式

B. 用户无法自行添加样式到快速样式库

C. 多个样式库组成了样式集

D. 样式集中的样式存储在模板中

3. 在 Word 2016 中，打印页码"5-7,9,10"表示打印的页码是(　　　　)。

A. 第 5、7、9、10 页　　　　　　　　B. 第 5、6、7、9、10 页

C. 第 5、6、7、8、9、12 页　　　　　D. 以上说法都不对

4. 在 Word 2016 中要设置页面的背景，需在哪个选项卡下设置(　　　　)。

A. 开始　　　　　　B. 插入　　　　　C. 设计　　　　　　D. 视图

5. 在 Word 2016 中，如果使用了项目符号或编号，则项目符号或编号在(　　)时会自动出现。

A. 每次按回车键　　　　　　　　　　B. 一行文字输入完毕并回车

C. 按 Tab 键　　　　　　　　　　　　D. 文字输入超过右边界

二、简答题

1. 如何插入分页符和分节符？

2. Word 2016 如何修改和创建样式？

三、操作题

本任务的操作步骤比较繁琐，课堂上未完成者可利用课外时间完成实践操作，为以后撰写类似的长文档做好技术准备。

任务 4 制作情人节贺卡

▶教学目标

通过本章的学习，掌握使用自选图形以及插入图片、剪贴画的方法，并能在文档中使用文本框和艺术字。

▶知识目标

➢ 掌握自选图形的绘制与选择。
➢ 掌握如何美化自选图形。
➢ 掌握插入保存在计算机中的图片的方法。
➢ 掌握如何插入剪贴画。
➢ 掌握使用文本框和设置艺术字的方法。

▶技能目标

➢ 能够选择和绘制自选图形。
➢ 能够美化自选图形。
➢ 能够插入保存在计算机中的图片。
➢ 能够插入剪贴画。
➢ 能够使用文本框和设置艺术字。

✔ 任 务 描 述

很多公司在情人节的时候，都会举办各式各样的活动，比如将一张张制作精美的贺卡送给每一位到店的顾客。那么如何制作一张漂亮的情人节贺卡呢？本任务通过制作如图2-134 所示的情人节贺卡，学习并练习设置文档纸张方向，制作文档背景，在文档中插入并编辑图片、艺术字和文本框的操作方法。

图 2-134 情人节贺卡

⌄⌄ **相 关 知 识**

> 插入图形、图片等对象：用户可利用 Word 2016 功能区"插入"选项卡中的相应按钮，在文档中插入各种图形、文本框、图片、剪贴画、图表、艺术字和 SmartArt 图形等对象，以丰富文档内容，使文档更加精彩。

> 编辑和美化插入的对象：插入图形和图片等对象后，在 Word 的功能区将自动出现"×××工具 格式"或"×××工具 设计"等选项卡，利用它们可以对插入的对象进行各种编辑和美化操作。在 Word 2016 中，对图形、图片和文本框等对象进行编辑和美化的操作方法基本相同。

2.4.1　绘制自选图形

新建一个文档并在其中绘制自选图形，具体操作步骤如下：

【步骤 1】新建一个文档，参考任务 2 的操作将文档的"纸张大小"设置为"B5 JIS"。

【步骤 2】在 Word 2016 功能区单击"插入"选项卡的"插图"组中的"形状"按钮，在展开的列表中选择要绘制的形状，如选择"星与旗帜"分类中的"爆炸形 2"，如图 2-135 所示。

自选图形的绘制与选择

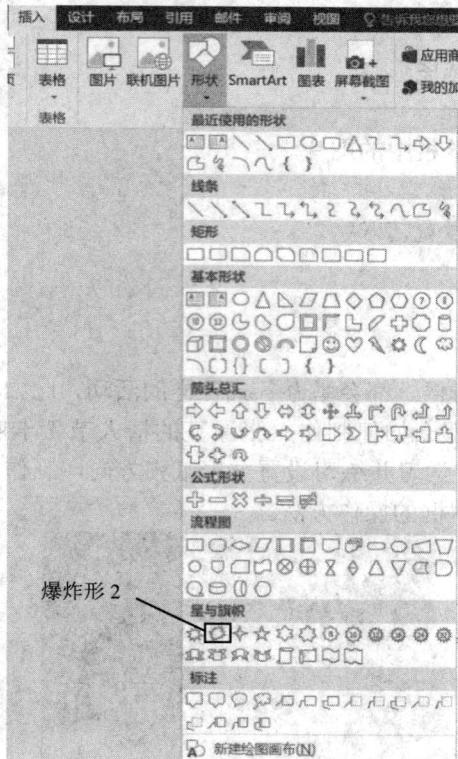

图 2-135　选择要绘制的形状

【步骤 3】此时鼠标指针会变为十字形，将该爆炸形 2 移至要绘制图形的位置，按住鼠标左键并拖动，即可绘制出所选形状，如图 2-136 所示。

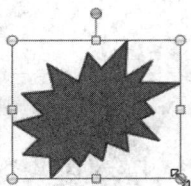

图 2-136 绘制爆炸形 2 图形

小技巧

　　选择要绘制的形状后，按住【Shift】键在文档编辑区拖动鼠标，可绘制具有一定规则的图形。例如，绘制正方形或圆，还可绘制与水平线成 0 度、15 度、30 度等夹角的直线或箭头。

2.4.2 选择自选图形

　　要选择单个图形，可直接单击该图形。若要同时选择多个图形，可按住【Shift】键依次单击图形；也可单击"开始"选项卡的"编辑"组中的"选择"按钮，在展开的列表中选择"选择对象"选项，然后按住鼠标左键在图形周围拖出一个方框，此时方框内的所有图形都将被选中。操作完毕后，需按【Esc】键返回正常的文本编辑状态。

2.4.3 自选图形常用操作

　　选中图形后，可对其进行移动、复制和删除等操作，方法与文本操作基本相同。此外，还可以改变图形大小、图形形状或旋转图形等，具体操作步骤如下：

　　【步骤 1】选择要操作的图形，此时图形周围将出现 8 个控制点。

自选图形常用操作

　　【步骤 2】要改变图形的大小，可将鼠标指针移至图形周围的某一个白色的圆形控制点上，当鼠标指针变为双向箭头形状时按住左键拖动鼠标；若按住【Shift】键拖动图形 4 个角的控制点之一，可等比例改变图形大小，即缩放图形，如图 2-137 所示。

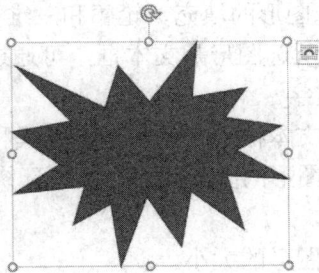

图 2-137 缩放图形

　　【步骤 3】要旋转图形，可将鼠标指针移至图形上方的圆形控制点上，当鼠标指针变为"↻"形状时左右拖动鼠标。

【步骤 4】部分图形上有一个黄色的控制点，拖动它可改变自选图形的形状，如改变圆角矩形的圆角大小，改变太阳图形的形状等，如图 2-138 所示。

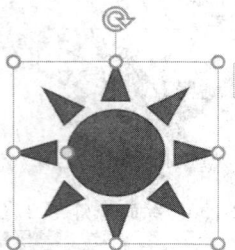

图 2-138　改变图形形状

2.4.4　美化自选图形

选中图形后，可以改变自选图形的边框线型(如边框粗细)、颜色和样式，以及设置自选图形的填充颜色、阴影效果和三维效果等，还可利用系统自带的样式快速美化自选图形。这些操作都是通过选中自选图形后才显示的"绘图工具　格式"选项卡实现的，如图 2-139 所示。

美化自选图形 1　　美化自选图形 2

图 2-139　"绘图工具　格式"选项卡

该选项卡中各组的作用如下：

(1) "插入形状"组：在该组的形状列表中选择某个形状，可在编辑区拖动鼠标绘制出该图形。若单击"编辑形状"按钮，在弹出的列表中选择相应选项，可改变当前所选图形的形状。

(2) "形状样式"组：在其中的形状样式列表中选择某个系统内置的样式，可快速美化所选图形；也可自行设置所选图形的填充、轮廓和三维等效果。

(3) "艺术字样式"组：若所选图形是文本框，可通过该组中的选项设置文本框内文本的艺术效果，制作出漂亮的文字。

(4) "文本"组：设置所选文本框中文字的对齐方式和方向等。

(5) "排列"组：设置所选图形的叠放次序、文字环绕方式(图形与其他对象的位置关系)、旋转及对齐方式等。

(6) "大小"组：设置所选图形的大小。

对绘制的"爆炸形 2"图形进行美化的具体操作步骤如下：

【步骤 1】选中"爆炸形 2"图形，单击"绘图工具 格式"选项卡的"形状样式"组中样式列表右下角的按钮，从弹出的样式列表中选择一种系统内置样式，可快速美化图形，如图 2-140 所示。

【步骤 2】单击"形状样式"组右侧的"形状填充"按钮，从展开的列表中选择填充颜色，如橙色，如图 2-141 所示。此外，还可为图形填充图片、渐变和纹理等效果。

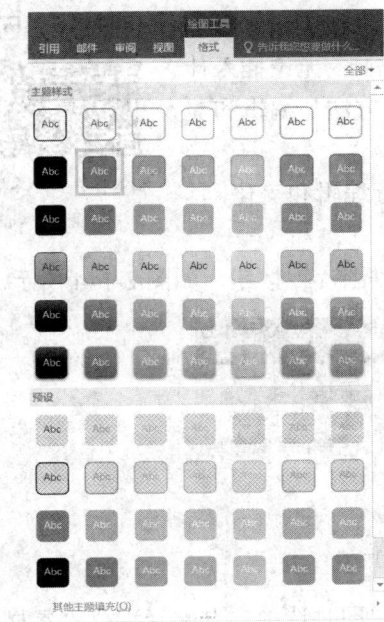

图 2-140　应用系统内置样式美化图形

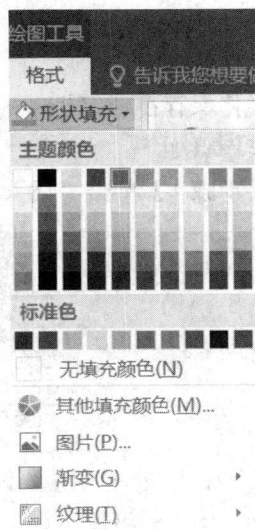

图 2-141　设置形状填充

【步骤 3】单击"形状样式"组右侧的"形状轮廓"按钮，从展开的列表中选择图形的轮廓颜色、粗细和虚线等，如选择黄色，如图 2-142 所示。如果是开放的线条，还可以设置线条两端是否带箭头。

【步骤 4】单击"形状样式"组右侧的"形状效果"按钮，从展开的列表中选择形状效果，如选择一种阴影效果，如图 2-143 所示。

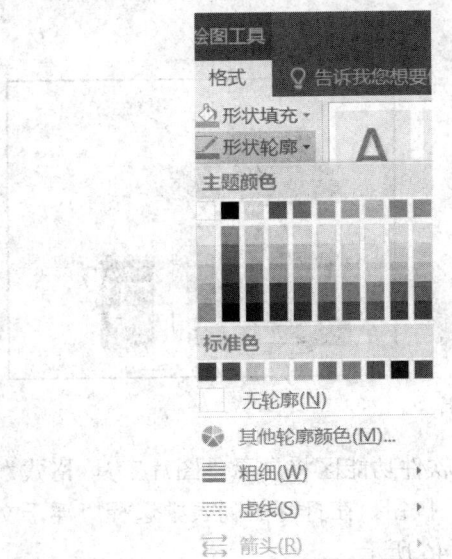

图 2-142　设置形状轮廓

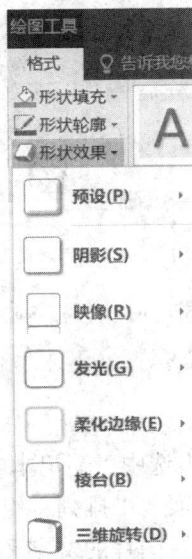

图 2-143　设置形状效果

2.4.5　插入保存在计算机中的图片

在 Word 2016 中可以插入两种类型的图片：一种是保存在计算机中的图片；另一种是 Office 软件自带或来自 Internet 的剪贴画。无论插入什么图片，插入后都可对图片进行各种编辑和美化操作，方法与编辑和美化图形相似。

要将保存在计算机中的图片插入 Word 文档中并进行编辑和美化，具体操作步骤如下：

【步骤 1】单击"插入"选项卡的"插图"组中的"图片"按钮，如图 2-144 所示。

图 2-144　单击"图片"按钮

【步骤 2】弹出"插入图片"对话框，在该对话框中同时选中本书配套素材"素材"→"项目二"文件夹中的"笔记本电脑""手机"和"电视"3 张图片，单击"插入"按钮将它们插入到文档中，如图 2-145 所示。

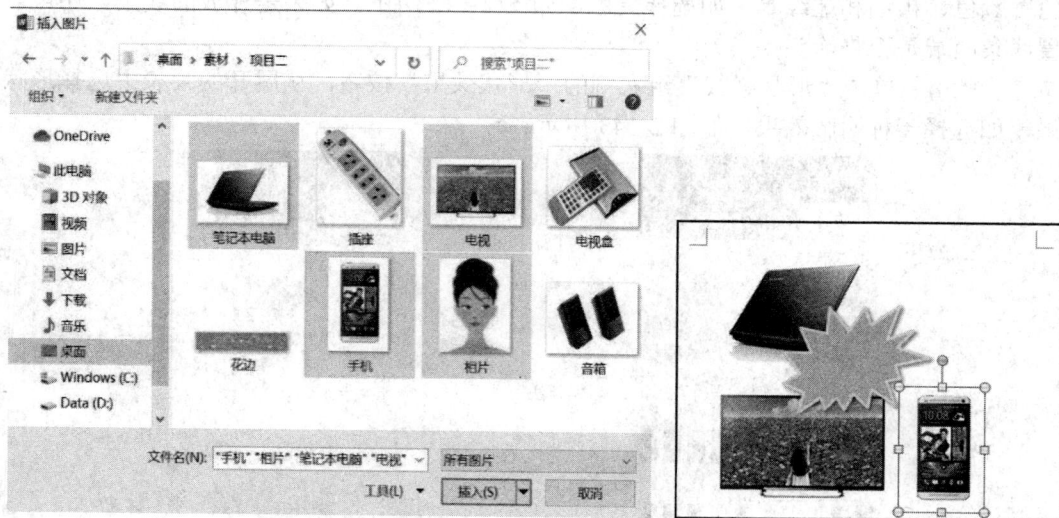

图 2-145　插入图片

【步骤 3】单击选中"笔记本电脑"图片，此时软件功能区将显示"图片工具 格式"选项卡，单击该选项卡"排列"组中的"环绕文字"按钮，在打开的列表中选择"浮于文字上方"选项，设置图片的文字环绕方式，如图 2-146 所示。

图 2-146 设置图片的文字环绕方式

【步骤 4】使用同样的方法，将其他两张图片的文字环绕方式都设置为"浮于文字的上方"。

【步骤 5】此时将鼠标指针移至图片上，鼠标指针呈"⇱"形状，按住鼠标左键并拖动，可任意移动图片位置。调整各图片、自选图形的大小和位置，效果如图 2-147 所示。

图 2-147 调整图片、自选图形的大小和位置的效果图

【步骤 6】同时选中这 3 张图片，单击"图片工具 格式"选项卡的"图片样式"组中右侧的按钮，在展开的样式列表中为所选图片选择一种样式（"映像棱台，白色"样式），如图 2-148 所示，效果如图 2-149 所示。

图 2-148 选择系统内置的图片样式　　　　图 2-149 为图片应用系统内置样式后的效果

注意

在上面的学习中，读者要重点理解的一个概念是图片与正文的环绕方式。例如，若选择"嵌入型"，则图片将像普通文本一样嵌入页面中；若选择"四周型"，则正文中的文本将环绕在图片的四周，从而达到图文混排的效果，如图 2-150 所示；若选择"浮于文字上方"，则图片将"漂浮"文档中文字的上方。

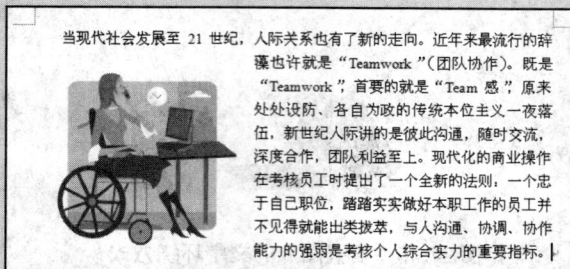

当现代社会发展至 21 世纪，人际关系也有了新的走向。近年来最流行的辞藻也许就是"Teamwork"（团队协作）。既是"Teamwork"，首要的就是"Team 感"）。原来处处设防、各自为政的传统本位主义一夜落伍，新世纪人际讲的是彼此沟通，随时交流，深度合作，团队利益至上。现代化的商业操作在考核员工时提出了一个全新的法则，一个忠于自己职位，踏踏实实做好本职工作的员工并不见得就能出类拔萃，与人沟通、协调、协作能力的强弱是考核个人综合实力的重要指标。

图 2-150 将图片设为"四周型"环绕方式的效果

在"环绕文字"下拉列表中选择"其他布局选项"，将打开"布局"对话框，若选择"四周型"环绕方式，则还可在该对话框中设置图片上、下、左、右四边与正文的距离，如图 2-151 所示。

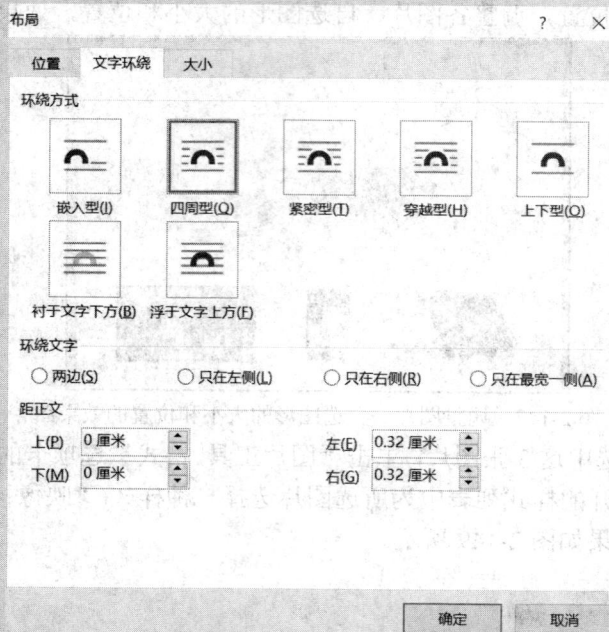

图 2-151 对环绕方式进行更多设置

自选图形和文本框的默认环绕方式是"浮于文字上方"，图片是"嵌入型"。

2.4.6 插入联机图片

Word 2016 提供了多种类型的剪贴画(剪贴画也属于图片)，这些剪贴画构思巧妙，能够表达不同的主题，用户可根据需要将其插入到文档中。具体操作步骤如下：

插入剪贴画

【步骤1】单击"插入"选项卡的"插图"组中的"联机图片"按钮，如图 2-152 所示。

图 2-152　单击"联机图片"按钮

【步骤2】在弹出的"插入图片"对话框的输入框中输入"剪贴画 花边"，按下回车键，这时需要保证电脑是有效联网的，此时，搜索到的剪贴画呈现出来，如图 2-153 所示。

图 2-153　剪贴画的搜索结果

【步骤3】搜索完成后，在搜索结果预览框中将显示所有符合条件的剪贴画，选中所需的剪贴画并单击"插入"即可将其插入文档中，如图 2-154 所示。

图 2-154　插入剪贴画

【步骤4】将插入的剪贴画的文字环绕方式设为"浮于文字上方"，然后调整其长度为与页面等长，宽度为 0.5 厘米，并移动到如图 2-155 所示的位置。

图 2-155　调整插入的剪贴画

2.4.7　使用文本框和设置艺术字

　　文本框也是 Word 的一种图形对象，用户可在文本框中输入文字、放置图片和表格等，也可将文本框放在页面上的任意位置，从而设计出较为特殊的文档版式。此外，还可在文档中插入艺术字或为文本框中的文本设置艺术字效果。

使用文本框和设置
艺术字 1

　　【步骤 1】单击功能区"插入"选项卡的"文本"组中的"艺术字"按钮，在展开的列表中选择选择一种艺术字样式，如图 2-156 所示。

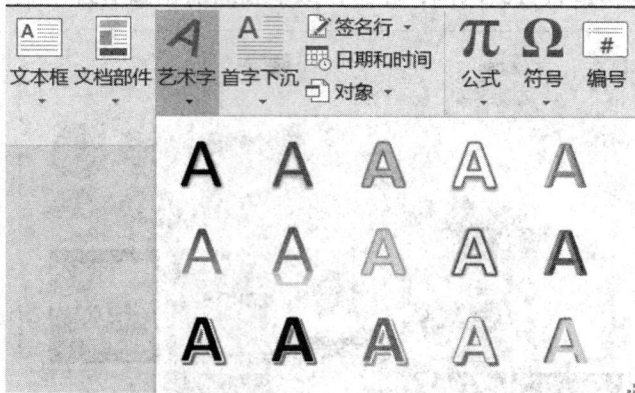

图 2-156　选择艺术字样式

　　【步骤 2】此时将出现一个没有边框和填充的艺术字占位符。在占位符中单击，然后输入需要的艺术字文本，接着单击占位符的边缘将其选中，再从"开始"选项卡的"字体"组中设置艺术字字体为"华文琥珀"，如图 2-157 所示。

　　【步骤 3】单击"绘图工具 格式"选项卡的"艺术字样式"组中的"文本填充"按钮，可在展开的列表中选择一种艺术字颜色，如图 2-158 所示。

图 2-157　在占位符中输入艺术字文本并设置字体的效果　　　图 2-158　设置艺术字填充

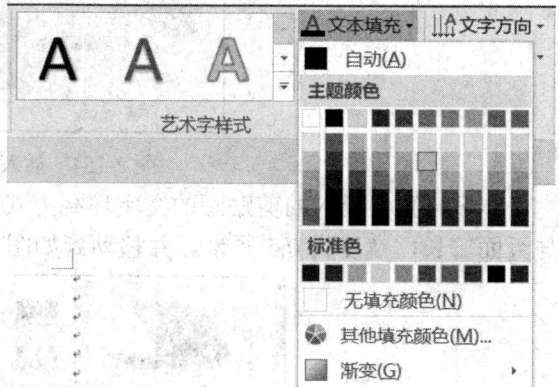

　　【步骤 4】单击"艺术字样式"组中的"文本效果"按钮，在展开的列表中选择艺术字效果，如选择"转换"类别中的"弯曲"效果中的一种，如图 2-159 所示。

【步骤 5】将鼠标指针移至艺术字边框的边缘，当其呈"✛"形状时按住鼠标左键并适当向上拖动，然后释放鼠标，效果如图 2-160 所示。

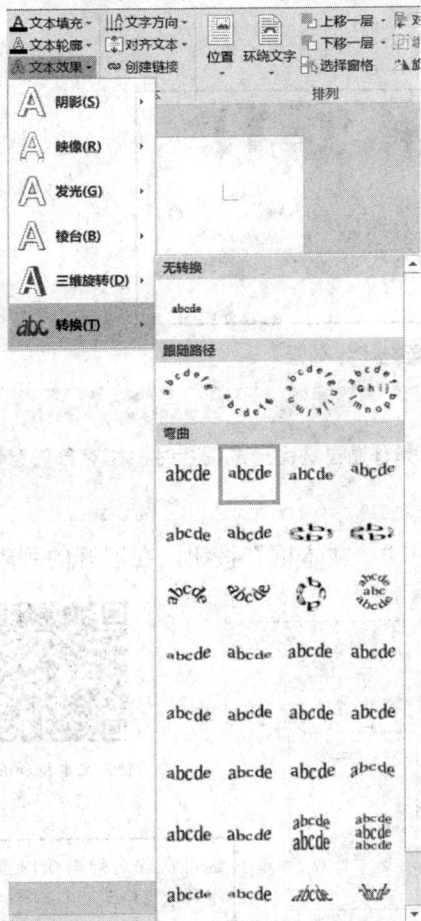

图 2-159　设置艺术字效果

图 2-160　移动艺术字后的效果

【步骤 6】右击前面绘制的"爆炸形 2"图形，在弹出的快捷菜单中选择"添加文字"选项，此时该自选图形中出现一个闪烁的光标，表示自选图形已变成文本框，可以在其中输入文本。输入"惊爆价"文本，然后选中输入的文本，在功能区"开始"选项卡的"字体"组中设置其字体为"华文新魏"，字号为 40，若文字没有显示完全，可适当调整文本框宽度，效果如图 2-161 所示。

图 2-161　在自选图形中输入文本并设置格式后的效果

【步骤 7】单击文本框的边缘将其选中，然后单击"绘图工具 格式"选项卡的"艺术字样式"组中的按钮，在展开的列表中为文本框中的文字选择一种艺术字样式，如图 2-162 所示。

图 2-162　为文本框中文本设置艺术字效果

> **注意**
>
> 选择文本框的操作与选择普通自选图形和图片不同，选择普通自选图形或图片时，在对象任意位置单击都可将其选中，而选择文本框时，需要单击其边缘。

【步骤 8】单击"插入"选项卡的"文本"组中的"文本框"按钮，在展开的列表中选择"绘制竖排文本框"选项，如图 2-163 所示。

使用文本框和设置
艺术字 2

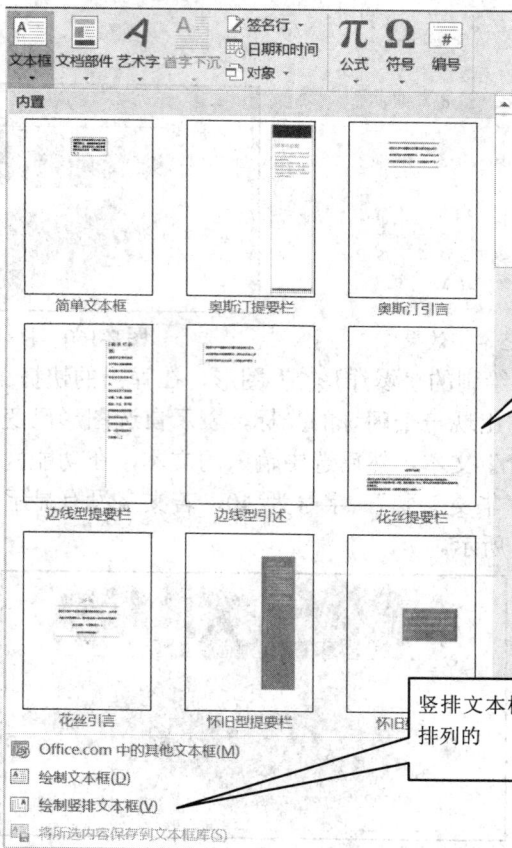

也可在此选择系统内置的带有一定格式的文本框

竖排文本框中的文字是竖直排列的

图 2-163　选择"绘制文本框"选项

【步骤 9】在笔记本电脑图片的下方绘制一个文本框，在其中输入"￥1500"，然后适当调整文本框大小和位置。单击"开始"选项卡，设置文本框内文字的字体(可选择西文粗体字体)、字号(可设为三号)，以及居中对齐，效果如图 2-164 所示。

图 2-164　绘制文本框输入文本并设置字体格式

【步骤 10】选中绘制的文本框，在"绘图工具 格式"选项卡的"形状样式"组中为其选择一种系统内置的样式，如图 2-165 所示。

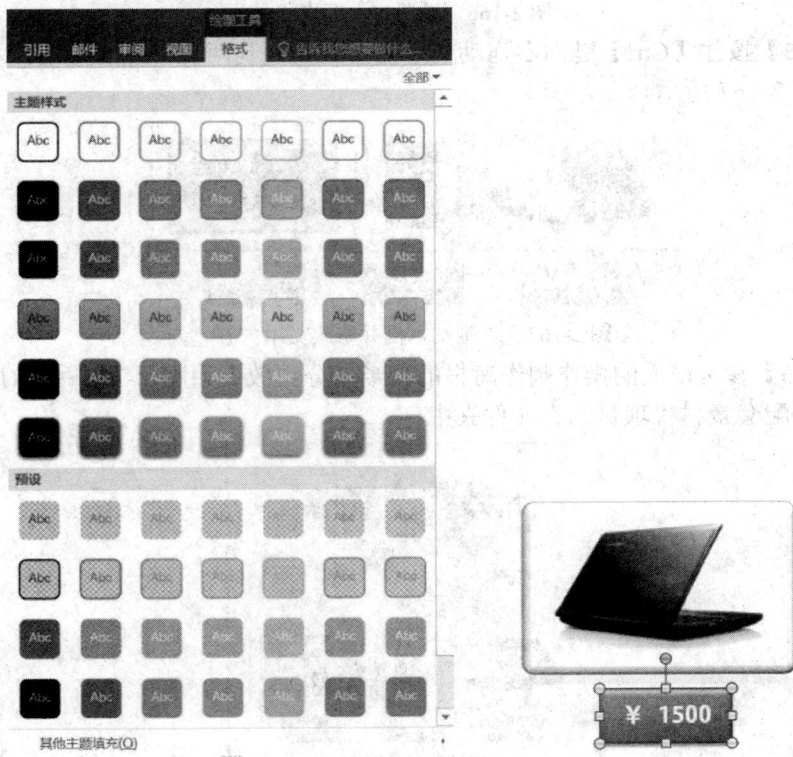

图 2-165　为文本框应用系统内置的样式及其效果图

小技巧

　　此外，也可在"插入"选项卡"插图"组的"形状"按钮列表的"基本图形"分类中选择"文本框" 或"垂直文本框" 工具，来绘制普通文本框或竖排文本框，若在该列表中选择"标注"类工具来绘制标注图形，可直接在其中输入文本。

【步骤11】右击文本框，从弹出的快捷菜单中选择"设置形状格式"选项。打开"设置形状格式"对话框，选择"文本框"分类，然后设置文本框内文本的垂直对齐方式，以及文本距文本框边缘的距离，如图2-166所示。

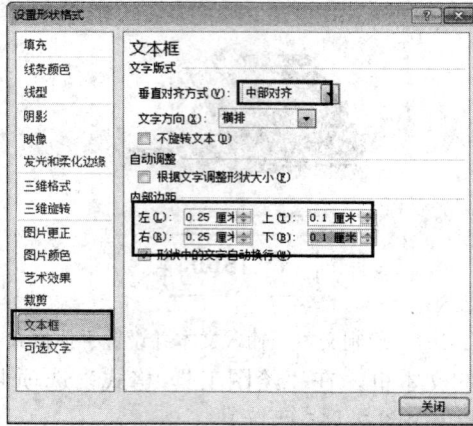

图 2-166 设置文本框格式

【步骤12】按住【Ctrl】键向右拖动文本框，将其复制两份，然后修改文本框内的文本，效果如图2-167所示。

图 2-167 复制文本框并修改文本内容

【步骤13】参考前面的操作制作海报的下半部分，效果如图2-168所示(用到的图片素材位于本书配套素材"项目二"文件夹中)。

图 2-168 海报的下半部分制作完成后的效果图

2.4.8　完善海报

经过前面的操作，海报基本上就制作好了，下面为海报绘制一个蓝色渐变背景，并设置图形的叠放次序。其具体操作步骤如下：

【步骤 1】绘制一个与页面等大的矩形。此时矩形将覆盖下方的图片、图形等对象。

【步骤 2】单击"绘图工具 格式"选项卡的"形状样式"组中的"形状填充"按钮，设置矩形的填充颜色为蓝色，再选择一种渐变填充效果，如图 2-169 所示；利用"形状轮廓"按钮设置矩形的轮廓为"无轮廓"。

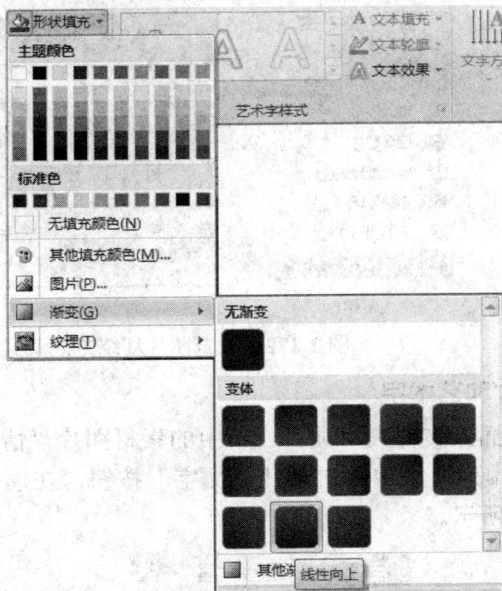

图 2-169　为矩形设置填充和轮廓效果

【步骤 3】单击"绘图工具 格式"选项卡"排列"组中的"下移一层"按钮，在展开的列表中选择"置于底层"选项，将矩形的叠放次序设为最底层。此时被矩形覆盖的对象将显示出来，如图 2-170(a)、(b)所示。到此，海报便制作好了，最后将制作好的文档保存。

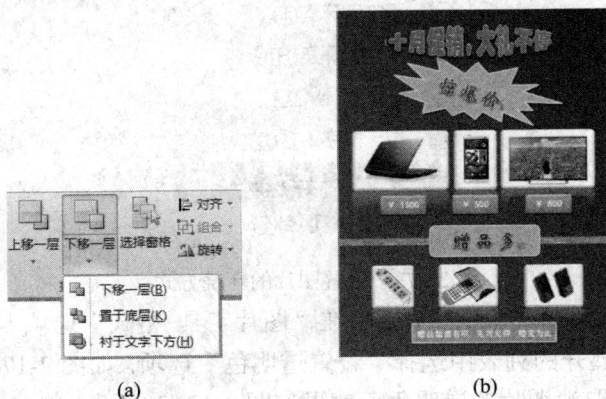

(a)　　　　　　　　　　　(b)

图 2-170　设置矩形的叠放次序和叠放效果图

实 践 操 作

制作情人节贺卡

1. 设置情人节贺卡纸张方向并插入背景图

【步骤 1】新建"情人节贺卡"文档，然后设置其纸张方向为"横向"，如图 2-171 所示。

【步骤 2】将素材文件夹"项目二"中的"底图"图片插入到文档中，在"图片工具 格式"选项卡的"排列"组中单击"环绕文字"按钮，在展开的列表中选择"衬于文字下方"，如图 2-172(a)所示，再将图片放大，使其覆盖整个页面，效果如图 2-172(b)所示。

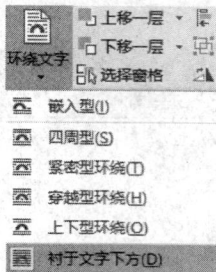

(a)　　　　　　　　　　(b)

图 2-171　设置纸张方向　　　　　　图 2-172　设置图片环绕方式及其效果图

2. 在文档中插入图片和艺术字

【步骤 1】在文档中插入文件夹"项目二"中的素材图片"情人节"，然后在"图片工具 格式"选项卡的"排列"组中单击"环绕文字"按钮，在展开的列表中选择"浮于文字上方"，如图 2-173 所示。

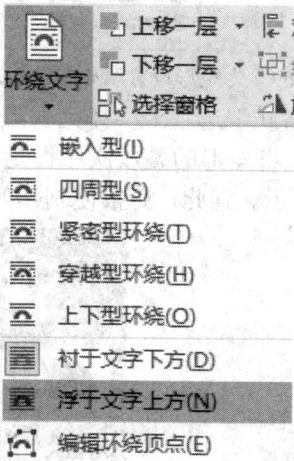

图 2-173　设置图片的环绕方式

【步骤 2】保持图片的选中状态，然后在"图片工具 格式"选项卡的"调整"组中单击"颜色"按钮，在展开的列表中选择"设置透明色"选项，如图 2-174(a)所示，再在"情人节"图片上单击，取消图片的透明色，效果如图 2-174(b)所示。

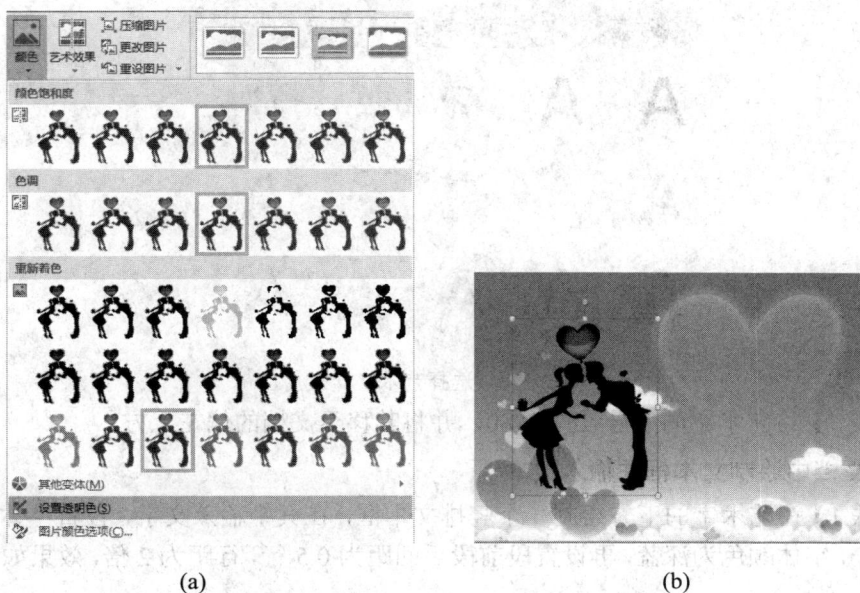

(a)　　　　　　　　　　　　　　　　(b)

图 2-174　设置图片的透明色与取消透明色后的效果图

　　【步骤 3】在"颜色"列表中选择"图片颜色选项"，设置图片为"红色，强调文字颜色 2 浅色"，如图 2-175 所示，然后将图片移至文档右侧。

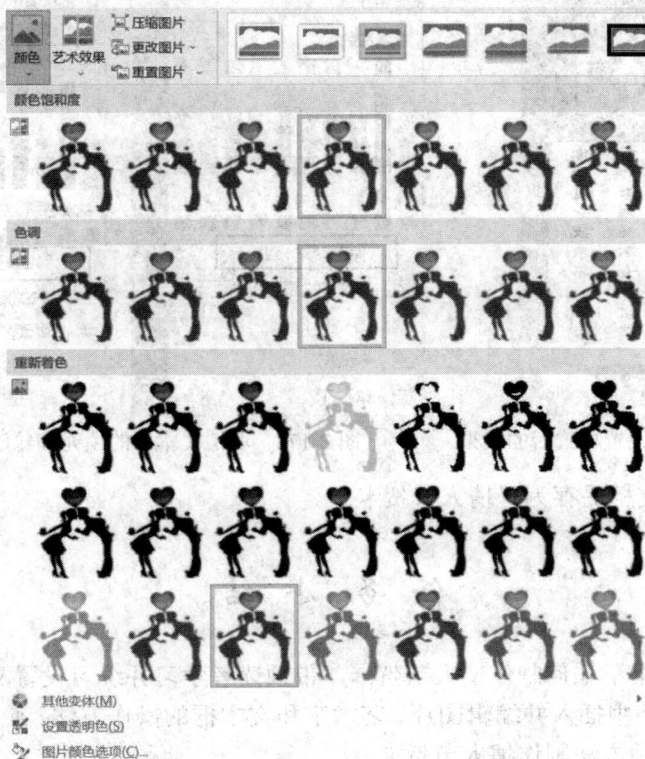

图 2-175　对图片重新着色

　　【步骤 4】在文档中插入艺术字"LOVE"，艺术字样式如图 2-176 所示。

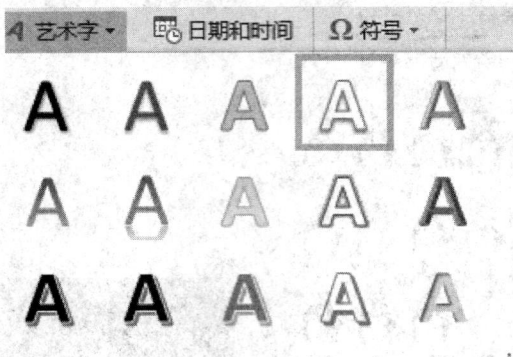

图 2-176　选择艺术字样式

【步骤 5】将艺术字的字号设置为 80，并将其移至文档的偏左上方。

3. 在文档中绘制文本框并输入文本

【步骤 1】在艺术字的下方绘制一个竖排文本框，在其中输入文字，设置字体为隶书，字号为小一，字体颜色为深蓝，再设置段前段后间距为 0.5 行，行距为 2 倍，效果如图 2-177 所示。

【步骤 2】取消文本框的边框和填充颜色，如图 2-178 所示，最终效果如图 2-134 所示。

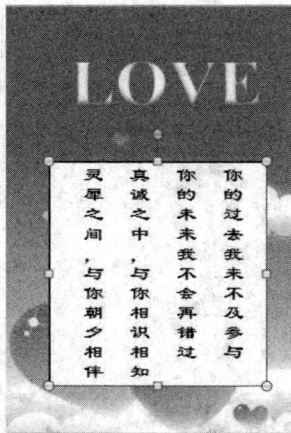

图 2-177　输入文本并设置格式后的效果　　　　图 2-178　取消文本框的填充和轮廓

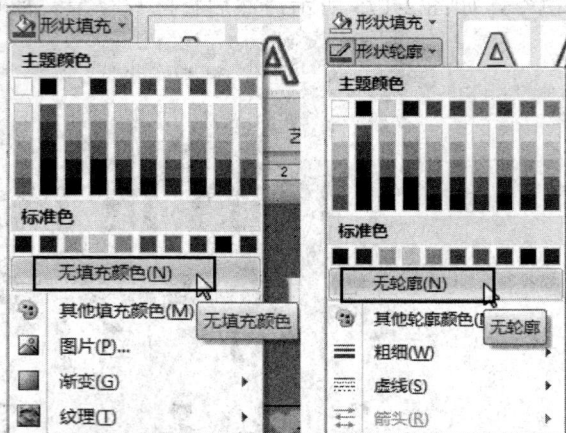

【步骤 3】将文档另存为"情人节贺卡"。

任 务 小 结

本任务主要介绍了如何制作情人节贺卡，带领读者学习并练习设置文档纸张方向，制作文档背景，在文档中插入并编辑图片、艺术字和文本框的操作方法。通过本任务的学习，读者应能够运用多种方法制作情人节贺卡。

任 务 习 题

一、选择题

1. 在 Word 2016 编辑状态下，插入图形并选择图形将自动出现"图片工具 格式"选项卡，关于它的说法不正确的是(　　)。

A. 在"图片工具格式"选项卡中有"排列"组

B. 在"图片工具格式"选项卡中有"调整"组

C. 在"图片工具格式"选项卡中有"图片样式"组

D. 在"图片工具格式"选项卡中没有"排列"组

2. 在 Word 2016 中，如果在有文字的区域绘制图形，则在文字与图形的重叠部分(　　)。

A. 文字不可能被覆盖　　　　　　　　B. 文字可能被覆盖

C. 文字小部分被覆盖　　　　　　　　D. 文字大部分被覆盖

3. 在 Word 2016 中，下列关于多个图形对象的说法中正确的是(　　)。

A. 可以进行"组合"图形对象的操作，也可以进行"取消组合"操作

B. 既不可以进行"组合"图形对象操作，也不可以进行"取消组合"操作

C. 可以进行"组合"图形对象操作，但不可以进行"取消组合"操作

D. 以上说法都不正确

4. 在 Word 2016 编辑状态下，绘制文本框命令按钮所在的选项卡是(　　)。

A. 引用　　　　　　B. 插入　　　　　　C. 开始　　　　　　D. 视图

5. 在 Word 2016 中，图片的效果不可以设置的是(　　)。

A. 亮度　　　　　　B. 对比度　　　　　　C. 灰度　　　　　　D. 阴影

二、简答题

1. 如何设置背景图片？

2. 如何绘制竖排文本框？

三、操作题

针对近期热点问题或自己感兴趣的内容，制作一期图文并茂的简报。

任务 5　批量制作成绩通知单

教学目标

通过制作成绩通知单，学习并练习利用邮件合并功能批量制作部分内容相同、部分内容不同的文档的操作方法。

知识目标

- 掌握制作主文档文件的操作方法。
- 掌握制作数据源文件的操作方法。
- 掌握邮件合并的操作方法。

技能目标

- 能够制作邮件合并的主文档文件，并对文档内容进行排版。
- 能够制作邮件合并的数据源文件。
- 能够进行邮件合并。

任 务 描 述

为促进学校与学生家长的沟通交流，学校在学期末会发给每位家长一份成绩通知单，但是大批量的成绩通知单制作会耗费大量的人力，运用 Word 提供的邮件合并功能，可以方便快捷地解决此问题。下面通过制作如图 2-179 所示的成绩通知单，学习并练习利用邮件合并功能，批量制作部分内容相同、部分内容不同的文档的操作方法。

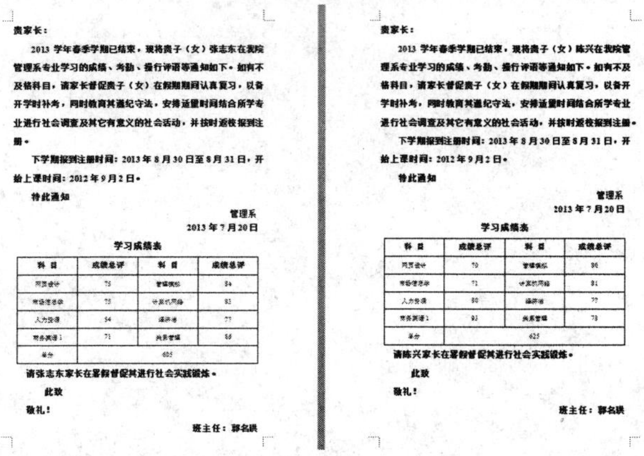

贵家长：

2013 学年春季学期已结束，现将贵子（女）张志东在我院管理系专业学习的成绩、考勤、操行评语等通知如下。如有不及格科目，请家长督促贵子（女）在假期期间认真复习，以备开学时补考，同时教育其遵纪守法，安排适量时间结合所学专业进行社会调查及其它有意义的社会活动，并按时返校报到注册。

下学期报到注册时间：2013 年 8 月 30 日至 8 月 31 日，开始上课时间：2012 年 9 月 2 日。

特此通知

管理系

2013 年 7 月 20 日

学习成绩表

科 目	成绩总评	科 目	成绩总评
网页设计	75	营销策划	84
市场营销学	75	计算机网络	83
人力资源	54	经济法	77
商务英语 1	71	公共管理	86
总分	605		

请张志东家长在暑假督促其进行社会实践锻炼。

此致

敬礼！

班主任：郭名洪

贵家长：

2013 学年春季学期已结束，现将贵子（女）陈兴在我院管理系专业学习的成绩、考勤、操行评语等通知如下。如有不及格科目，请家长督促贵子（女）在假期期间认真复习，以备开学时补考，同时教育其遵纪守法，安排适量时间结合所学专业进行社会调查及其它有意义的社会活动，并按时返校报到注册。

下学期报到注册时间：2013 年 8 月 30 日至 8 月 31 日，开始上课时间：2012 年 9 月 2 日。

特此通知

管理系

2013 年 7 月 20 日

学习成绩表

科 目	成绩总评	科 目	成绩总评
网页设计	70	营销策划	86
市场营销学	71	计算机网络	81
人力资源	80	经济法	77
商务英语 1	93	公共管理	78
总分	625		

请陈兴家长在暑假督促其进行社会实践锻炼。

此致

敬礼！

班主任：郭名洪

图 2-179　成绩通知单

![相关知识]

执行邮件合并操作时涉及两个文件——主文档文件和数据源文件。主文档文件是邮件合并内容中固定不变的部分，即信函中通用的部分。数据源文件主要用于保存联系人的相关信息。用户可以在邮件合并中使用多种格式的数据源，如 Microsoft Outlook 联系人列表、Excel 电子表格、Access 数据库、Word 文档等。

2.5.1　制作主文档

新建一个 Word 文档，设置上、下、左、右页边距均为 2.0 厘米，纸张大小为 21cm×12cm，输入缴费通知的正文部分(姓名、电话号码、欠费月数和欠费金额位置暂时空着即可)，并设置其格式，如图 2-180 所示，最后将文档保存为"缴费通知(主文档)"。

邮件合并 1

> **缴费通知**
>
> 您好：
>
> 　　您的电话现已欠费个月，欠费金额元，望您在接到通知一个月内及时到通讯公司营业厅缴纳话费，否则做拆机处理。
>
> 谢谢合作！
>
> 　　　　　　　　　　　　　　　　　　　宏仁通信公司
> 　　　　　　　　　　　　　　　　　　　2013-7-25

图 2-180　缴费通知(主文档)

2.5.2　创建数据源

要批量制作缴费通知，除了要有主文档外，还需要有欠费人姓名、电话号码、欠费月数及欠费金额等信息，即数据源。本例使用一个现成的 Excel 电子表格作为数据源，如图 2-181 所示(源文件位于本书配套素材"项目二"文件夹中)。

	A	B	C	D	E
1	姓名	电话号码	欠费月数	欠费金额	
2	李志伟	6830122	3	312.0	
3	杨成	6827185	5	368.0	
4	刘达	6938456	4	425.0	
5	董上军	6741523	6	480.0	
6	陈连	6630206	8	512.0	
7	李志伟	6647850	8	573.0	
8	杨成	6599300	9	624.0	
9	李志伟	6550751	3	675.0	
10	杨成	6502202	5	25.0	

图 2-181　缴费通知(数据源)

2.5.3 进行邮件合并

【步骤 1】打开已创建的主文档，单击"邮件"选项卡的"开始邮件合并"组中的"开始邮件合并"按钮，在展开的列表中可看到"普通 Word 文档"选项高亮显示，表示当前编辑的主文档类型为普通 Word 文档，这里保持默认选择，如图 2-182 所示。

邮件合并 2

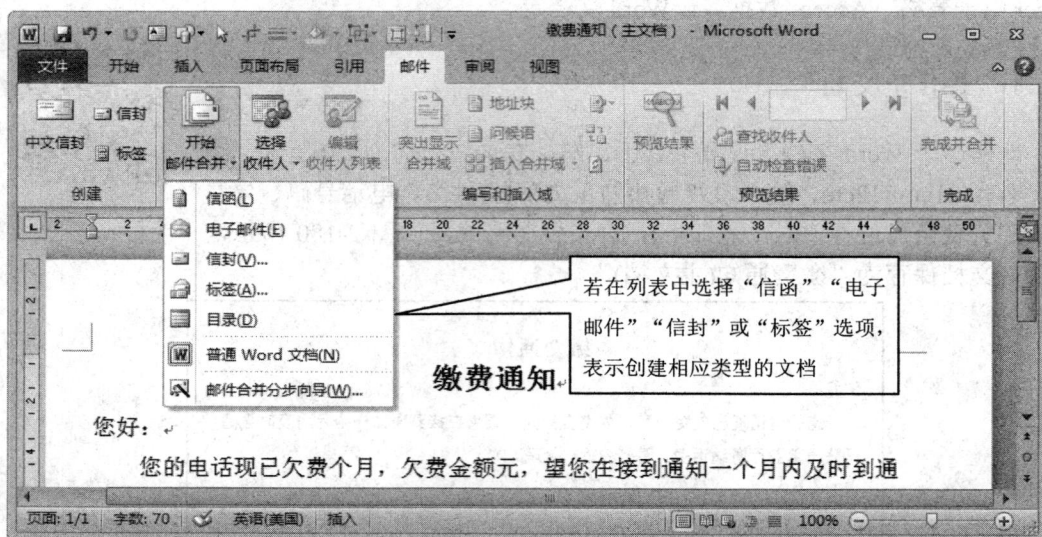

图 2-182　选择创建文档的类型

【步骤 2】单击"开始邮件合并"组中的"选择收件人"按钮，在展开的列表中选择"使用现有列表"选项，如图 2-183 所示。

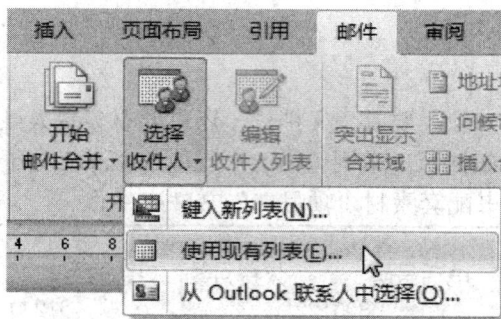

图 2-183　选择数据源

如选择"键入新列表"选项，可在打开的对话框中创建数据源。

【步骤 3】弹出"选取数据源"对话框，选中创建好的数据源文件"缴费通知(数据源)"，然后单击"打开"按钮，如图 2-184 所示。

【步骤 4】弹出"选择表格"对话框，选择要使用的 Excel 工作表，然后单击"确定"按钮，如图 2-185 所示。

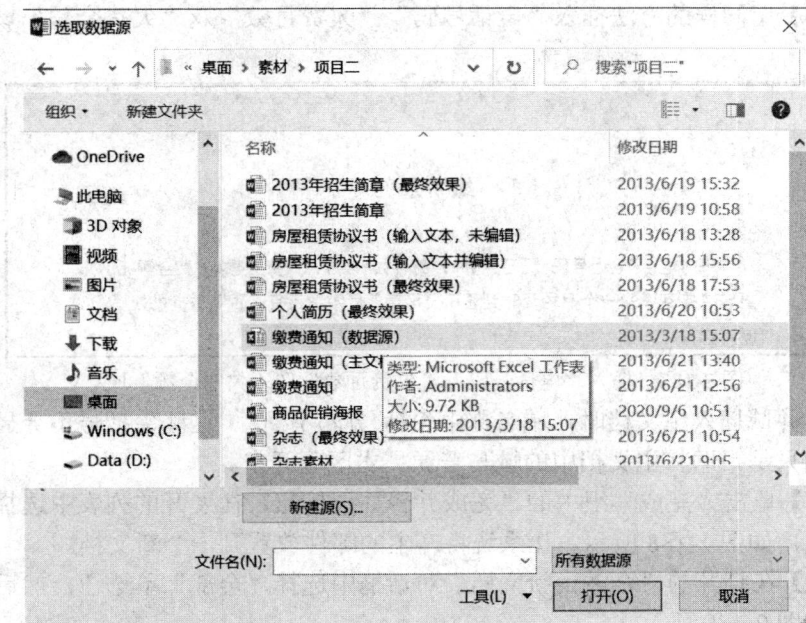

图 2-184　选择数据源文件

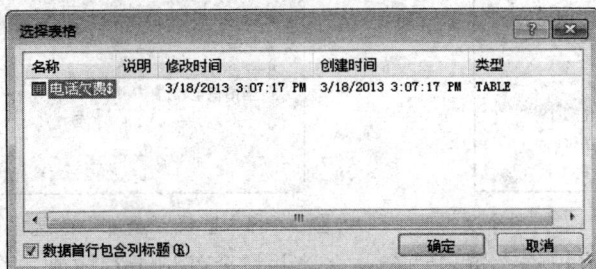

图 2-185　选择 Excel 工作表

【步骤 5】将光标放置在文档中第一处要插入合并域的位置，即"您好"二字的左侧，然后单击"插入合并域"按钮，在展开的列表中选择要插入的域，如"姓名"，如图 2-186(a) 所示，结果如图 2-186(b)所示。

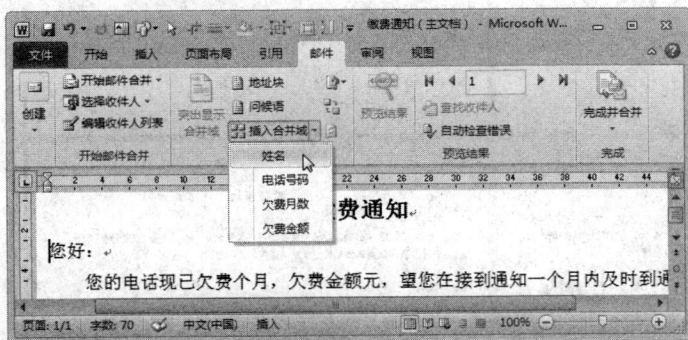

(a)

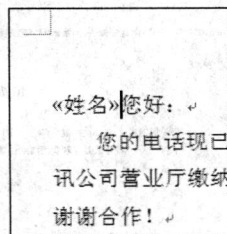

(b)

图 2-186　选择并插入"姓名"域

【步骤 6】用同样的方法插入"电话号码""欠费月数"及"欠费金额"域，效果如图 2-187 所示。

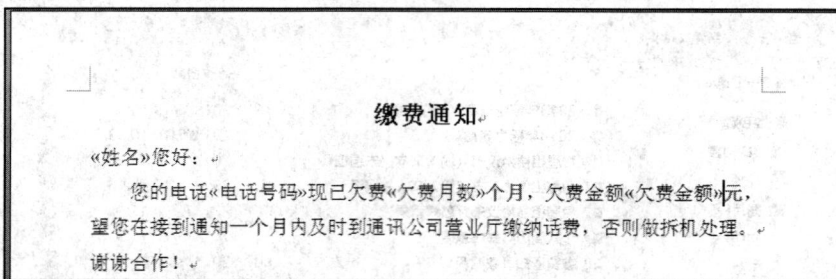

图 2-187　插入"电话号码""欠费月数"及"欠费金额"域

将邮件合并域插入主文档时，域名称由尖括号(« »)括住。这些尖括号不会显示在合并文档中，它们只是帮助将主文档中的域与普通文本区分开来。

【步骤 7】单击"完成"组中的"完成并合并"按钮，在展开的列表中选择"编辑单个文档"选项，如图 2-188 所示，让系统将产生的邮件放置到一个新文档。

【步骤 8】在打开的"合并到新文档"对话框中选择"全部"单选钮，然后单击"确定"按钮，如图 2-189 所示。

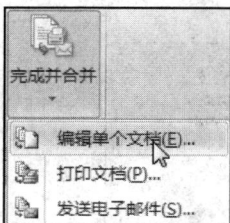

图 2-188　选择"编辑单个文档"　　　　图 2-189　选择"全部"单选钮以合并文档

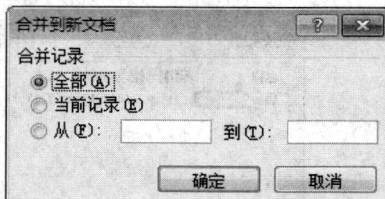

【步骤 9】Word 将根据设置自动合并文档并将全部记录存放到一个新文档中，效果如图 2-190 所示。最后另存文档为"缴费通知(邮件合并)"。

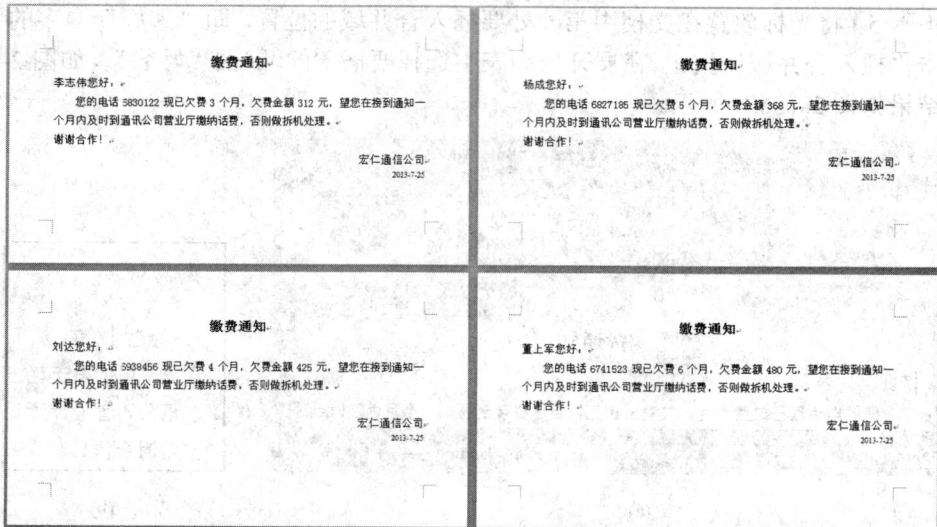

图 2-190　制作的缴费通知

实践操作

1. 制作主文档和数据源

批量制作成绩通知单

【步骤 1】新建一个 Word 文档，输入成绩通知单的正文内容，即每张通知单中相同的部分，并进行适当的排版，效果如图 2-191 所示，然后将其以“成绩通知单(主文档)”为名保存在“项目二”文件夹中。

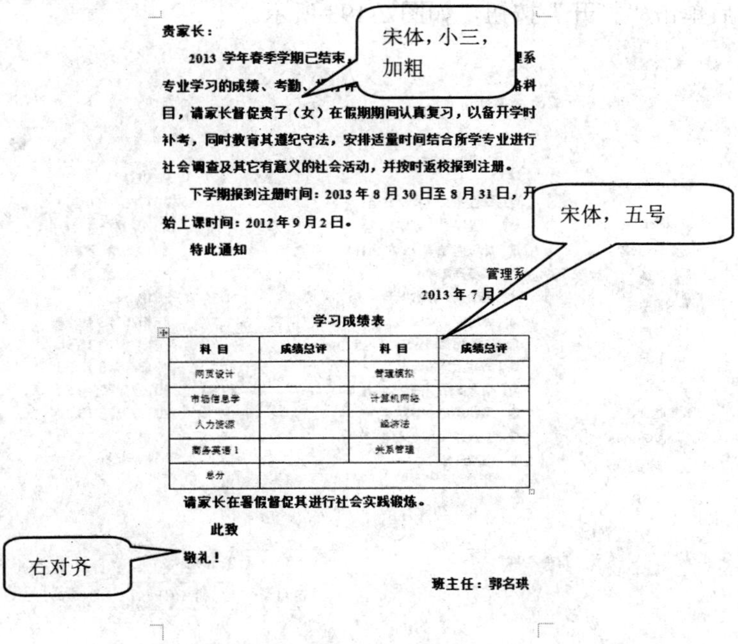

贵家长：

2013 学年春季学期已结束，……理系专业学习的成绩、考勤、……各科目，请家长督促贵子（女）在假期期间认真复习，以备开学时补考，同时教育其遵纪守法，安排适量时间结合所学专业进行社会调查及其它有意义的社会活动，并按时返校报到注册。

下学期报到注册时间：2013 年 8 月 30 日至 8 月 31 日，开始上课时间：2012 年 9 月 2 日。

特此通知

管理系

2013 年 7 月……日

学习成绩表

科 目	成绩总评	科 目	成绩总评
网页设计		管理模拟	
市场信息学		计算机网络	
人力资源		经济法	
商务英语 1		关系管理	
总分			

请家长在暑假督促其进行社会实践锻炼。

此致

敬礼！

班主任：郭名琪

图 2-191　成绩通知单(主文档)

【步骤 2】启动 Excel 2016，新建“成绩通知单(数据源)”工作簿(保存在“项目二”文件夹中)，并在 Sheet1 工作表中输入如图 2-192 所示的数据。

	A	B	C	D	E	F	G	H	I	J
1	姓名	网页设计	市场信息学	人力资源	商务英语1	管理模拟	计算机网络	经济法	关系管理	总分
2	张志东	75	75	54	71	84	83	77	86	605
3	陈兴	70	71	80	93	80	81	77	73	625
4	邹家发	78	77	76	95	88	82	84	80	660
5	李红	84	79	98	82	88	84	82	85	682
6	贾南	77	82	73	94	86	86	75	88	661
7	徐凯	75	72	54	92	71	83	64	85	596
8	郭金柱	76	73	74	81	80	86	82	88	640
9	杨富程	73	75	86	88	80	84	73	84	643
10	高强	75	68	76	87	81	79	78	84	628
11	丁占东	80	78	75	82	82	82	73	69	621
12	闫松	76	71	71	74	81	83	61	63	580
13	张超	69	66	72	81	81	74	65	65	573
14	廖世东	80	69	75	78	88	81	77	65	613
15	张鹏	80	73	68	69	83	82	73	62	590
16	徐杨	85	78	65	76	84	83	73	99	643
17	刘洋	80	69	86	86	94	86	76	73	650
18	季旭	78	80	75	85	81	85	79	89	652
19	侯松冶	69	77	79	79	78	83	73	74	612
20	陈可意	72	74	75	62	78	81	84	79	605
21	关云天	70	76	77	84	75	81	76	71	610

Sheet1　Sheet2　Sheet3

图 2-192　成绩通知单(数据源)

2. 邮件合并

【步骤 1】打开已创建的主文档"成绩通知单"，然后单击"邮件"选项卡的"开始邮件合并"组中的"开始邮件合并"按钮，在展开的列表中保持"普通 Word 文档"的高亮显示。

【步骤 2】单击"开始邮件合并"组中的"选择收件人"按钮，在展开的列表中选择"使用现有列表"。

【步骤 3】在弹出的"选取数据源"对话框中，选中创建好的数据文件"成绩通知单数据源"，然后单击"打开"按钮，如图 2-193 所示。

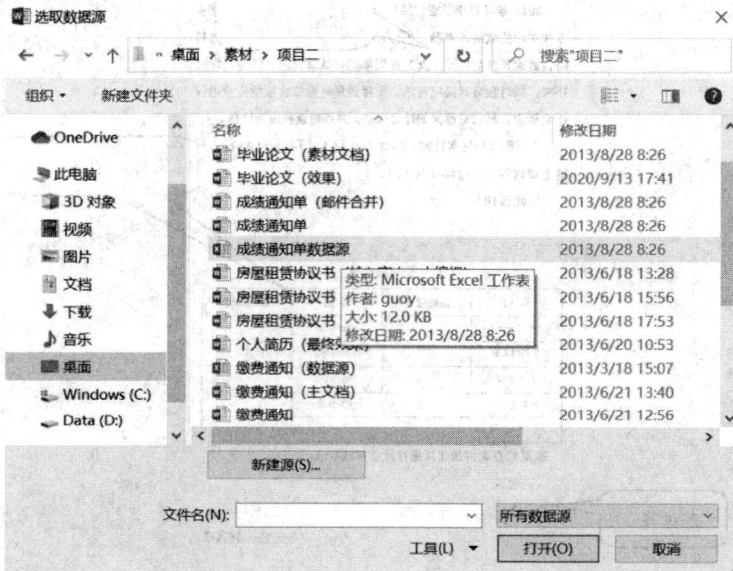

图 2-193　"选取数据源"对话框

【步骤 4】在打开的对话框中选择要使用的 Excel 工作表 Sheet1，然后单击"确定"按钮，如图 2-194 所示。

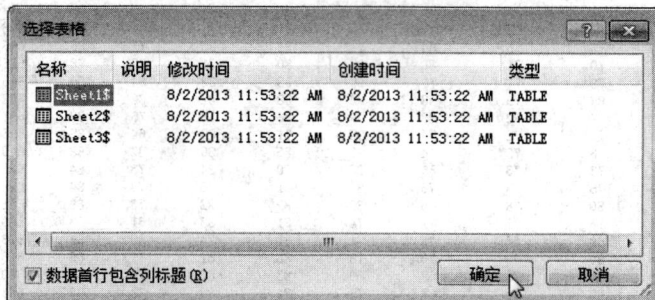

图 2-194　选择数据源中的 Excel 表

【步骤 5】将光标置于"子(女)"的右侧位置，然后单击"编写和插入域"组中的"插入合并域"按钮，在展开的列表中选择"姓名"，将"姓名"域插入，如图 2-195 所示。

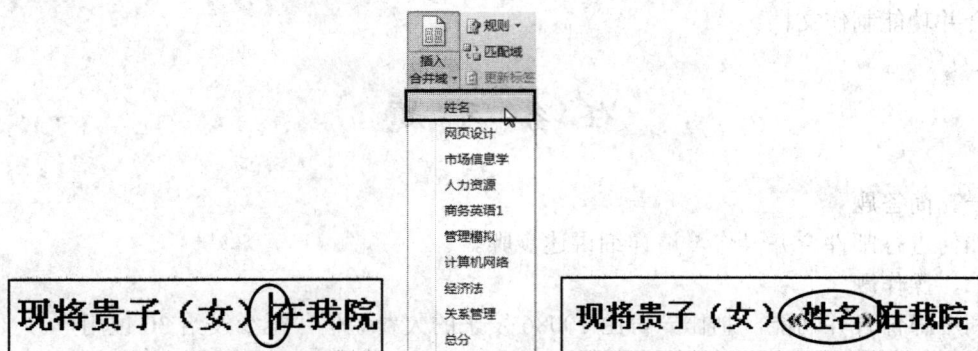

图 2-195　插入学生"姓名"域

【步骤 6】用同样的方法，将"插入合并域"中的其他选项插入到表格的相应位置，效果如图 2-196 所示。

学习成绩表

科　目	成绩总评	科　目	成绩总评
网页设计	《网页设计》	管理模拟	《管理模拟》
市场信息学	《市场信息学》	计算机网络	《计算机网络》
人力资源	《人力资源》	经济法	《经济法》
商务英语 1	《商务英语 1》	关系管理	《关系管理》
总分		《总分》	

图 2-196　插入其他域

【步骤 7】将光标置于表格下方如图 2-197(a)所示的位置，然后在"插入合并域"列表中选择"姓名"，将该域插入，效果如图 2-197(b)所示。

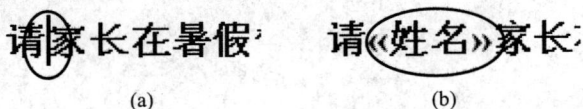

(a)　　　　　　　　　　　　　　(b)

图 2-197　插入家长"姓名"域

【步骤 8】单击"完成"组中的"完成并合并"按钮，在展开的列表中选择"编辑单个文档"，让系统将产生的邮件放置到一个新文档。

【步骤 9】在打开的"合并到新文档"对话框中选择"全部"单选钮，然后单击"确定"按钮。Word 将根据设置自动合并文档并将全部记录存放到一个新文档中，效果如图 2-179 所示。最后另存文档为"成绩通知单(邮件合并)"。

任　务　小　结

本任务主要介绍了如何制作成绩通知单，带领读者学习并练习利用邮件合并功能批量制作部分内容相同、部分内容不同的文档的操作方法。通过本任务的学习，读者能够运用邮件合并功能制作文档。

任 务 习 题

一、简答题

如何进行邮件合并操作，请详细讲述步骤。

二、操作题

利用邮件合并功能，制作一份由 10086 发来的欠费短信，至少发给 30 位用户。

项目三

Excel 2016

任务 1　制作学生信息登记表

▶教学目标

　　通过本任务的学习，能够正确标识地址单元格，掌握工作簿和工作表的基本操作，在工作表中输入和编辑数据的方法和技巧，以及美化工作表的方法。

▶知识目标

- ➤ 了解工作簿、工作表和单元格的概念，能够正确标识地址单元格，掌握工作簿和工作表的基本操作。
- ➤ 掌握在工作表中输入和编辑数据的方法和技巧，如选择单元格、自动填充数据、输入序列数据等；掌握编辑工作表的方法，如调整行高和列宽、合并单元格等。
- ➤ 掌握美化工作表的方法，如设置字符格式、数字格式，以及表格边框和底纹等。

▶技能目标

- ➤ 能够选择单元格。
- ➤ 能够输入基本数据。
- ➤ 能够自动填充数据。
- ➤ 能够编辑数据。
- ➤ 能够合并单元格。
- ➤ 能够调整行高和列宽。
- ➤ 能够设置字符格式和对齐方式。
- ➤ 能够设置表格边框和底纹及样式。

任 务 描 述

　　本任务通过制作如图 3-1 所示的学生信息登记表，学习并练习如何在 Excel 中输入数据并编辑，以及调整工作表结构的操作方法。

图 3-1　学生信息登记表

相关知识

3.1.1　认识 Excel 2016 的工作窗口

选择"开始"→"所有程序"→"Microsoft Office"→"Microsoft Excel 2016"菜单项，启动 Excel 2016。启动 Excel 2016 后，即出现它的工作界面，如图 3-2 所示。

Excel 2016 的工作窗口

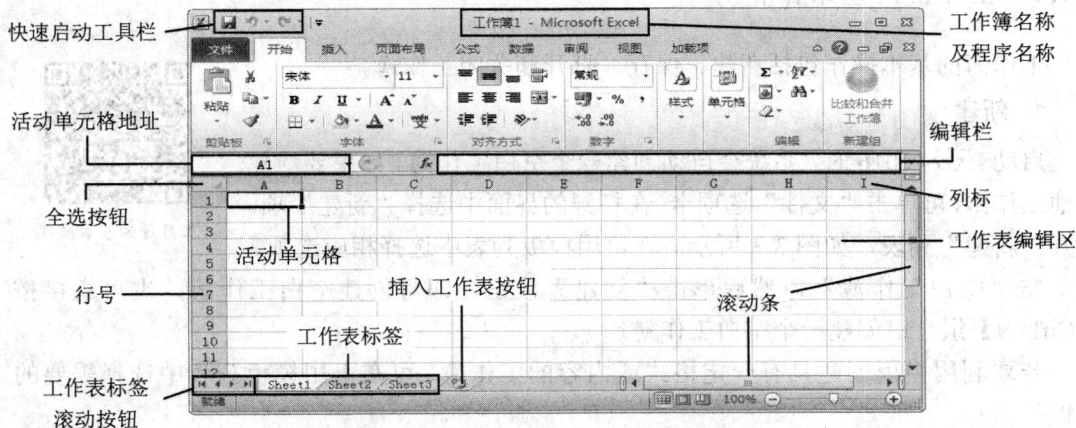

图 3-2　Excel 2016 工作界面

可以看出，Excel 2016 的工作界面与 Word 2016 的基本相同。不同之处在于，在 Excel 中，用户进行的所有工作都是在工作簿、工作表和单元格中完成的。

3.1.2　认识工作簿、工作表和单元格

下面介绍使用 Excel 制作电子表格时经常会遇到的工作簿、工作表和单元格。

1. 工作簿

工作簿是 Excel 用来保存表格内容的文件，其扩展名为"·xlsx"。启动 Excel 2016 后系统会自动生成一个工作簿。

工作簿、工作表和单元格

2. 工作表

工作表包含在工作簿中，由单元格、行号、列标以及工作表标签组成。行号显示在工作表的左侧，依次用数字 1，2，…，1048576 表示；列标显示在工作表上方，依次用字母 A，B，…，XFD 表示。默认情况下，一个工作簿包括 3 个工作表，分别以 Sheet1、Sheet2 和 Sheet3 命名。用户可根据实际需要添加、重命名或删除工作表。

工作表底部显示工作表标签 \ Sheet1 / Sheet2 / Sheet3 /，单击某个标签便可切换到该工作表。如果将工作簿比作一本书，那么书中的每一页就是一个工作表。

3. 单元格

工作表中行与列相交形成的长方形区域称为单元格，它是用来存储数据和公式的基本单位。Excel 用列标和行号表示某个单元格。例如，B3 代表 B 列第 3 行单元格。

在工作表中正在使用的单元格周围有一个黑色方框，该单元格被称为当前单元格或活动单元格。用户当前进行的操作都是针对活动单元格的。

Excel 工作界面中的编辑栏主要用于显示、输入和修改活动单元格中的数据。在工作表的某个单元格输入数据时，编辑栏会同步显示输入的内容。

3.1.3　工作簿的基本操作

工作簿的基本操作包括新建、保存、打开和关闭工作簿。

1. 新建

启动 Excel 2016 时，系统会自动创建一个空白工作簿。如果要新建其他工作簿，可单击"文件"选项卡，在打开的界面中选择"新建"项，展开"新建"列表，如图 3-3 所示。在可用模板列表中选择相应选项，

工作簿的基本操作

如单击"空白工作簿"，然后单击"创建"按钮，即可创建空白工作簿，也可直接按【Ctrl+N】组合键创建一个空白工作簿。

若要利用模板创建具有一定格式或内容的工作簿，可在可用模板列表中选择需要的模板。

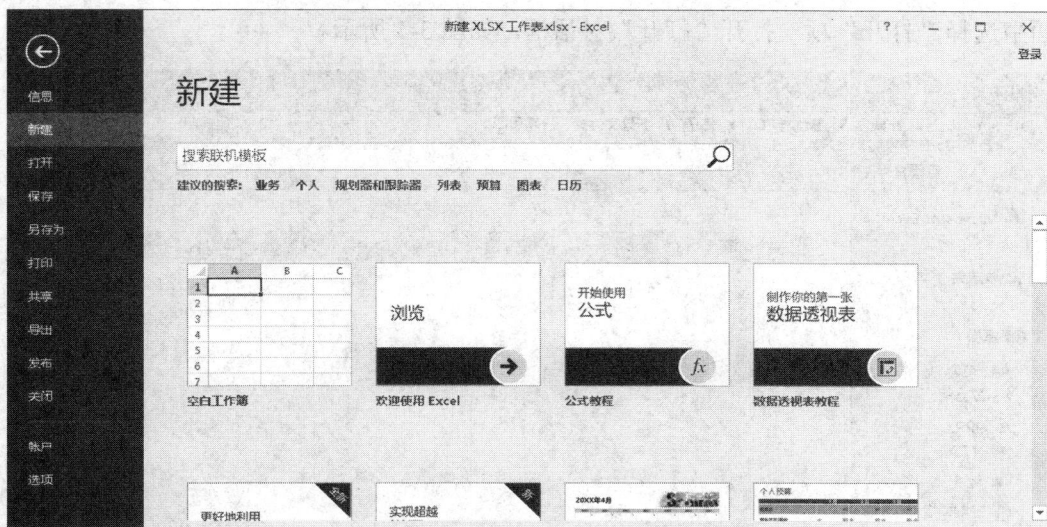

图 3-3　"新建"列表

2. 保存

(1) 要保存工作簿，可单击"文件"选项卡，在打开的界面中选择"保存"项，或按【Ctrl+S】组合键，打开"另存为"对话框，如图 3-4 所示。

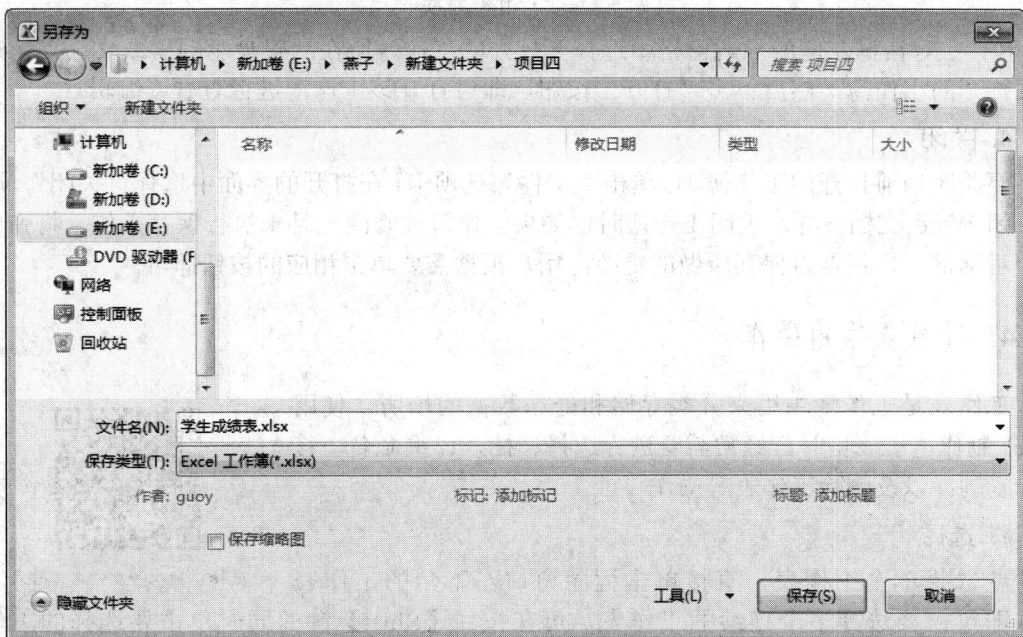

图 3-4　"另存为"对话框

(2) 在对话框左侧的导航窗格中选择保存工作簿的磁盘驱动器或文件夹，在"文件名"编辑框中输入工作簿名称，然后单击"保存"按钮即可保存工作簿。

3. 打开

(1) 若要打开一个已有的工作簿进行查看或编辑，可单击"文件"选项卡，在打开的界面中选择"打开"项，打开"打开"对话框，如图 3-5 所示。

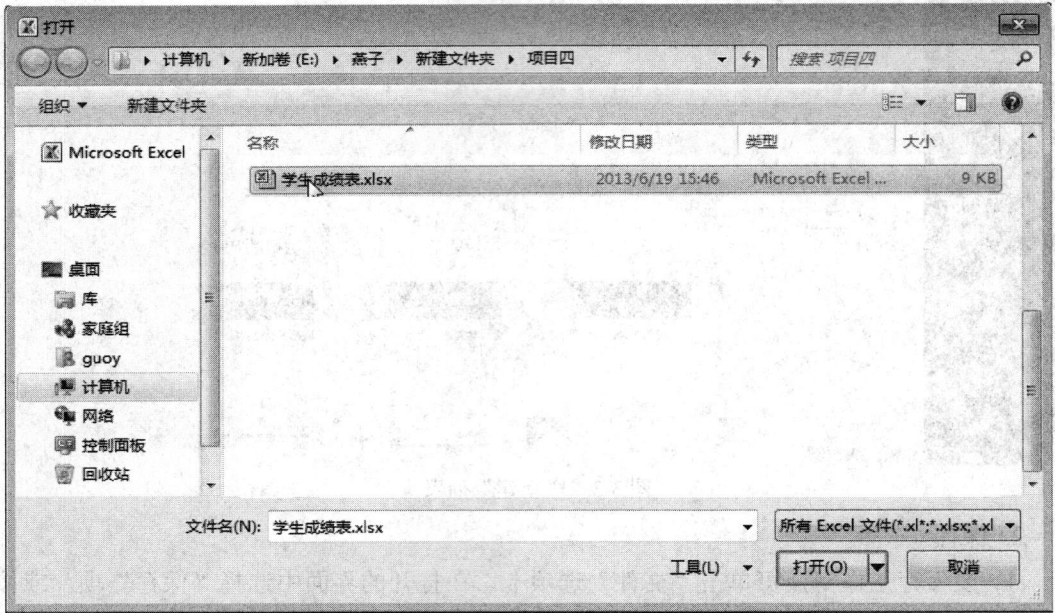

图 3-5　"打开"对话框

(2) 在对话框左侧的导航窗格中选择要打开的工作簿所在的磁盘驱动器或文件夹，选择要打开的工作簿，然后单击"打开"按钮，即可打开该工作簿进行查看或编辑。

4. 关闭

要关闭当前打开的工作簿，可单击"文件"选项卡，在打开的界面中选择"关闭"项。与关闭 Word 文档一样，关闭工作簿时，如果工作簿被修改过且未执行保存操作，将弹出一个对话框，提示是否保存所做的更改，用户根据需要单击相应的按钮即可。

3.1.4　工作表常用操作

工作表是工作簿中用来分类存储和处理数据的场所。使用 Excel 制作电子表格时，经常需要进行选择、插入、重命名、移动和复制，以及删除工作表等操作。

1. 选择

要选择单个工作表，直接单击程序窗口左下角的工作表　　　选择、插入和重命名工作表
标签即可；要选择多个连续的工作表，可在按住【Shift】键的同时单击要选择的工作表标签；要选择不相邻的多个工作表，可在按住【Ctrl】键的同时单击要选择的工作表标签。

2. 插入

默认情况下，工作簿包含 3 个工作表；若工作表不能满足需要，可单击工作表标签右侧的"插入工作表"按钮，在现有工作表末尾插入一个新工作表。

若要在某一个工作表之前插入新工作表，可在选中该工作表后单击功能区"开始"选项卡的"单元格"组中的"插入"按钮，在展开的列表中选择"插入工作表"项，如图3-6所示。

3. 重命名

我们可以为工作表取一个与其保存的内容相关的名字，从而方便管理工作表。重命名工作表时，可双击工作表标签以进入其编辑状态，此时该工作表标签呈高亮显示，然后输入工作表名称，再单击除该标签以外工作表的任意处或按【Enter】键即可，如图3-7所示。也可右击工作表标签，在弹出的快捷菜单中选择"重命名"项。

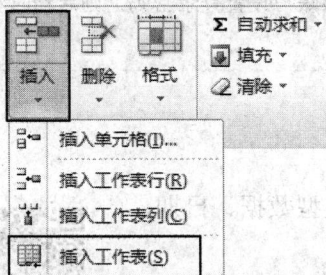

图3-6　选择"插入工作表"项

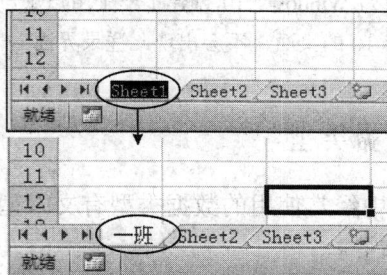

图3-7　重命名工作表

4. 移动和复制

要在同一个工作簿中移动工作表，可单击要移动的工作表标签，然后按住鼠标左键不放，将其拖到所需位置即可，如图3-8(a)所示。若在拖动的过程中按住【Ctrl】键，则可复制该工作表，源工作表依然保留，效果如图3-8(b)所示。

移动、复制和删除工作表

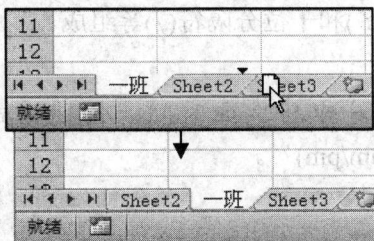

(a)

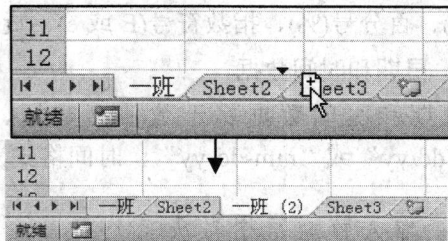

(b)

图3-8　在同一个工作簿中移动和复制工作表

若要在不同的工作簿之间移动或复制工作表，可选中要移动或复制的工作表，然后单击功能区"开始"选项卡的"单元格"组中的"格式"按钮，在展开的列表中选择"移动或复制工作表"选项，打开"移动或复制工作表"对话框，如图3-9所示。

在"将选定工作表移至工作簿"下拉列表中选择目标工作簿(复制前需要将该工作簿打开)，在"下列选定工作表之前"列表中设置工作表移动的目标位置，然后单击"确定"按钮，即可将所选工作表移

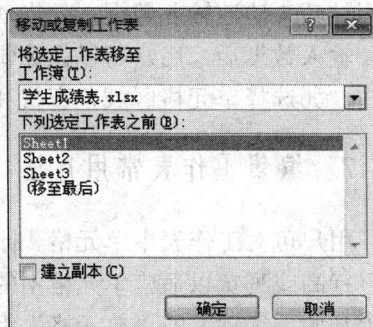

图3-9　"移动或复制工作表"对话框

动到目标工作簿的指定位置；若选中对话框中的"建立副本"复选框，则可将工作表复制到目标工作簿指定位置。

5. 删除

对于没用的工作表，可以将其删除，方法是：单击要删除的工作表标签，再单击功能区"开始"选项卡的"单元格"组中的"删除"按钮，在展开的列表中选择"删除工作表"选项；如果工作表中有数据，将弹出一个提示对话框，单击"删除"按钮即可。

> **小技巧**
>
> 如果只为 Windows 10 创建了一个用户账户，且没有为该账户设置登录密码，则启动时将直接显示 Windows 10 的桌面，不会出现此登录界面。

3.1.5　数据类型

Excel 中经常使用的数据类型有文本型数据、数值型数据、日期和时间数据等。

1. 文本型数据

文本型数据是指字母、汉字，或由任何字母、汉字、数字和其他符号组成的字符串，如"季度 1""AK47"等。文本型数据不能进行数学运算。

数据输入和工作表编辑

2. 数值型数据

数值型数据用来表示某个数值或币值等，一般由数字 0~9、正号、负号、小数点、分数号(/)、百分号(%)、指数符号(E 或 e)、货币符号($或¥)和千位分隔符(,)等组成。

3. 日期和时间数据

日期和时间数据属于数值型数据，用来表示一个日期或时间。日期格式为"mm/dd/yy"或"mm-dd-yy"，时间格式为"hh:mm(am/pm)"。

3.1.6　输入数据常用方法

输入数据常用的方法是：单击要输入数据的单元格，然后输入数据即可。此外，还可使用技巧来快速输入数据，如自动填充序列数据或相同数据。

输入数据后，用户可以像编辑 Word 文档中的文本一样，对输入的数据进行各种编辑操作，如选择单元格区域，查找和替换数据，移动和复制数据等。

3.1.7　编辑工作表常用方法

用户可对工作表中单元格、行、列进行的各种编辑操作，例如，插入单元格、行或列，调整行高或列宽以适应单元格中的数据等，这些操作都可通过选中单元格、行、列后，单击"开始"选项卡的"单元格"组中的相应选项来实现。

3.1.8　选择单元格

在 Excel 中进行的大多数操作，都需要先选定要操作的单元格或单元格区域。

(1) 将鼠标指针移至要选择的单元格上后单击，即可选中该单元格。此外，还可使用键盘上的方向键选择当前单元格的前、后、左、右单元格。

选择单元格

(2) 如果要选择相邻的单元格区域，可按下鼠标左键拖过希望选择的所有单元格，然后释放鼠标即可；或单击要选择区域的第一个单元格，然后按住【Shift】键单击最后一个单元格，此时即可选中它们之间的所有单元格，如图 3-10 所示。

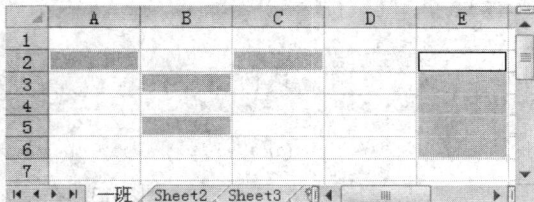

(3) 若要选择不相邻的多个单元格或单元格区域，可先利用前面介绍的方法选定第一个单元格或单元格区域，然后按住【Ctrl】键的同时再选择其他单元格或单元格区域，如图 3-11 所示。

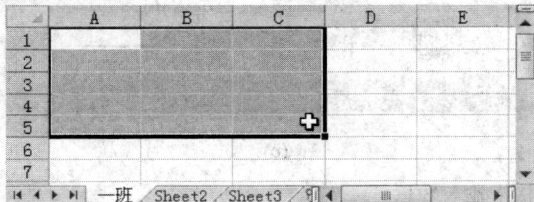

图 3-10　选择相邻的单元格区域　　　　图 3-11　选择不相邻的多个单元格

(4) 要选择工作表中的一整行或一整列，可将鼠标指针移到该行左侧的行号或该列顶端的列标上方，当鼠标指针变成"➡"或"⬇"形状时单击即可，如图 3-12 所示。若要选择连续的多行或多列，可在行号或列标上按住鼠标左键并拖动；若要选择不相邻的多行或多列，可按住【Ctrl】键再进行选择。

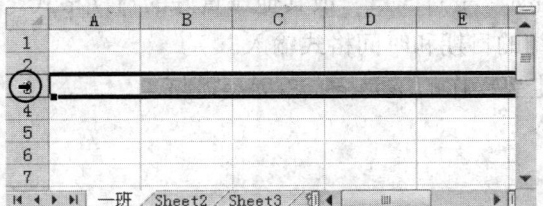

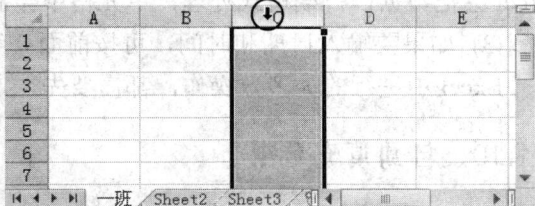

图 3-12　选择整行或整列

(5) 要选择工作表中的所有单元格，可按【Ctrl＋A】组合键或单击工作表左上角行号与列标交叉处的"全选"按钮。

3.1.9　输入基本数据

在新建的"学生成绩表"工作簿的"一班"工作表中输入基本数据。

【步骤 1】打开前面创建的"学生成绩表"工作簿，单击"一班"工作表标签，单击 A1 单元格，然后输入"一年级成绩表"，输入的内容会同时显示在编辑栏中(也可直接在编辑栏中输入数据)，如图 3-13(a)所示。若发现输入错误，可按【Backspace】键删除。

输入基本数据

【步骤2】按【Enter】键、【Tab】键，或单击编辑栏上的"√"按钮确认输入。其中，按【Enter】键时，当前单元格下方的单元格被选中；按【Tab】键时，当前单元格右边的单元格被选中；单击"√"按钮时，选中当前单元格不变。

【步骤3】在 A2 至 H2 单元格中输入各列的列标题，再在其他单元格中输入相关数据，效果如图 3-13(b)所示。可以看到，输入的数值型数据沿单元格右侧对齐，文本型数据沿单元格左侧对齐。

当输入的数据超过了单元格宽度，导致数据不能在单元格中正常显示时，可选中该单元格，然后通过编辑栏查看和编辑数据。

(a)　　　　　　　　　　　(b)

图 3-13　在单元格中输入数据

输入数值型数据时要注意以下几点：

(1) 如果要输入负数，必须在数字前加一个负号"—"，或给数字加上圆括号。例如，输入"—5"或"(5)"都可在单元格中得到—5。

(2) 如果要输入分数，如 1/5，应先输入"0"和一个空格，然后输入"1/5"；否则，Excel 会把数据以日期格式处理，单元格中会显示"1 月 5 日"或其他设置好的日期格式。

(3) 如果要输入日期和时间，可按前面介绍的日期和时间格式输入。

Excel 中进行的大多数操作，都需要先选定要操作的单元格或单元格区域。

3.1.10　自动填充数据

在 Excel 工作表的活动单元格的右下角有一个小黑方块，称为填充柄，通过拖动填充柄可以自动在其他单元格填充与活动单元格内容相关的数据，如序列数据或相同数据。其中，序列数据是指规律变化的数据，如日期、时间、月份、等差或等比数列。

自动填充数据

【步骤1】单击"学号"列中的 A3 单元格，输入数据"A0001"，如图 3-14(a)所示。

【步骤2】将鼠标指针移动到 A3 单元格右下角的填充柄上，此时鼠标指针变成实心的十字形，如图 3-14(a)所示。按住鼠标左键并向下拖动，至单元格 A13 后释放鼠标左键，然后单击右下角的"自动填充选项"按钮，在展开的列表中选中"填充序列"单选按钮，系统就会自动以升序填充选中的单元格，效果如图 3-14(b)所示。

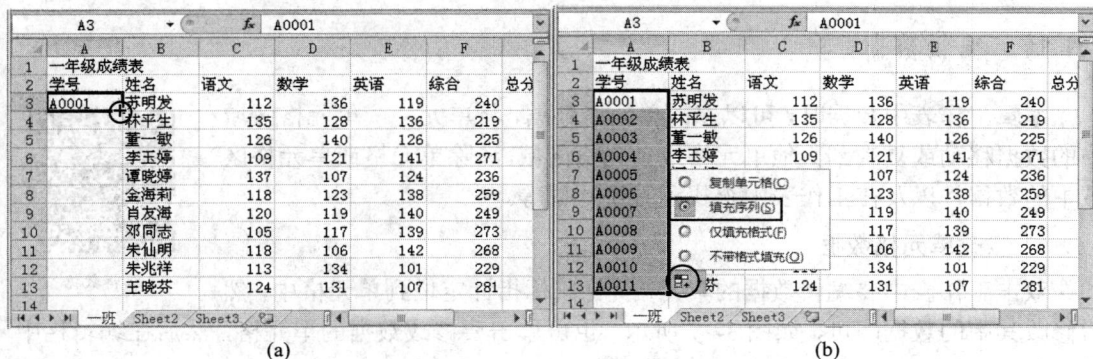

图 3-14　使用填充柄输入数据

注意

当在单击"自动填充选项"按钮后展开的列表中选择"复制单元格"时，可填充相同数据和格式；选择"仅填充格式"或"不带格式填充"时，则只填充相同格式或数据。

要填充指定步长的等差或等比序列，可在前两个单元格中输入序列的前两个数据，如在 A1、A2 单元格中分别输入 1 和 3，然后选定这两个单元格，并拖动所选单元格区域的填充柄至要填充的区域，释放鼠标左键即可。

单击"开始"选项卡的"编辑"组中的"填充"按钮，在展开的列表中选择相应的选项，也可填充数据。但该方式需要提前选择要填充的区域，如图 3-15 所示。

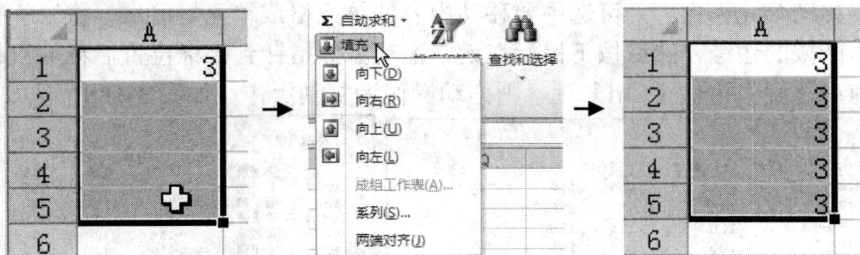

图 3-15　利用"填充"按钮填充数据

若要一次性在所选单元格区域填充相同数据，也可使用快捷键。先选中要填充数据的单元格区域，如图 3-16(a)所示；然后输入要填充的数据，如图 3-16(b)所示；输入完毕按【Ctrl+Enter】组合键，效果如图 3-16(c)所示。

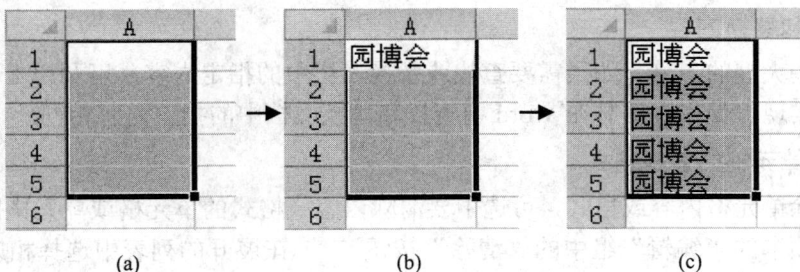

图 3-16　使用快捷键填充相同数据

3.1.11　编辑数据

编辑工作表中数据时，可以修改单元格数据，将单元格或单元格区域中的数据移动或复制到其他单元格或单元格区域，清除单元格或单元格区域中的数据，以及在工作表中查找和替换数据等。

编辑数据

1. 修改单元格数据

双击工作表中要编辑数据的单元格，将鼠标指针定位到单元格中，然后修改其中的数据即可，如图 3-17 所示。也可单击要修改数据的单元格，然后在编辑栏中进行修改。

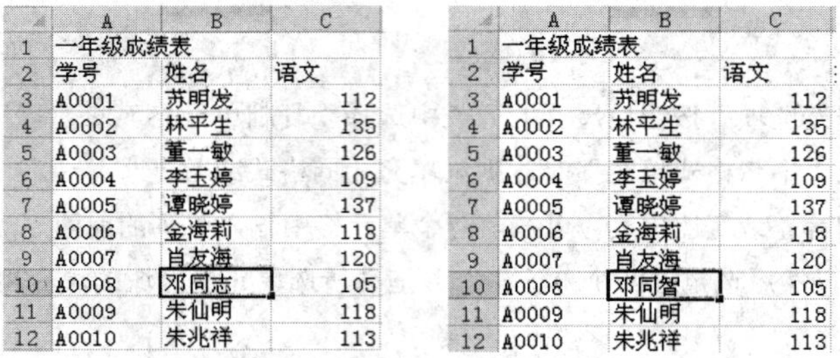

图 3-17　修改单元格数据

2. 移动或复制单元格内容

如果要移动单元格内容，可选中要移动内容的单元格或单元格区域，将鼠标指针移至所选单元格区域的边缘，然后按下鼠标左键，拖动鼠标指针到目标位置后释放鼠标左键即可。若在拖动过程中按住【Ctrl】键，则拖动操作为复制操作，如图 3-18 所示。

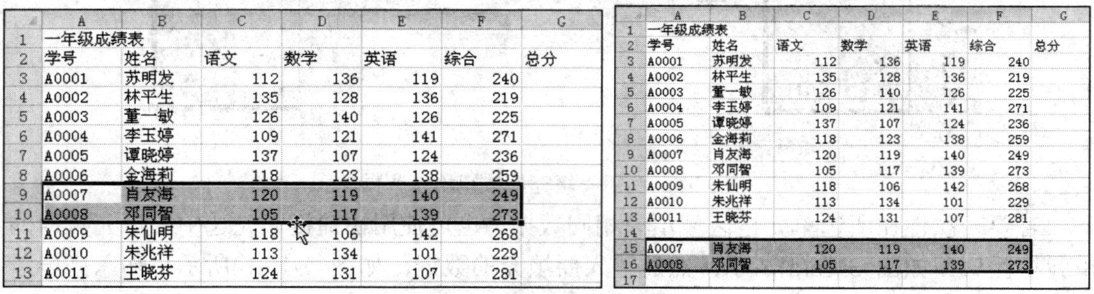

图 3-18　复制单元格内容

3. 查找和替换内容

对于一些大型的表格，如果需要查找或替换表格中的指定内容，可利用 Excel 的查找和替换功能实现。操作方法与在 Word 中查找和替换文档中的指定内容相同。

4. 清除单元格内容或格式

若要清除单元格内容或格式，可选中要清除内容或格式的单元格或单元格区域，单击"开始"选项卡的"编辑"组中的"清除"按钮 ，在展开的列表中选择相应选项，可清除单元格中的内容、格式或批注等，如图 3-19 所示，这里选择"全部清除"选项。

(1) 全部清除：选择该选项，可将所选单元格的格式、内容和批注全部清除。

(2) 清除格式：选择该选项，仅将所选单元格的格式清除。

(3) 清除内容：选择该选项或按【Delete】键，可将所选单
元格内容清除。

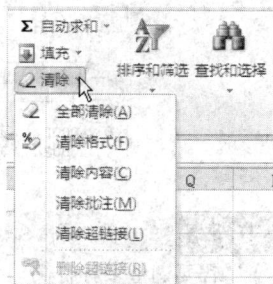

(4) 清除批注：选择该选项，仅将所选单元格的批注清除。

(5) 清除超链接：选择该选项，仅将所选单元格的链接清除。

3.1.12　合并单元格

合并单元格是指将相邻的单元格合并为一个单元格。合并
后，将只保留所选单元格区域左上角单元格中的内容。

图 3-19　"清除"列表

【步骤 1】选择要合并的单元格，如 A1:I1 单元格区域。

【步骤 2】单击"开始"选项卡的 "对齐方式"组中的"合并后居
中"按钮，或单击该按钮右侧的三角按钮，在展开的列表中选择"合并
后居中"选项，如图 3-20(a)所示，即可将该单元格区域合并为一个单元格
且单元格内容居中对齐，如图 3-20(b)所示。

合并单元格

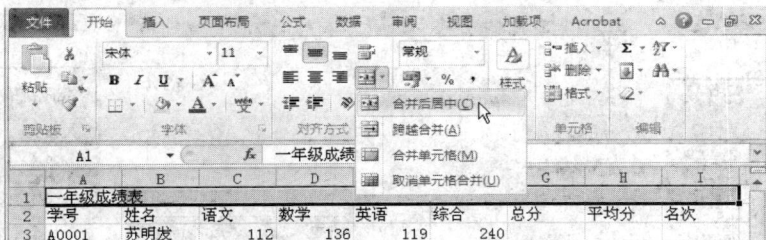

(a)

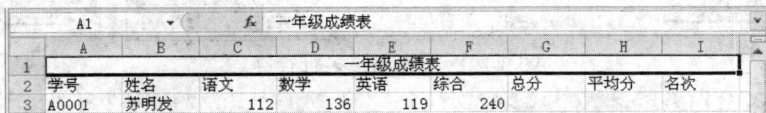

(b)

图 3-20　合并单元格

在进行合并单元格操作时，若在列表中选择"合并单元格"选项，合并后单元格中的
文字不居中对齐；若选择"跨越合并"选项，会将所选单元格按行合并。要想将合并后的
单元格拆分开，只需选中该单元格，然后再次单击"合并后居中"按钮即可。

3.1.13　调整行高和列宽

默认情况下，Excel 中所有行的高度和所有列的宽度都是相等的。用
户可以利用鼠标拖动方式和"格式"列表中的命令来调整行高和列宽。

1. 鼠标拖动调整

将鼠标指针移至要调整行高的行号的下框线处，待指针变成 ✛ 形状
后，按住鼠标左键上下拖动(此时在工作表中将显示出一个提示行高的信
息框)，到合适位置后释放鼠标左键，即可调整所选行的行高，如图 3-21 所示。

调整行高和列宽

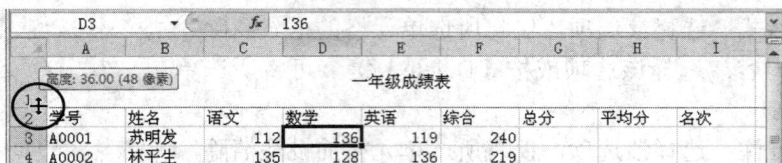

图 3-21　鼠标拖动调整行高

　　若要调整多行行高，可同时选中多行，然后使用以上方法调整。此外，若要调整某列或多列单元格的宽度，只需将鼠标指针移至要调整列的列标右边线处，待指针变成"╋"形状后按下鼠标左键左右拖动，到合适位置后释放鼠标左键即可。

2．"格式"列表命令调整

　　要精确调整行高，可先选中要调整行高的单元格或单元格区域。例如同时选中第 2 行至第 13 行，然后单击"开始"选项卡的"单元格"组中的"格式"按钮，在展开的列表中选择"行高"选项，在打开的"行高"对话框中设置行高值，单击"确定"按钮，即可同时精确调整第 2 行至第 13 行的行高，如图 3-22 所示。

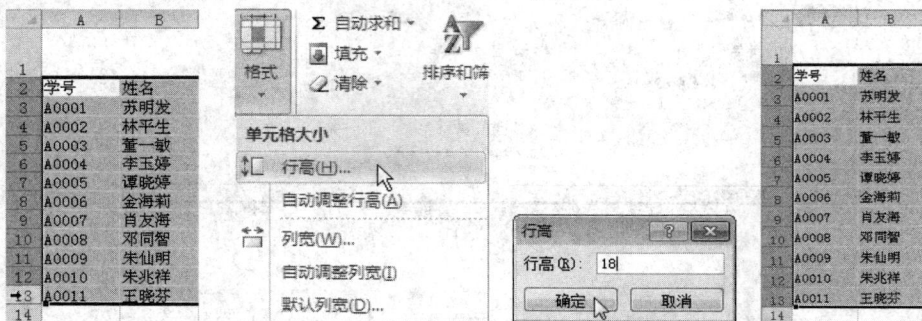

图 3-22　精确调整多行行高

　　要精确调整列宽，可在选中要调整的单元格或单元格区域后，在"格式"列表中选择"列宽"选项，然后在打开的对话框中进行设置。

　　此外，将鼠标指针移至行号下方或列标右侧的边线上，待指针变成双向箭头形状后，双击边线，系统会根据单元格中数据的高度和宽度自动调整行高和列宽；也可选中要调整的单元格或单元格区域，再单击"格式"按钮，在展开的列表中选择"自动调整行高"或"自动调整列宽"选项，自动调整行高和列宽。

3.1.14　插入、删除行、列或单元格

　　在制作表格时，可能会遇到需要插入或删除单元格、行、列的情况。

1．插入、删除行

　　(1) 要在工作表某行上方插入一行或多行，首先在要插入的位置选中与要插入的行数相同数量的行，或行所包含的单元格，然后单击"开始"选项卡的"单元格"组中"插入"按钮下方的三角按钮，在展开的列表中

插入、删除行、列或单元格

选择"插入工作表行"选项即可，如图 3-23 所示。

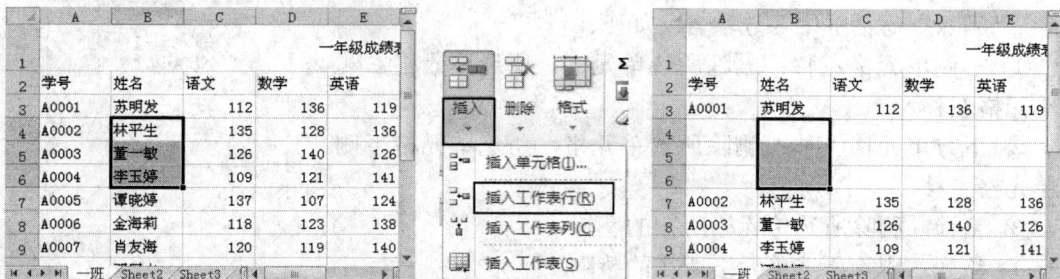

图 3-23　插入行

(2) 要删除行，可首先选中要删除的行，或要删除的行所包含的单元格，然后单击"单元格"组"删除"按钮下方的三角按钮，在展开的列表中选择"删除工作表行"选项即可，如图 3-24 所示。若选中的是整行，则直接单击"删除"按钮即可。

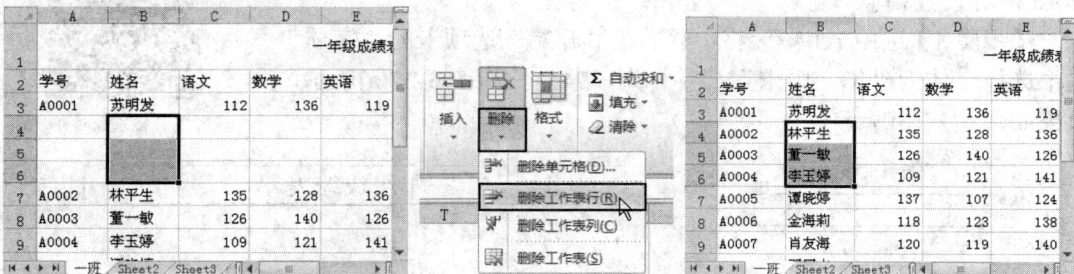

图 3-24　删除行

2．插入、删除列

(1) 要在工作表某列左侧插入一列或多列，可在要插入的位置选中与要插入的列数相同数量的列，或列所包含的单元格，然后在单击"插入"按钮后展开的列表中选择"插入工作表列"选项。

(2) 要删除列，可首先选中要删除的列，或要删除的列所包含的单元格，然后在单击"删除"按钮后展开的列表中选择"删除工作表列"选项。

3．插入、删除单元格

(1) 要插入单元格，可在要插入单元格的位置选中与要插入的单元格数量相同的单元格，然后在单击"插入"按钮后展开的列表中选择"插入单元格"选项，打开"插入"对话框，在其中选择插入方式，单击"确定"按钮即可，如图 3-25 所示。

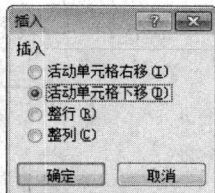

图 3-25　"插入"对话框

"插入"对话框中各选项含义如下：

① 活动单元格右移：在当前所选单元格处插入单元格，当前所选单元格右移。

② 活动单元格下移：在当前所选单元格处插入单元格，当前所选单元格下移。

③ 整行：插入与当前所选单元格行数相同的整行，当前所选单元格所在的行下移。

④ 整列：插入与当前所选单元格列数相同的整列，当前所选单元格所在的列右移。

(2) 要删除单元格，可选中要删除的单元格或单元格区域，然后在"开始"选项卡的"单元格"组的"删除"列表中选择"删除单元格"选项，打开"删除"对话框，选择一种删除方式，单击"确定"按钮，如图 3-26 所示。

"删除"对话框中各选项含义如下：

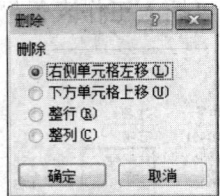

① 右侧单元格左移：删除所选单元格，所选单元格右侧的单元格左移。

② 下方单元格上移：删除所选单元格，所选单元格下侧的单元格上移。

图 3-26 "删除"对话框

③ 整行：删除所选单元格所在的整行。

④ 整列：删除所选单元格所在的整列。

3.1.15 设置字符格式和对齐方式

在 Excel 中设置表格内容的字符格式和对齐方式，其操作与在 Word 中的设置相似。

【步骤 1】选中 A1 单元格，然后在"开始"选项卡的"字体"组中选择字体为"华文中宋"，字号为"24"，如图 3-27(a)所示，效果如图 3-27(b)所示。

设置字符格式和对齐方式

(a)

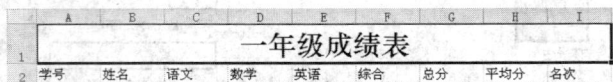

(b)

图 3-27 设置 A1 单元格字符格式

【步骤 2】选中 A2:I13 单元格区域，在"开始"选项卡的"字体"组中设置字号为"12"，字体颜色为紫色；在"对齐方式"组中单击"居中"按钮，使所选单元格中的数据在单元格中居中对齐，如图 3-28 所示。

图 3-28 设置 A2:I13 单元格区域字符格式和对齐方式

【步骤 3】选择 A2:I2 单元格区域(各列标题)，设置字体为"黑体"。

也可单击"开始"选项卡的"字体"组或"对齐方式"组右下角的对话框启动器按钮，在打开的"设置单元格格式"对话框中设置字符格式和对齐方式等。

3.1.16　设置数字格式

Excel 提供了多种数字格式，如数值格式、货币格式、日期格式、百分比格式、会计专用格式等。灵活运用这些数字格式，可以使制作的表格更加专业和规范。其具体操作如下：

【步骤 1】选择要设置格式的单元格区域，如选择"一年级成绩表"的 H3:H13 单元格区域，如图 3-29 所示，然后单击"开始"选项卡的"数字"组右下角的对话框启动器按钮。

设置数字格式

图 3-29　选择要设置数字格式的单元格区域

【步骤 2】弹出"设置单元格格式"对话框，单击"数字"选项卡，在"分类"列表中选择数字类型，如"数值"，并在右侧设置相关格式，如小数位数等，最后单击"确定"按钮。由于本例还没有在"平均分"列中输入数据，因此暂时还看不到设置效果。

用户也可直接在功能区"开始"选项卡的"数字"组的"数字格式"下拉列表中选择数字类型，并单击相关按钮来设置数字格式。

3.1.17　设置边框和底纹

在 Excel 工作表中，为了使表格中的内容更为清晰明了，可以为表格添加边框。此外，还可以通过为某些单元格添加底纹，衬托或强调这些单元格中的数据，同时使表格更美观。

【步骤 1】选择要添加边框的单元格区域 A1:I13，然后单击"开始"选项卡的"字体"组右下角的对话框启动器按钮，打开"设置单元格

设置边框和底纹

格式"对话框。

　　【步骤 2】在"边框"选项卡的"样式"列表框中选择一种线条样式，在"颜色"下拉列表框中选择红色，然后单击"外边框"按钮，为表格添加外边框，如图 3-30 所示。

　　【步骤 3】选择一种细线条样式，然后单击"内部"按钮，为表格添加内边框，如图 3-31 所示，最后单击"确定"按钮。

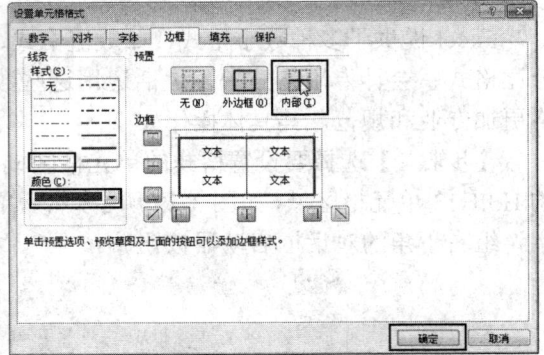

图 3-30　为表格设置外边框　　　　　　　图 3-31　为表格设置内边框

小技巧

　　单击"开始"选项卡的"字体"组中"边框"按钮右侧的三角按钮，在展开的列表中选择相应选项，可为选中的单元格区域添加系统预设的简单边框线。

　　【步骤 4】同时选中 A1:I2 以及 A3:B13 单元格区域，然后单击"开始"选项卡的"字体"组中"填充颜色"按钮 右侧的三角按钮，在展开的列表中选择浅绿色，如图 3-32(a) 所示。添加边框和底纹后的工作表效果如图 3-32(b) 所示。

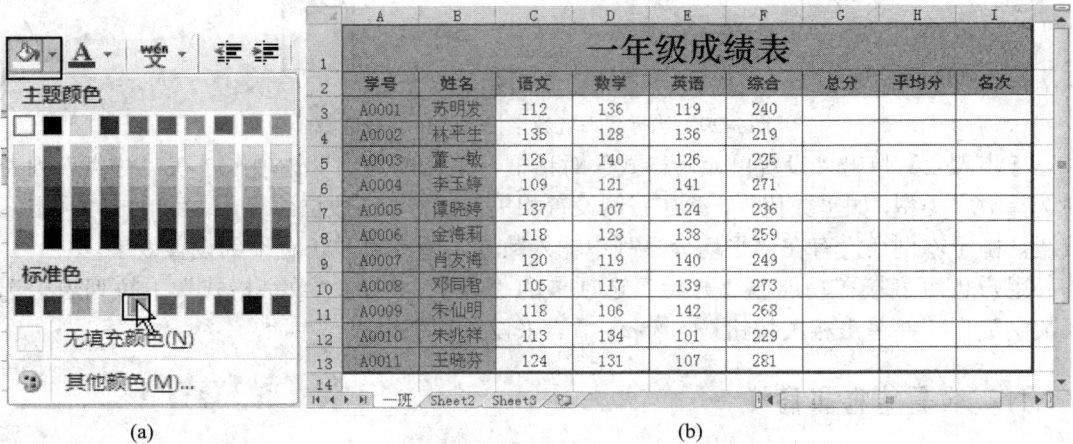

(a)　　　　　　　　　　　　　　　　(b)

图 3-32　为所选单元格填充底纹及效果

小技巧

　　利用"设置单元格格式"对话框中的"填充"选项卡，可为所选单元格区域设置更多的底纹效果，如渐变背景、图案背景等。

3.1.18　设置条件格式

在 Excel 工作表中应用条件格式，可以让满足特定条件的单元格以醒目的方式显示，便于对工作表数据进行比较和分析。

【步骤 1】选择要添加条件格式的单元格区域，如选择 C3:E13 单元格区域，如图 3-33 所示。

设置条件格式

图 3-33　选择要添加条件格式的单元格区域

【步骤 2】单击"开始"选项卡的"样式"组中的"条件格式"按钮，在展开的列表中选择"突出显示单元格规则"，再在展开的子列表中选择一种具体的条件，如"大于..."选项，如图 3-34(a)所示。

【步骤 3】弹出"大于"对话框，如图 3-34(b)所示，设置"大于"对话框中的参数。

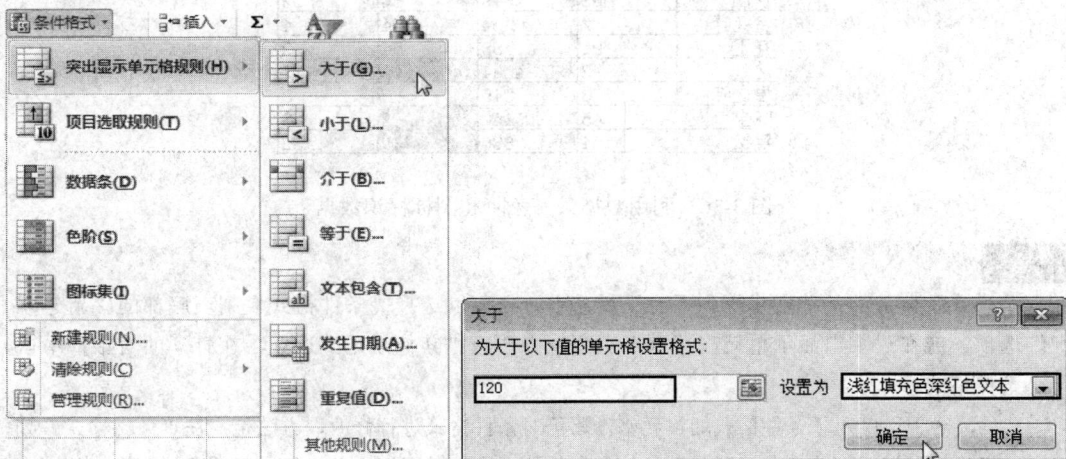

(a)　　　　　　　　　　　　　　(b)

图 3-34　设置条件格式

【步骤 4】单击"确定"按钮。此时，工作表中各数据值大于 120 的单元格背景显示为浅红色，字体颜色显示为深红色，如图 3-35 所示。最后将工作簿另存为"学生成绩表(美化)"。

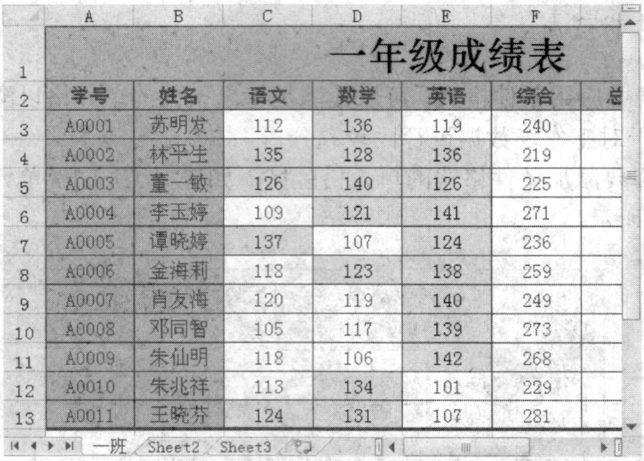

	A	B	C	D	E	F	
1				一年级成绩表			
2	学号	姓名	语文	数学	英语	综合	总
3	A0001	苏明发	112	136	119	240	
4	A0002	林平生	135	128	136	219	
5	A0003	董一敏	126	140	126	225	
6	A0004	李玉婷	109	121	141	271	
7	A0005	谭晓婷	137	107	124	236	
8	A0006	金海莉	118	123	138	259	
9	A0007	肖友海	120	119	140	249	
10	A0008	邓同智	105	117	139	273	
11	A0009	朱仙明	118	106	142	268	
12	A0010	朱兆祥	113	134	101	229	
13	A0011	王晓芬	124	131	107	281	

图 3-35　设置条件格式后的效果

从图 3-34(a)可看出，Excel 2016 提供了 5 种条件规则，各规则的含义如下：

① 突出显示单元格规则：突出显示所选单元格区域中符合特定条件的单元格。

② 项目选取规则：其作用与突出显示单元格规则相同，只是设置条件的方式不同。

③ 数据条、色阶和图标集：使用数据条、色阶(颜色的种类或深浅)和图标来标识各单元格中数据值的大小，从而方便查看和比较数据，效果如图 3-36 所示。设置时，只需在相应的子列表中选择需要的图标即可。

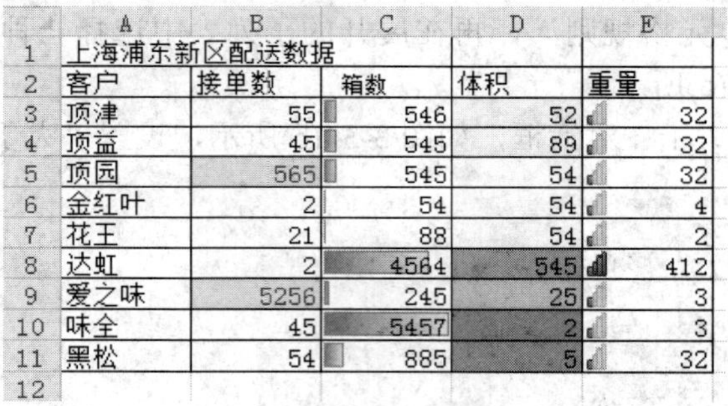

	A	B	C	D	E
1	上海浦东新区配送数据				
2	客户	接单数	箱数	体积	重量
3	顶津	55	546	52	32
4	顶益	45	545	89	32
5	顶园	565	545	54	32
6	金红叶	2	54	54	4
7	花王	21	88	54	2
8	达虹	2	4564	545	412
9	爱之味	5256	245	25	3
10	味全	45	5457	2	3
11	黑松	54	885	5	32
12					

图 3-36　利用数据条、色阶和图标标识数据

注意

如果系统自带的条件格式规则不能满足需求，还可以选择“条件格式”列表底部的“新建规则”选项，或在“突出显示单元格规则”子列表中选择“其他规则”选项，在打开的对话框中自定义条件格式。

此外，对于已应用了条件格式的单元格，还可对条件格式进行修改，方法是：在“条件格式”列表中选择“管理规则”选项，打开“条件格式规则管理器”对话框，在“显示其格式规则”下拉列表中选择“当前工作表”选项，此时对话框下方将显示当前工作表中设置的所有条件格式规则，如图 3-37 所示，在其中修改条件格式并单击“确定”即可。

当不需要应用条件格式时，可以将其删除，方法是：打开工作表，然后在“条件格式”列表中选择“清除规则”选项中相应的子选项即可。

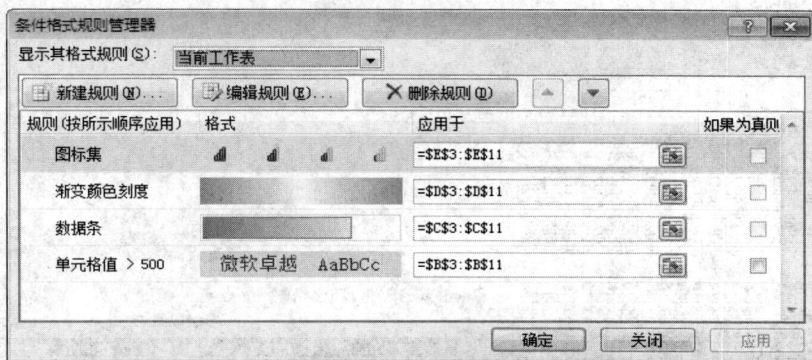

图 3-37　"条件格式规则管理器"对话框

3.1.19　自动套用样式

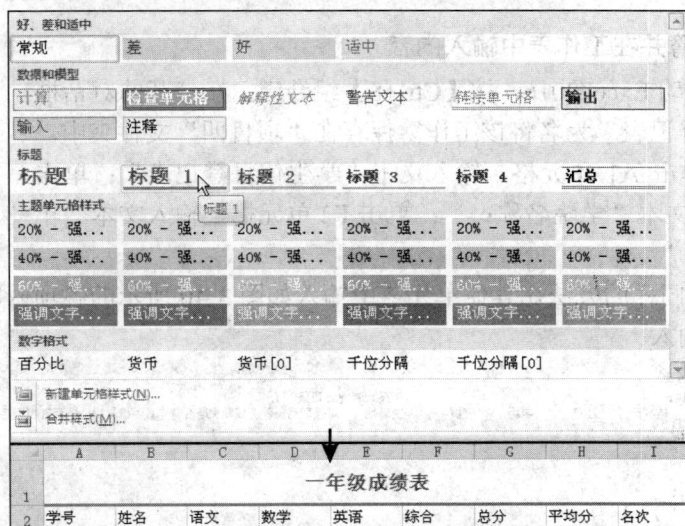

除了前面介绍的方法外，Excel 2016 还提供了许多内置的单元格样式和表样式，利用它们可以对表格快速进行美化。

1. 应用单元格样式

打开本书配套素材"项目四"文件夹中的"学生成绩表(输入数据)"工作簿；选中要套用单元格样式的单元格区域，如 A1 单元格；单击"开始"选项卡的"样式"组中的"其他"按钮，在展开的列表中选择要应用的样式，如"标题 1"，即可将其应用于所选单元格，如图 3-38 所示。

自动套用样式

图 3-38　应用系统内置单元格样式

2. 应用表样式

选中 A2:I13 单元格区域；单击"开始"选项卡的"样式"组中的"套用表格格式"按钮，在展开的列表中单击要使用的表格样式，如选择"表样式中等深浅 10"，如图 3-39(a)所示；在打开的"套用表格样式"对话框中单击"确定"按钮，所选单元格区域将自动套用所选表格样式，效果如图 3-39(b)所示。

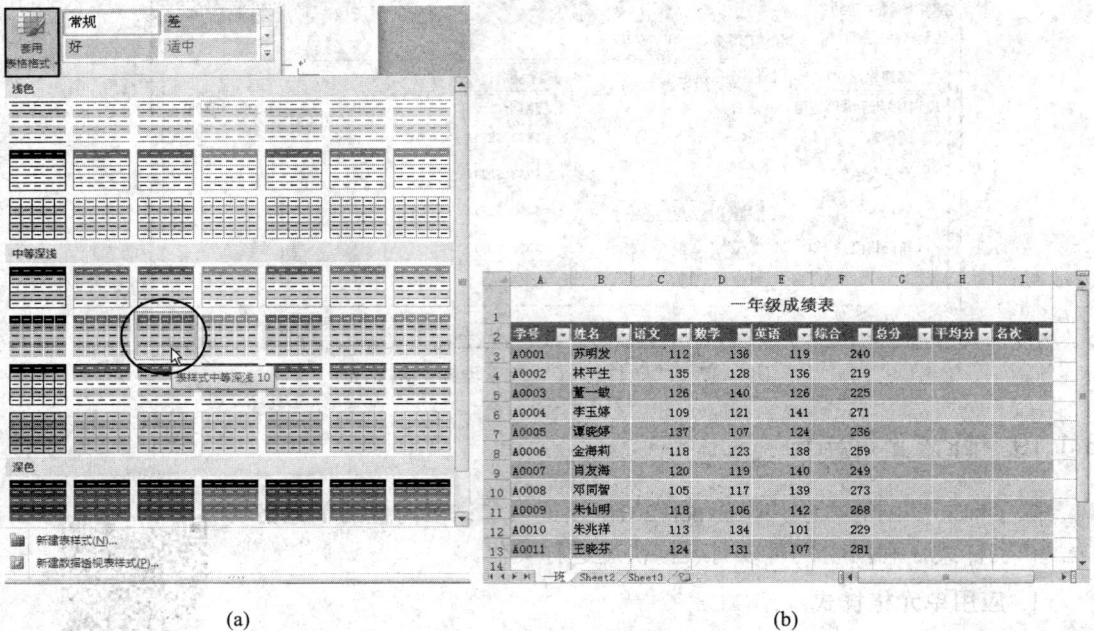

(a)　　　　　　　　　　　　　　(b)

图 3-39　应用系统内置表格样式

实 践 操 作

1. 新建工作簿并在工作表中输入内容

【步骤 1】启动 Excel 2016，按【Ctrl+S】组合键，在打开的对话框中以"学生信息登记表"为名将该工作簿保存在"项目四"文件夹中。

【步骤 2】单击 A1 单元格，输入文本"学生信息登记表"；单击 A2 单元格，输入文本"学院名称："；单击 F2 单元格，输入文本"年级、专业、班级："。

制作学生信息登记表

【步骤 3】用同样的方法在其他单元格中输入如图 3-40 所示的各项内容，序号列内容可用填充柄快速输入。

图 3-40　在单元格中输入内容

【步骤4】在 A22 单元格中输入如图 3-41 所示的备注内容。

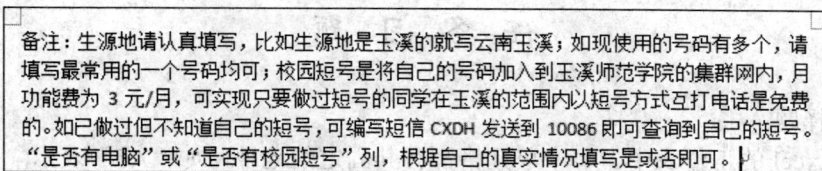

备注：生源地请认真填写，比如生源地是玉溪的就写云南玉溪；如现使用的号码有多个，请填写最常用的一个号码均可；校园短号是将自己的号码加入到玉溪师范学院的集群网内，月功能费为 3 元/月，可实现只要做过短号的同学在玉溪的范围内以短号方式互打电话是免费的。如已做过但不知道自己的短号，可编写短信 CXDH 发送到 10086 即可查询到自己的短号。"是否有电脑"或"是否有校园短号"列，根据自己的真实情况填写是或否即可。

图 3-41　备注内容

2. 编辑工作表

【步骤1】选中 A1:K1 单元格区域，然后单击"开始"选项卡的"对齐方式"组中的"合并后居中"按钮 。

【步骤2】用同样的方法分别将 A2:E2 和 F2:K2 单元格区域合并后再左对齐，并将这两行的高度调整为 35 像素，效果如图 3-42 所示。

	A	B	C	D	E	F	G	H	I	J	K	L
1					学生信息登记表							
2	学院名称：					年级、专业、班级：						
3	序号	学号	姓名	学历	性别	生源地	班级职务	系院校职务	是否有电脑	手机号码	是否有校园短号	
4		1										

图 3-42　合并单元格区域并调整

【步骤3】将第 3 行的行高调整为 55 像素，第 4 行至第 21 行的行高调整为 25 像素。

【步骤4】选中 I3 和 K3 单元格，然后单击"开始"选项卡上"对齐方式"组中的"自动换行"按钮 。

【步骤5】将"序号"列的列宽设置为 40 像素，"学号"列的列宽调整为 170 像素。选中 A3：K21 单元格区域，然后单击"开始"选项卡上"对齐方式"组中的"居中"按钮。

【步骤6】保持单元格区域的选中状态，在"开始"选项卡上"字体"组的"边框"列表中选择"所有框线"选项，如图 3-43 所示。

【步骤7】选中 A22:K26 单元格区域，依次单击"对齐方式"组中的"合并后居中"按钮 、"左对齐"按钮 和"自动换行"按钮 ，最后再次保存工作簿。

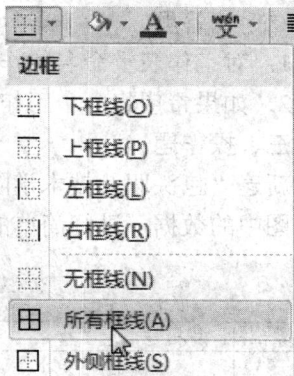

边框
下框线(O)
上框线(P)
左框线(L)
右框线(R)
无框线(N)
所有框线(A)
外侧框线(S)

图 3-43　选择"所有框线"项

任 务 小 结

本任务介绍了使用 Excel 制作电子表格的操作方法，包括工作簿和工作表的基本操作、输入数据和编辑工作表等。通过本任务的学习，读者应能够正确标识单元格，掌握工作簿和工作表的基本操作，掌握在工作表中输入和编辑数据的方法与技巧。

任 务 习 题

一、选择题

1. 在 Excel 的工作表中，每个单元格都有其固定的地址，如"A5"表示(　　)。

A. "A"代表"A"列，"5"代表第"5"行

B. "A"代表"A"行，"5"代表第"5"列

C. "A5"代表单元格的数据

D. 以上都不对

2. 引用单元格时，"A1:F5"表示(　　)。

A. "A1"和"F5"单元格

B. "A1"或"F5"单元格

C. "A1"和"F5"单元格及它们之间的所有单元格

D. 以上都不对

3. 以下不能用于选择单元格的操作是(　　)。

A. 单击单元格

B. 在要选择的单元格区域拖动鼠标

C. 按住【Ctrl】键同时选择多个单元格区域

D. 在编辑栏中输入单元格地址并按【Enter】键

二、简答题

1. 对工作表重命名的作用是什么？如何重命名工作表？

2. 如果希望将一个工作表中的指定数据复制到另一个工作表中，该如何操作？

三、操作题

新建"包头职业技术学院综合素质测评成绩汇总表"工作簿，并在 Sheet1 工作表中输入下图中的数据，进行简单的格式处理后，保存至文件夹中。

包头职业技术学院学生综合素质测评成绩汇总表					
系部：	计算机与信息工程系			班级：	718131班
序号	姓 名	学 号	性别	排 名	综合素质测评成绩
1	佰龙	71813101	男		76.31
2	刘浩楠	71813121	男		58.24
3	姜鹏宇	71813122	男		78.55
4	刘杰	71813106	女		80.52
5	魏建新	71813103	女		78.03
6	田如梦	71813116	男		76.41
7	杨红霞	71813133	女		75.98
8	马怡泽	71813105	女		91.03
9	董浩杰	71813108	男		75.21
10	孙娇娇	71813117	男		73.22

任务 2 制作并计算工资表数据

教学目标

通过本任务的学习，掌握公式和函数的使用方法，了解常用函数的作用，以及单元格引用的类型。

知识目标

- 掌握公式和函数的使用方法。

技能目标

- 能够正确使用公式和函数。
- 能够正确使用常用函数。
- 能够正确进行不同类型单元格的引用。

任务描述

本任务通过制作如图 3-44 所示的某公司 7 月份工资表，学习利用公式和函数计算工作表数据的方法。

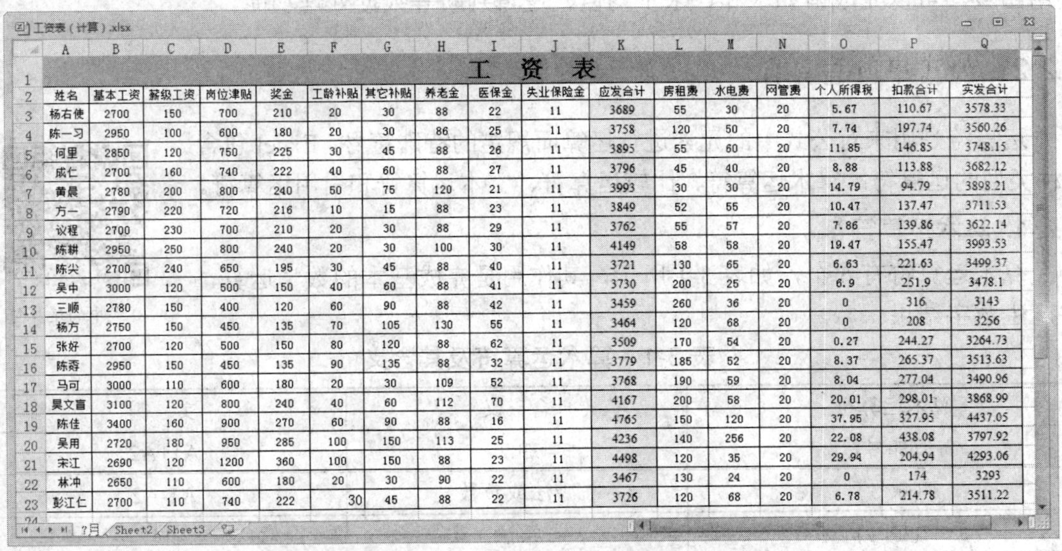

工资表

姓名	基本工资	薪级工资	岗位津贴	奖金	工龄补贴	其它补贴	养老金	医保金	失业保险金	应发合计	房租费	水电费	网管费	个人所得税	扣款合计	实发合计
杨右使	2700	150	700	210	20	30	88	22	11	3689	55	30	20	5.67	110.67	3578.33
陈一习	2950	100	600	180	20	30	86	25	11	3758	120	50	20	7.74	197.74	3560.26
何里	2850	120	750	225	30	45	88	26	11	3895	55	60	20	11.85	146.85	3748.15
成仁	2700	160	740	222	40	60	88	27	11	3796	45	40	20	8.88	113.88	3682.12
黄晨	2780	200	800	240	50	75	120	21	11	3993	30	30	20	14.79	94.79	3898.21
方一	2790	220	720	216	10	15	88	23	11	3849	52	55	20	10.47	137.47	3711.53
议程	2700	230	700	210	20	30	88	29	11	3762	55	57	20	7.86	139.86	3622.14
陈耕	2950	250	800	240	20	30	100	30	11	4149	58	58	20	19.47	155.47	3993.53
陈尖	2700	240	650	195	30	45	88	40	11	3721	130	65	20	6.63	221.63	3499.37
吴中	3000	120	500	150	40	60	88	41	11	3730	200	25	20	6.9	251.9	3478.1
三顺	2780	150	400	120	60	90	88	42	11	3459	260	36	20	0	316	3143
杨方	2750	150	450	135	70	105	130	55	11	3464	120	68	20	0	208	3256
张好	2700	120	500	150	80	120	88	62	11	3509	170	54	20	0.27	244.27	3264.73
陈孬	2950	150	450	135	90	135	88	32	11	3779	185	52	20	8.37	265.37	3513.63
马可	3000	110	600	180	20	30	109	52	11	3768	190	59	20	8.04	277.04	3490.96
昊文盲	3100	120	800	240	40	60	112	70	11	4167	200	58	20	20.01	298.01	3868.99
陈佳	3400	160	900	270	60	90	88	16	11	4765	150	120	20	37.95	327.95	4437.05
吴用	2720	180	950	285	100	150	113	25	11	4236	140	256	20	22.08	438.08	3797.92
宋江	2690	120	1200	360	100	150	88	23	11	4498	120	35	20	29.94	204.94	4293.06
林冲	2650	110	600	180	20	30	90	22	11	3467	130	24	20	0	174	3293
彭江仁	2700	110	740	222	30	45	88	22	11	3726	120	68	20	6.78	214.78	3511.22

图 3-44 某公司 7 月份工资表

⌄ **相 关 知 识**

3.2.1　认识公式和函数

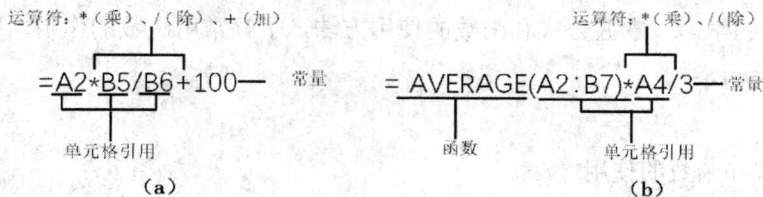

　　公式由运算符和参与运算的操作数组成。运算符可以是算术运算符、比较运算符、文本运算符和引用运算符；操作数可以是常量、单元格引用和函数等。要输入公式，必须先输入"="，然后在其后输入运算符和操作数，否则 Excel 会将输入的内容作为文本型数据进行处理。图 3-45 所示分别是在某个单元格中输入的未使用函数和使用了函数的公式。

认识公式和函数

图 3-45　公式组成元素

　　图 3-45(a)所示公式的意义是：求 A2 单元格与 B5 单元格中的数据之积，再除以 B6 单元格中的数据后加 100 的值。

　　图 3-45(b)所示公式的意义是：使用函数 AVERAGE 求 A2:B7 单元格区域中的数据的平均值，将求出的平均值乘以 A4 单元格中的数据后再除以 3。

　　计算结果将显示在输入该公式的单元格中。

　　函数是预先定义好的表达式，它必须包含在公式中。每个函数都由函数名和参数组成，其中函数名表示将执行的操作(如求平均值函数 AVERAGE)，参数表示函数将使用的数据所在的单元格地址，通常是一个单元格区域，也可以是更为复杂的内容。在公式中合理地使用函数，可以完成诸如求和、求平均值、逻辑判断等数据处理功能。

3.2.2　公式中的运算符

　　运算符是用来对公式中的元素进行运算而规定的特殊符号。Excel 包含 4 种类型的运算符：算术运算符、比较运算符、文本运算符和引用运算符。

1. 算术运算符

　　算术运算符有 6 个，如表 3-1 所示，其作用是完成基本的数学运算，并产生数字结果。

公式中的运算符

表 3-1　算术运算符及其含义

算术运算符	含　义	实　例
+(加号)	加法	A1+A2
-(减号)	减法或负数	A1-A2
*(星号)	乘法	A1*2
/(正斜杠)	除法	A1/3

续表

算术运算符	含 义	实 例
%(百分号)	百分比	50%
^(脱字号)	乘方	2^3

2. 比较运算符

比较运算符有 6 个，如表 3-2 所示，它们的作用是比较两个值，并得出一个逻辑值，即"TRUE"(真)或"FALSE"(假)。

表 3-2　比较运算符及其含义

比较运算符	含 义	比较运算符	含 义
>(大于号)	大于	>=(大于等于号)	大于等于
<(小于号)	小于	<=(小于等于号)	小于等于
=(等于号)	等于	<>(不等于号)	不等于

3. 文本运算符

文本运算符"&"(与号)用于将两个或多个文本值合并为一个连续的文本值。例如：输入"祝你"&"快乐、开心！"，会生成"祝你快乐、开心！"。

4. 引用运算符

引用运算符有 3 个，如表 3-3 所示，它们的作用是对单元格区域中的数据进行合并计算。

表 3-3　引用运算符及其含义

引用运算符	含 义	实 例
: (冒号)	区域运算符，用于引用单元格区域	B5:D15
,(逗号)	联合运算符，用于引用多个单元格区域	B5:D15,F5:I15
(空格)	交叉运算符，用于引用两个单元格区域的交叉部分	B7:D7 C6:C8

3.2.3　单元格引用

单元格引用的作用是指明公式中所使用的数据的位置，它是一个单元格地址或单元格区域。通过单元格引用，可以在一个公式中使用工作表不同部分的数据，也可以在多个公式中使用一个单元格中的数据，还可以引用同一个工作簿中不同工作表中的数据。当公式中引用的单元格数据值发生变化时，公式的计算结果也会自动更新。

单元格引用

1. 相同或不同工作簿、工作表中的引用

(1) 对于同一工作表中的单元格引用，直接输入单元格或单元格区域地址即可。

(2) 在当前工作表中引用同一工作簿、不同工作表中的单元格的表示方法为：

　　　工作表名称!单元格或单元格区域地址

例如，Sheet2!F8:F16 表示引用 Sheet2 工作表的 F8:F16 单元格区域中的数据。

(3) 在当前工作表中引用不同工作簿中单元格的表示方法为：

[工作簿名称.xlsx]工作表名称！单元格(或单元格区域)地址

　　引用某个单元格区域时，应先输入单元格区域起始位置的单元格地址，然后输入引用运算符，再输入单元格区域结束位置的单元格地址。

2. 相对引用、绝对引用和混合引用

　　公式中的引用分为相对引用、绝对引用和混合引用，下面分别说明。

　　(1) 相对引用：Excel 默认的单元格引用方式，直接用单元格的列标和行号表示单元格，例如 B5；或用引用运算符表示单元格区域，如 B5:D15。在移动或复制公式时，系统会根据移动的位置自动调整公式中相对引用的单元格地址。

　　(2) 绝对引用：在单元格的列标和行号前面都加上"$"符号，如$B$5。不论将公式复制或移动到什么位置，绝对引用的单元格地址都不会改变。

　　(3) 混合引用：引用中既包含绝对引用又包含相对引用，如 A$1 或$A1 等，用于表示列变行不变或列不变行变的引用。

3.2.4　使用公式计算总分

　　使用公式计算总分的步骤如下：

　　【步骤 1】继续在上一个任务中设置条件格式后的工作表中进行操作。单击要输入公式的单元格 G3，然后输入等号"="，如图 3-46(a)所示。

　　【步骤 2】输入要参与运算的单元格和运算符组合"c3+d3+e3+f3"，如图 4-46(b)所示；也可以输入运算符后直接单击要参与运算的单元格，将其添加到公式中。

使用公式计算总分

	(a)			(b)

图 3-46　输入公式

　　【步骤 3】按【Enter】键或单击编辑栏中的"输入"按钮 ✓ 结束公式编辑，得到计算结果，即第一个学生的总分，如图 3-47 所示。

学号	姓名	语文	数学	英语	综合	总分	平均分	名次
A0001	苏明发	112	136	119	240	607		
A0002	林平生	135	128	136	219			
A0003	董一敏	126	140	126	225			

一年级成绩表

图 3-47　计算出第一个学生的总分

　　【步骤 4】选中含有公式的单元格，然后将鼠标指针移动到该单元格右下角的填充柄

处，此时鼠标指针由空心"➕"变成实心的十字形，如图 3-48(a)所示；按住鼠标左键向下拖动，至目标位置 G13 后释放鼠标左键，即可将求和公式复制到同列的其他单元格中，同时得到其他学生的总分，结果如图 3-48(b)所示。

(a)　　　　　　　　　　　　(b)

图 3-48　复制公式得到其他学生的总分

> **注意**
>
> 　创建公式后，若需要修改公式，可双击包含公式的单元格，然后直接修改公式中引用的单元格地址或运算符等。此外，也可以单击包含公式的单元格，然后通过编辑栏修改公式。
>
> 　除了利用拖动填充柄的方式复制公式外，也可利用复制、剪切和粘贴命令，或拖动方式来复制和移动公式，具体操作与前面介绍的复制和移动数据的方法相同，在此不再赘述。

3.2.5　使用函数计算平均分

可以使用"自动求和"按钮列表中的选项来快速输入求平均值函数，具体步骤如下：

【步骤 1】选中单元格 H3，然后单击"开始"选项卡的"编辑"组中的"自动求和"按钮右侧的三角按钮，在展开的列表中选择"平均值"选项，如图 3-49(a)所示。

使用函数计算平均分

【步骤 2】在所选单元格中显示了输入的函数，并自动选择了求平均值的单元格区域。此时拖动鼠标重新选择需要引用的单元格区域 C3:F3，如图 3-49(b)所示。

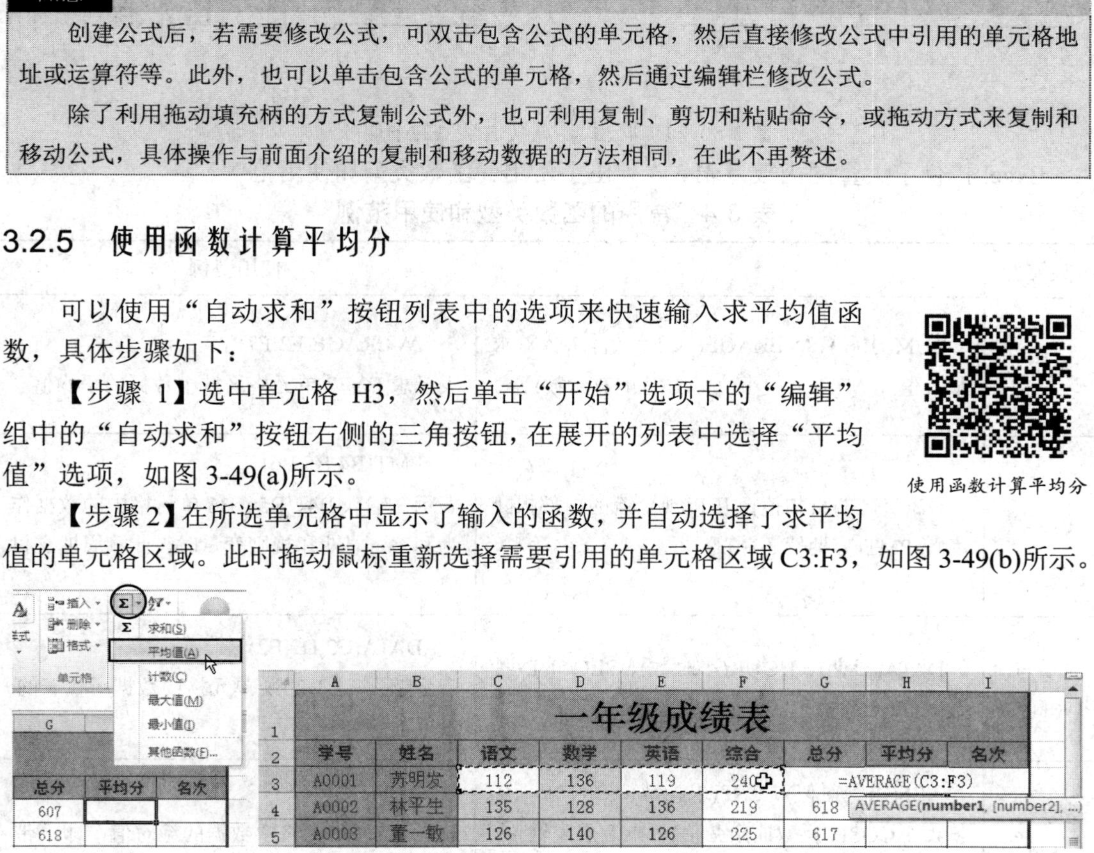

(a)　　　　　　　　　　　　(b)

图 3-49　选择"平均值"选项快速输入函数计算平均分

注意

利用"自动求和"按钮列表中的"求和"选项(求和函数 SUM),可以求出所引用的单元格区域中的数据之和。求和、计数、最大值和最小值函数的用法与求平均值函数 AVERAGE 的用法相同。

【步骤 3】按【Enter】键求出单元格区域 C3:F3 数据的平均值,即第一个学生各科成绩的平均分,如图 3-50(a)所示。然后拖动单元格 H3 右下角的填充柄到单元格 H13,计算出其他学生的平均分,效果如图 3-50(b)所示。

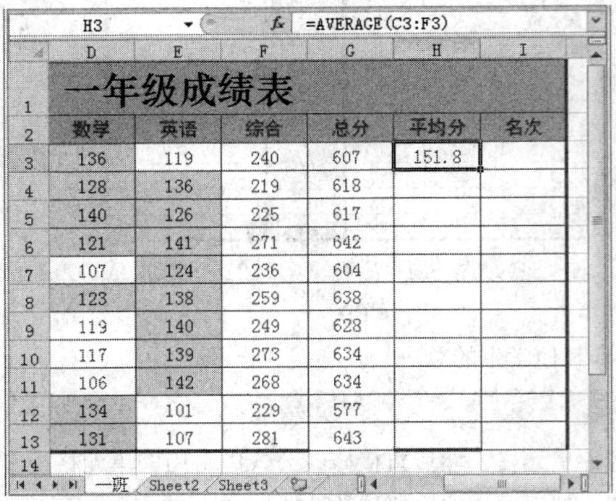

(a) 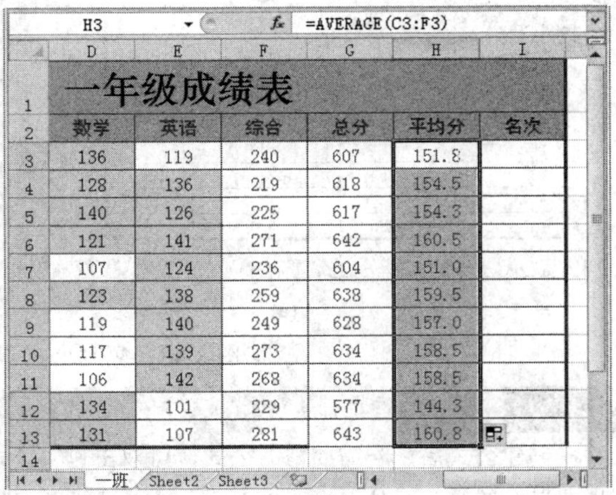   (b)

图 3-50　复制公式计算其他学生的平均分

Excel 提供了大量的函数,表 3-4 列出了常用的函数类型和使用范例。

表 3-4　常用的函数类型和使用范例

函数类型	函　　数	使用范例
常用	SUM(求和)、AVERAGE(求平均值)、MAX(求最大值)、MIN(求最小值)、COUNT(计数)等	=AVERAGE(F2:F7) 表示求 F2:F7 单元格区域中数据的平均值
财务	DB(资产的折扣值)、IRR(现金流的内部报酬率)、PMT(分期偿还额)等	=PMT(B4,B5,B6) 表示在输入 B4、B5、B6 单元格中的数据作为利率、周期和规则变量时,计算周期支付值
日期与时间	DATA(日期)、HOUR(小时数)、SECOND(秒数)、TIME(时间)等	=DATA(C2,D2,E2) 表示返回 C2,D2,E2 单元格中数据所代表的日期的序列号
数学与三角	ABS(求绝对值)、EXP(求指数)、SIN(求正弦值)、ACOSH(反双曲余弦值)、INT(求整数)、LOG(求对数)、RAND(产生随机数)等	=ABS(E4) 表示求 E4 单元格中数据的绝对值,即不带负号的绝对值

续表

函数类型	函 数	使用范例
统计	AVERAGE(求平均值)、AVEDEV(绝对误差的平均值)、COVAR(求协方差)、BINOM.DIST(一元二项式分布概率)、RANK(求大小排名)	=COVAR(A2:A6,B2:B6) 表示求 A2:A6 和 B2:B6 单元格区域数据的协方差
查找与引用	ADDRESS(单元格地址)、AREAS(区域个数)、COLUMN(返回列标)、LOOKUP(从向量或数组中查找值)、ROW(返回行号)等	=ROW(C10) 表示返回引用单元格 C10 所在行的行号
逻辑	AND(与)、OR(或)、FALSE(假)、TRUE(真)、IF(如果)、NOT(非)	=IF(A3)>=B5,A3*2,A3/B5) 表示使用条件测试 A3 是否大于等于 B5,结果如果为真则返回 A3 数据值乘以 2,如果为假则返回 A3 除以 B5 的值

3.2.6 使用函数计算名次

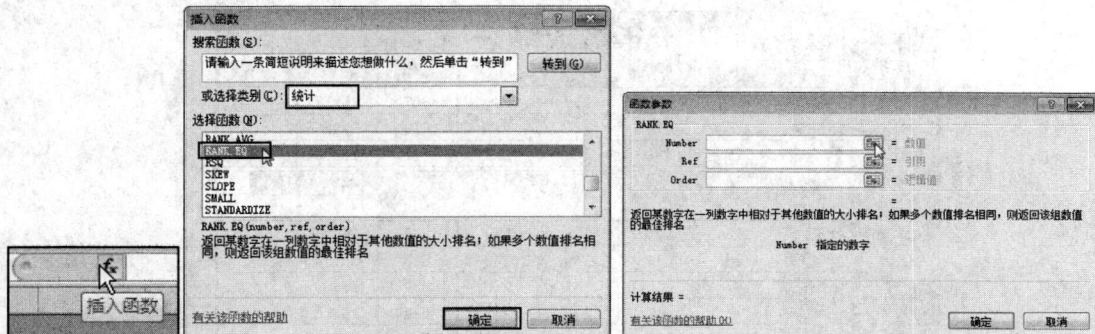

除了前面介绍的方法外,也可以使用函数向导来输入函数。下面使用 RANK.EQ 函数计算每个学生的名次。该函数的作用是返回一个数字在数字列表中的排位。

【步骤 1】选中"名次"列中的单元格 I3,然后单击编辑栏左侧的"插入函数"按钮 f_x ,如图 3-51(a)所示。弹出"插入函数"对话框,选择"统计"类别,再选择"RANK.EQ"函数,单击"确定"按钮,如图 3-51(b)所示。

使用函数计算名次

【步骤 2】弹出"函数参数"对话框,单击第一个参数右侧的按钮 ,如图 3-50(c)所示。

(a)   (b)   (c)

图 3-51 选择 RANK.EQ 函数

> **注意**
>
> RANK.EQ 函数的语法为: RANK.EQ(Number,Ref,Order)。其中各参数含义如下:
> (1) Number:要进行排位的数字。
> (2) Ref:参与排位的数字列表或单元格区域。Ref 中的非数值型数据将被忽略。

(3) Order：设置数字列表中数字的排位方式。若 Order 为 0(零)或省略，系统将基于 Ref 按降序对数字进行排位；若 Order 不为零，系统将基于 Ref 按升序对数字进行排位。

函数 RANK.EQ 对重复数的排位相同，但重复数的存在将影响后续数值的排位。例如，在一列按升序排序的整数中，如果数字 10 出现两次，其排位为 5，则 11 的排位为 7(没有排位为 6 的数值)。

【步骤 3】弹出压缩的"函数参数"对话框，在工作表中选择要进行排位的单元格 G3，如图 3-52 所示。然后单击右侧的 按钮，重新展开"函数参数"对话框。

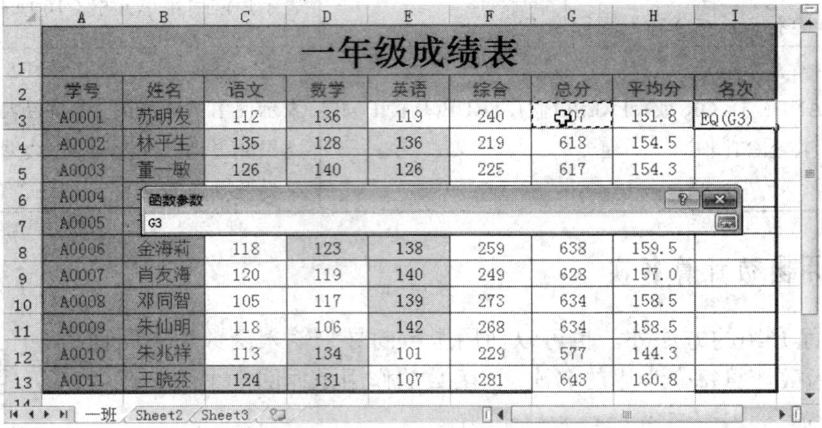

图 3-52　选择要排位的单元格

【步骤 4】单击"函数参数"对话框中第 2 个参数右侧的 按钮，然后在工作表中拖动鼠标选择参与排位的单元格区域 G3:G13，如图 3-53 所示。再单击右侧的 按钮，重新展开"函数参数"对话框。

图 3-53　选择要排位的单元格区域

【步骤 5】 在"函数参数"对话框引用的单元格区域的行号和列标前均加上"$"符号(表示使用绝对单元格地址，这样可以保证后面复制排序公式时，公式内容不变，返回的排名准确)，再单击"确定"按钮，如图 3-54 所示。

可选中单元格区域后
按【F4】键

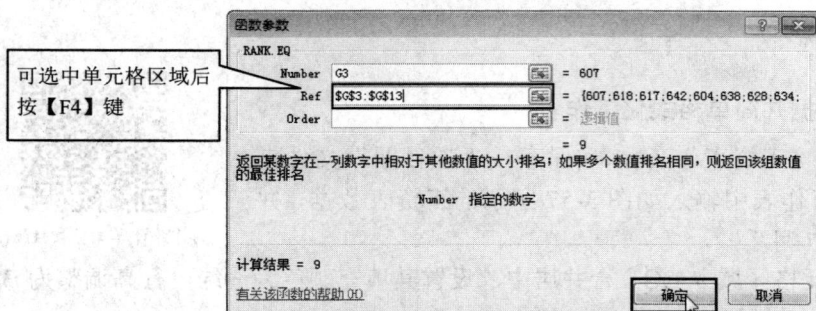

图 3-54　在所选单元格区域的行号和列标前加"$"符号

【步骤 6】此时单元格 I3 显示了计算出的第一个学生的排名名次，即单元格 G3 中的数据在单元格区域 G3:G13 中的排名，如图 3-55(a)所示。

【步骤 7】拖动单元格 I3 的填充柄到单元格 I13，计算出其他学生的名次，结果如图 3-55(b)所示。至此就完成了学生成绩的计算。

(a)

(b)

图 3-55　计算其他学生的名次

小技巧

也可以使用"公式"选项卡的"函数库"组中的按钮来输入函数，方法是：单击相应函数类型下方的三角按钮，在展开的列表中选择需要插入的函数，如图 3-56 所示。

此外，还可手工输入函数，方法是：首先在单元格中输入"="号，进入公式编辑状态，然后输入函数名称，再紧跟着输入一对括号，括号内为一个或多个参数(如单元格引用)，参数之间要用逗号来分隔。

图 3-56　"公式"选项卡中的"函数库"组

实 践 操 作

1. 输入工资表数据并简单格式化工作表

【步骤 1】新建"工资表"工作簿(保存在"项目四"文件夹中),然后在 Sheet1 工作表中输入如图 3-57 所示的工资表数据,并将工作表重命名为"7 月"。

制作并计算工资表数据(上)

【步骤 2】将单元格区域 A1:Q1 合并居中,设置其填充颜色为浅绿,行高调整为 36 磅,字号为 20,字形为加粗。

【步骤 3】设置单元格区域 A2:Q23 的字号为 10,对齐方式为居中,并为其添加边框线,调整 A 列至 Q 列的列宽为最合适。

图 3-57　工资作表数据

【步骤 4】将单元格区域 A2:Q3 的字体颜色设置为蓝色,将要进行计算的 K 列、O 列、P 列和 Q 列中的相应单元格的填充颜色设置为"白色,背景 1,深色 5%",此时的工作表如图 3-58 所示。

图 3-58　设置好格式的工作表

2. 使用公式和函数计算实发合计、应发合计、个人所得税和扣款合计

【步骤 1】计算实发合计。在单元格 Q3 中输入公式"=K3-P3",按【Enter】键后拖动单元格 Q3 右下角的填充柄至单元格 Q23,计算出所有员工的实发合计。

【步骤 2】计算应发合计。在单元格 K3 中输入公式“=SUM(B3:G3)-SUM(H3:J3)”，按【Enter】键后拖动单元格 K3 右下角的填充柄至单元格 K23，计算出所有员工的应发合计，如图 3-59 所示。

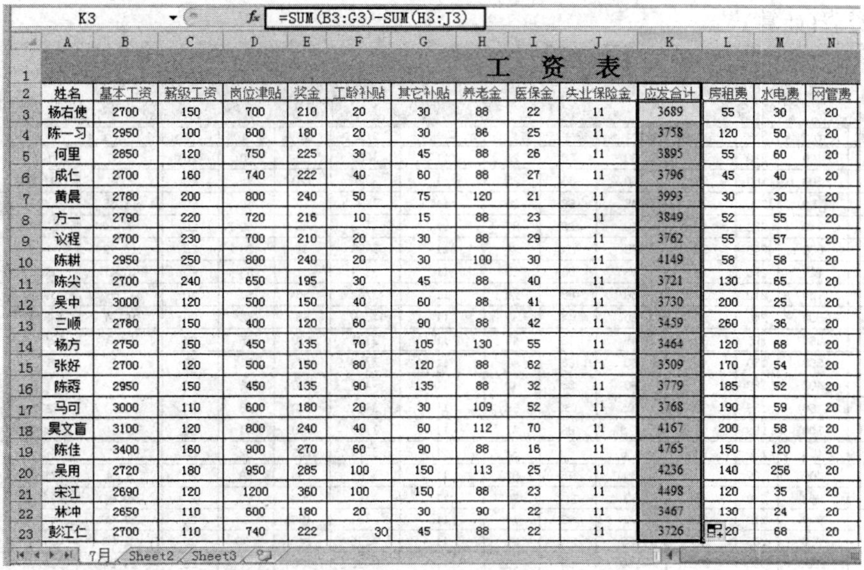
K3　=SUM(B3:G3)-SUM(H3:J3)

工　资　表

姓名	基本工资	薪级工资	岗位津贴	奖金	工龄补贴	其它补贴	养老金	医保金	失业保险金	应发合计	房租费	水电费	网管费
杨右使	2700	150	700	210	20	30	88	22	11	3689	55	30	20
陈一习	2950	100	600	180	20	30	86	25	11	3758	120	50	20
何里	2850	120	750	225	30	45	88	26	11	3895	55	60	20
成仁	2700	160	740	222	40	60	88	27	11	3796	45	40	20
黄晨	2780	200	800	240	50	75	120	21	11	3993	30	30	20
方一	2790	220	720	216	10	15	88	23	11	3849	52	55	20
议程	2700	230	700	210	20	30	88	29	11	3762	55	57	20
陈耕	2950	250	800	240	20	30	100	30	11	4149	58	58	20
陈尖	2700	240	650	195	30	45	88	40	11	3721	130	65	20
吴中	3000	120	500	150	40	60	88	41	11	3730	200	25	20
三顺	2780	150	400	120	60	90	88	42	11	3459	260	36	20
杨方	2750	150	450	135	70	105	130	55	11	3464	120	68	20
张好	2700	120	500	150	80	120	88	62	11	3509	170	54	20
陈孬	2950	150	450	135	90	135	88	32	11	3779	185	52	20
马可	3000	110	600	180	20	30	109	52	11	3768	190	59	20
昊文盲	3100	120	800	240	40	60	112	70	11	4167	200	58	20
陈佳	3400	160	900	270	60	90	88	16	11	4765	150	120	20
吴用	2720	180	950	285	100	150	113	25	11	4236	140	256	20
宋江	2690	120	1200	360	100	150	88	23	11	4498	120	35	20
林冲	2650	110	600	180	20	30	90	22	11	3467	130	24	20
彭江仁	2700	110	740	222	30	45	88	22	11	3726	20	68	20

7月 / Sheet2 / Sheet3

图 3-59　计算应发合计

【步骤 3】根据 2011 年 9 月 1 日起开始实行的个人所得税新标准计算个人所得税。在单元格 O3 中输入公式“=IF(K3-3500<=0,0,IF(K3-3500<=1500,(K3-3500)*0.03,IF(K3-3500<=4500,(K3-3500)*0.1-105,IF(K3-3500<=9000,(K3-3500)*0.2-555,IF(K3-3500<=35000,(K3-3500)*0.25-1005,IF(K3-3500<=55000,(K3-3500)*0.3-2755,IF(K3-3500<=80000,(K3-3500)*0.35-5505,IF(K3-3500>80000,(K3-3500)*0.45-13505,0))))))))”，按【Enter】键后拖动单元格 K3 右下角的填充柄至单元格 K23，计算出所有员工的个人所得税，如图 3-60 所示。

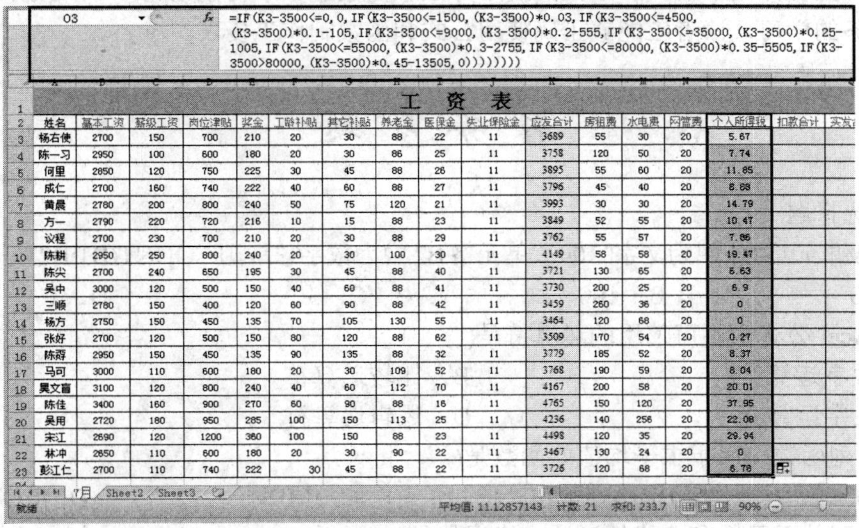
O3　=IF(K3-3500<=0,0,IF(K3-3500<=1500,(K3-3500)*0.03,IF(K3-3500<=4500,(K3-3500)*0.1-105,IF(K3-3500<=9000,(K3-3500)*0.2-555,IF(K3-3500<=35000,(K3-3500)*0.25-1005,IF(K3-3500<=55000,(K3-3500)*0.3-2755,IF(K3-3500<=80000,(K3-3500)*0.35-5505,IF(K3-3500>80000,(K3-3500)*0.45-13505,0))))))))

工　资　表

姓名	基本工资	薪级工资	岗位津贴	奖金	工龄补贴	其它补贴	养老金	医保金	失业保险金	应发合计	房租费	水电费	网管费	个人所得税	扣款合计	实发
杨右使	2700	150	700	210	20	30	88	22	11	3689	55	30	20	5.67		
陈一习	2950	100	600	180	20	30	86	25	11	3758	120	50	20	7.74		
何里	2850	120	750	225	30	45	88	26	11	3895	55	60	20	11.85		
成仁	2700	160	740	222	40	60	88	27	11	3796	45	40	20	8.88		
黄晨	2780	200	800	240	50	75	120	21	11	3993	30	30	20	14.79		
方一	2790	220	720	216	10	15	88	23	11	3849	52	55	20	10.47		
议程	2700	230	700	210	20	30	88	29	11	3762	55	57	20	7.86		
陈耕	2950	250	800	240	20	30	100	30	11	4149	58	58	20	19.47		
陈尖	2700	240	650	195	30	45	88	40	11	3721	130	65	20	6.63		
吴中	3000	120	500	150	40	60	88	41	11	3730	200	25	20	6.9		
三顺	2780	150	400	120	60	90	88	42	11	3459	260	36	20	0		
杨方	2750	150	450	135	70	105	130	55	11	3464	120	68	20	0		
张好	2700	120	500	150	80	120	88	62	11	3509	170	54	20	0.27		
陈孬	2950	150	450	135	90	135	88	32	11	3779	185	52	20	8.37		
马可	3000	110	600	180	20	30	109	52	11	3768	190	59	20	8.04		
昊文盲	3100	120	800	240	40	60	112	70	11	4167	200	58	20	20.01		
陈佳	3400	160	900	270	60	90	88	16	11	4765	150	120	20	37.95		
吴用	2720	180	950	285	100	150	113	25	11	4236	140	256	20	22.08		
宋江	2690	120	1200	360	100	150	88	23	11	4498	120	35	20	29.94		
林冲	2650	110	600	180	20	30	90	22	11	3467	130	24	20	0		
彭江仁	2700	110	740	222	30	45	88	22	11	3726	120	68	20	6.78		

7月 / Sheet2 / Sheet3

就绪　平均值: 11.12857143　计数: 21　求和: 233.7　90%

图 3-60　计算个人所得税

【步骤 4】计算扣款合计。在单元格 P3 中输入公式"=SUM(L3:O3)"，按【Enter】键后拖动单元格 P3 右下角的填充柄至单元格 P23，计算出所有员工的扣款合计，如图 3-61 所示。此时单元格区域 Q3:Q23 自动根据前面输入的公式填充所需数据。最后将工作簿另存为"工资表(计算)"。

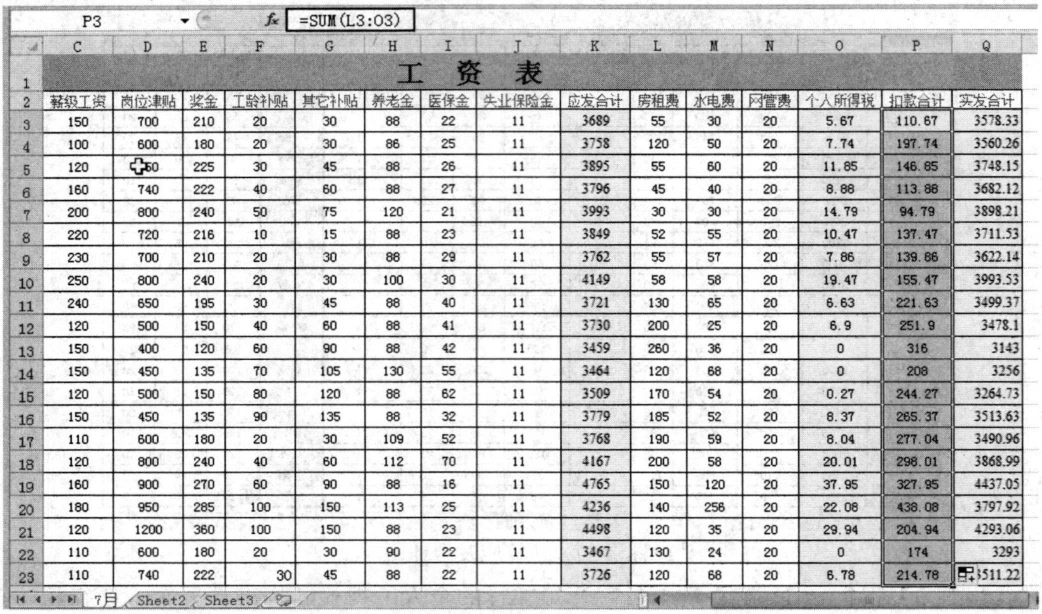

图 3-61　计算扣款合计

任 务 小 结

本任务主要介绍了公式和函数的使用方法、常用函数的作用，以及单元格引用的类型。通过本任务的学习，读者应能够正确使用公式和函数制作工资表。

任 务 习 题

一、选择题

1. 假设单元格 B1 中为文字"100"，单元格 B2 中为数字"3"，则 COUNT(B1:B2)等于(　　)。

A. 10　　　　　　　B. 100　　　　　　　C. 3　　　　　　　D. 1

2. Excel 公式中不可使用的运算符是(　　)。

A. 数字运算符　　　　　　　　B. 比较运算符

C. 文字运算符　　　　　　　　D. 逻辑运算符

3. 下列函数中用于求平均值的函数是(　　)。

A. SUM　　　　　B. AVERAGE　　　　　C. MIN　　　　　D. COUNT

4. 下列关于函数和公式的说法，错误的是(　　)。

A. 要输入公式，必须先输入等号"="，然后输入操作数和运算符

B．函数必须包含在公式中

C．函数和公式是相互独立的，没有任何关系

D．公式中的操作数可以是常量、单元格引用和函数等

5．如果要对单元格进行绝对引用，需要在单元格的列标和行号前加上(　　)符号。

A．$ 　　　　B．? 　　　　C．! 　　　　D．&

二、简答题

1．在 Excel 单元格 A1 至 A10 中，快速输入等差数列 3，7，11，15，…，试写出操作步骤。

2．什么是 Excel 的相对引用、绝对引用和混合引用？

三、操作题

打开"包头职业技术学院综合素质测评成绩汇总表"工作簿，利用公式计算佰龙同学的排名，并使用自动填充柄填充其余学生的名次，得到下图结果，最后另存工作簿为"包头职业技术学院综合素质测评成绩汇总表(排名)"。

序号	姓名	学号	性别	排名	综合素质测评成绩
1	佰龙	71813101	男	6	76.31
2	刘浩楠	71813121	男	10	58.24
3	姜鹏宇	71813122	男	3	78.55
4	刘杰	71813106	女	2	80.52
5	魏建新	71813103	女	4	78.03
6	田如梦	71813116	男	5	76.41
7	杨红霞	71813133	女	7	75.98
8	马怡泽	71813105	女	1	91.03
9	董浩杰	71813108	男	8	75.21
10	孙娇娇	71813117	男	9	73.22

包头职业技术学院学生综合素质测评成绩汇总表　系部：计算机与信息工程系　班级：718131班

任务 3　绘制与编辑工资图表

教学目标

通过本任务的学习，能够使用图表和透视图分析数据，以及拆分和冻结窗格；会设置纸张大小和方向、页眉和页脚、打印区域，以及预览和打印工作表。

知识目标

➢ 掌握使用图表和透视图分析数据的方法。

➢ 掌握美化图表的方法。

➢ 掌握拆分和冻结窗格，设置纸张大小和方向、页眉和页脚、打印区域，以及预览和打印工作表等操作。

技能目标

➢ 能够利用图表和透视图分析数据。

➢ 能够对图表进行美化。

➢ 能够拆分和冻结窗格，设置纸张大小和方向、页眉和页脚、打印区域，以及预览和打印工作表。

任 务 描 述

本任务通过为工资表中"姓名"排在前 10 位的员工制作如图 3-62 所示的独立图表，学习在工作表中创建并编辑图表的操作方法。

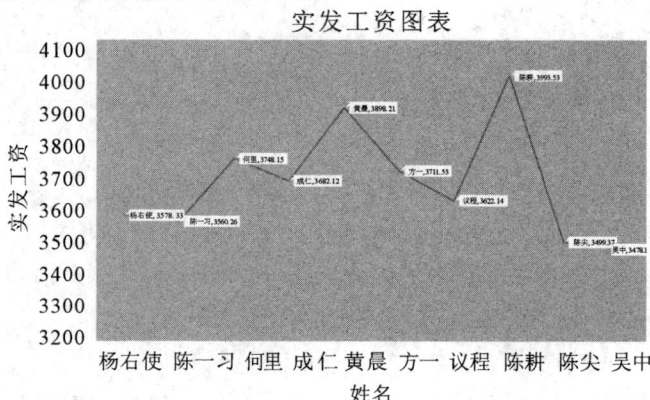

图 3-62　部分员工实发工资图表

相 关 知 识

3.3.1 认识图表

Excel 图表可以直观地反映工作表中的数据，方便用户进行数据的比较和预测。

创建和编辑图表，首先需要认识图表的组成元素(称为图表项)。以柱形图为例，它主要由图表区、标题、绘图区、坐标轴、图例、数据系列等组成，如图 3-63 所示。

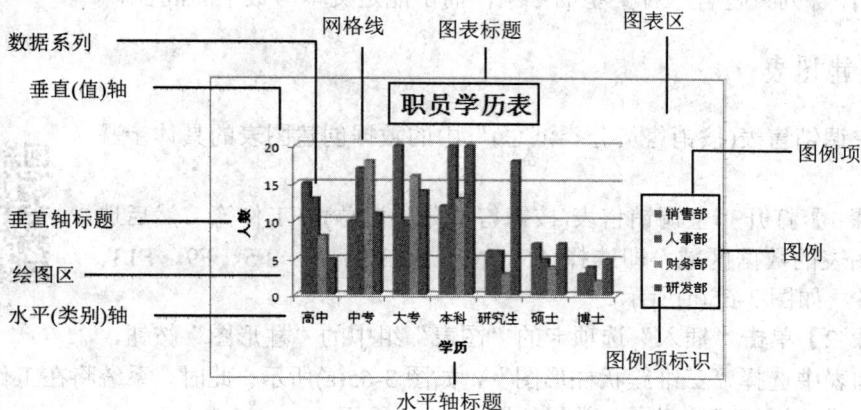

图 3-63 图表组成元素

Excel 2016 支持创建各种类型的图表，如柱形图、折线图、饼图、条形图、面积图、散点图等，如图 3-64 所示。例如，可以用柱形图比较数据的多少；用折线图反映数据的变化趋势；用饼图表现数据间的比例分配关系。

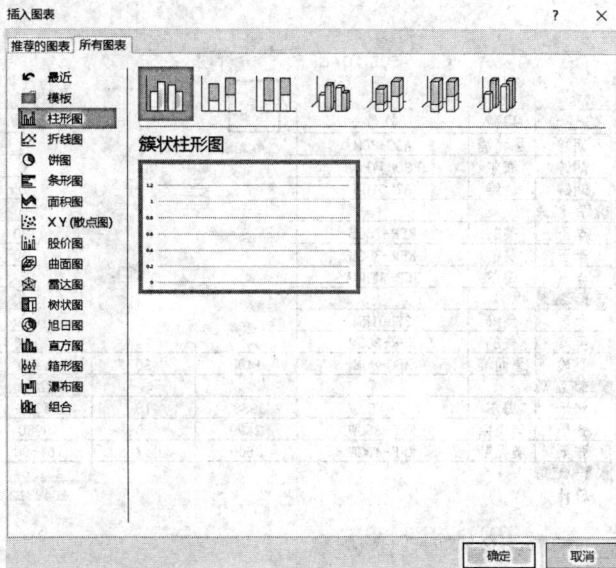

图 3-64 图表类型

3.3.2 认识数据透视表

数据透视表能够依次完成数据的筛选、排序和分类汇总等操作(不需要使用公式和函数),并生成汇总表格,这是 Excel 强大的数据处理能力的具体体现。

为确保数据可用于数据透视表,在创建数据源时需要做到以下几方面:

(1) 删除所有空行或空列。

(2) 删除所有自动小计。

(3) 确保第一行包含列标签。

(4) 确保各列只包含一种类型的数据,而不能是文本与数字的混合。

3.3.3 创建图表

为"空调销售表(按销售员分类汇总)"中的数据创建图表的具体步骤如下:

【步骤 1】打开"空调销售表(按销售员分类汇总)"工作簿,然后选中要创建图表的数据区域,即选择 A5、A9、A13、A17、F5、F9、F13、F17 单元格,如图 3-65(a)所示。

创建图表

【步骤 2】单击"插入"选项卡的"图表"组中的"柱形图"按钮,在展开的列表中选择"三维簇状柱形图",如图 3-65(a)所示。此时,系统将在工作表中插入一张嵌入式三维簇状柱形图,效果如图 3-65(b)所示。

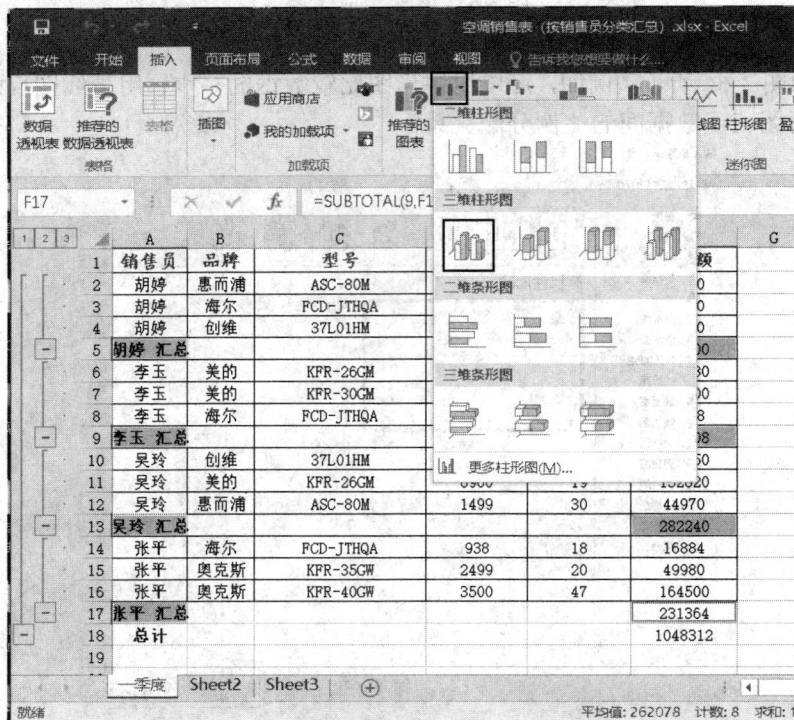

(a)

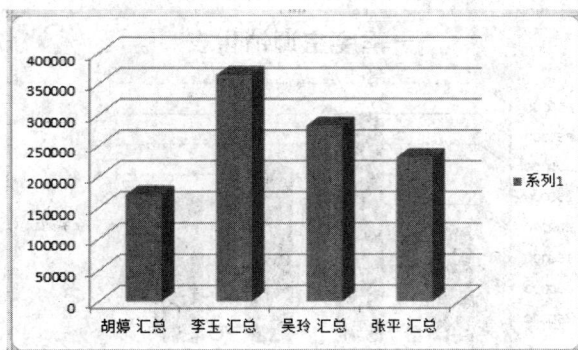

(b)

图 3-65　创建图表

3.3.4　编辑图表

图表创建后将自动被选中，此时在 Excel 2016 的功能区将出现"图表工具"选项卡，它包括 2 个子选项卡：设计和格式。用户可以利用这 2 个子选项卡对创建的图表进行编辑和美化。"图表工具 设计"选项卡中的"图表布局"组主要用来添加或取消图表的组成元素。

编辑图表

【步骤 1】单击图表将其激活，在"图表工具 设计"选项卡的"图表布局"组中单击"添加图表元素"按钮，在展开的列表中选择"图表标题"→"图表上方"，如图 3-66(a)所示，然后将图表标题修改为"一季度空调销售表"，如图 3-66(b)所示。

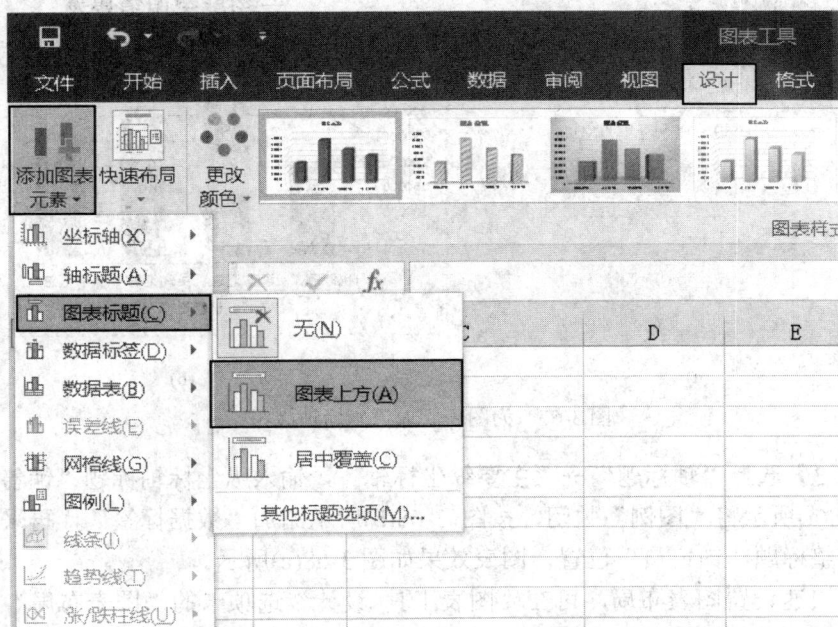

(a)

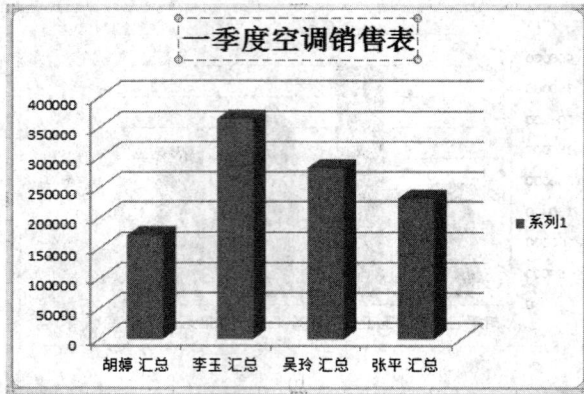

(b)

图 3-66　添加图表标题

【步骤 2】再次在"图表工具 设计"选项卡的"图表布局"组中单击"添加图表元素"按钮，在展开的列表中选择"轴标题"→"主要横坐标轴"，如图 3-67(a)所示，然后输入横坐标轴标题"销售员"，如图 3-67(b)所示。

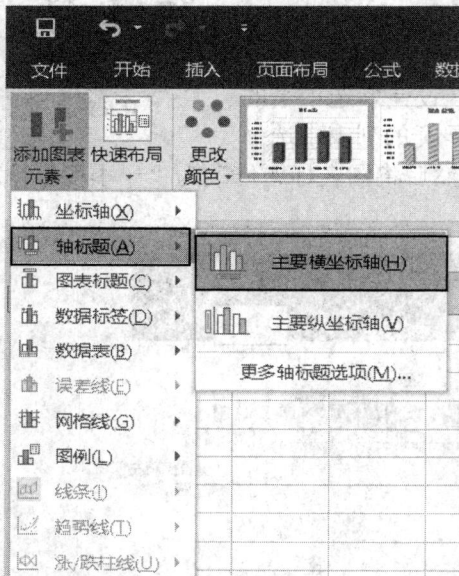

(a)

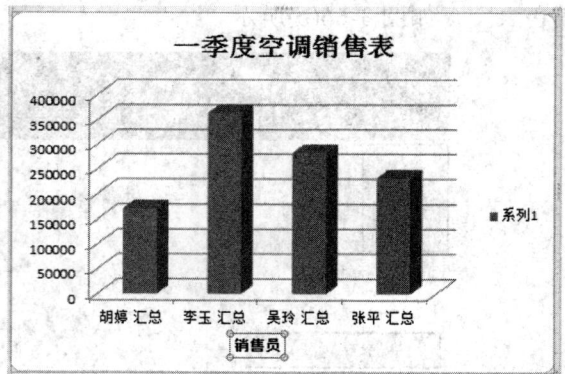

(b)

图 3-67　为图表添加横坐标轴标题

【步骤 3】选择"轴标题"→"主要纵坐标轴"，输入纵坐标轴标题"销售额"。然后按图 3-68(a)所示将"图例"关闭，按图 3-68(b)所示添加"数据标签"，再采用拖动方式，适当调整标题"销售员"位置，图表效果如图 3-68(c)所示。

如果要快速设置图表布局，可在"图表工具 设计"选项卡的"图表布局"组中选择一种系统内置的布局样式。

(a)　　　　　　　　　　(b)　　　　　　　　　　(c)

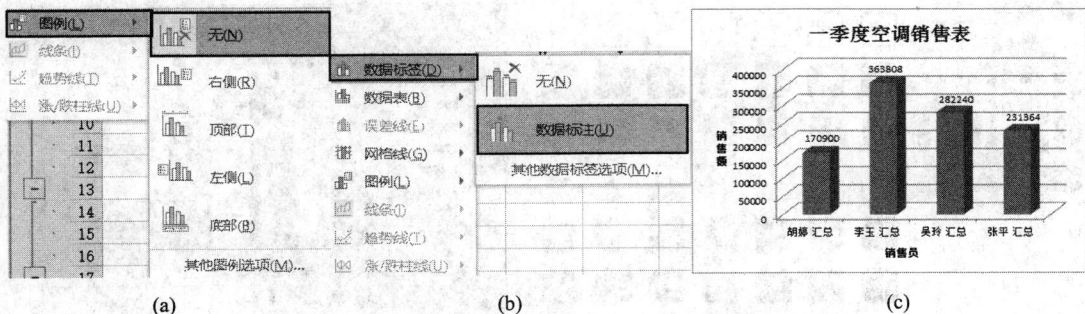

图 3-68　添加纵坐标轴标题和数据标签并关闭图例

3.3.5　美化图表

利用"图表工具 格式"选项卡可分别对图表的图表区、绘图区、标题、坐标轴、图例项、数据系列等组成元素进行格式设置，如使用系统提供的形状样式快速设置，或单独设置填充颜色、边框颜色和字体等，从而美化图表。

美化图表

【步骤 1】单击"图表工具 格式"选项卡，将鼠标指针移到图表空白处，待显示"图表区"时单击，选中图表区，如图 3-69(a)所示；或在"当前所选内容"组中的"图表元素"下拉列表中进行选择，如图 3-69(b)所示。在对图表的各组成元素进行设置时，都需要选中被设置的元素，用户可参考选择图表区的方法来选择图表的其他组成元素。

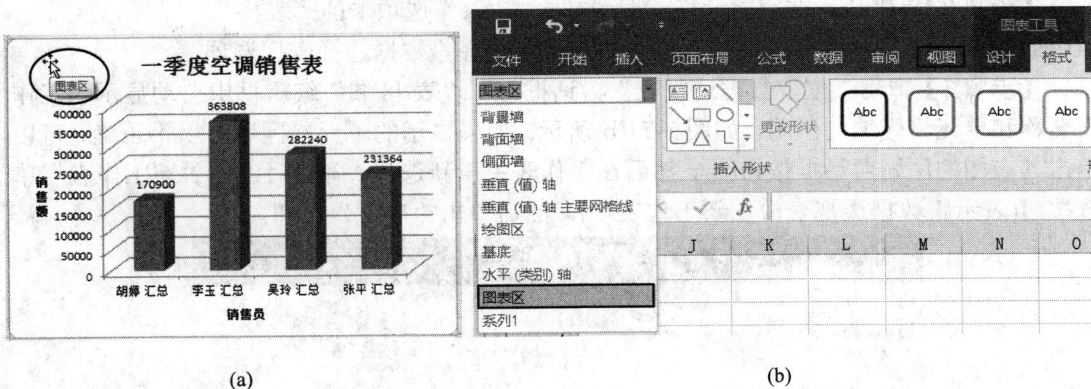

(a)　　　　　　　　　　　　　　(b)

图 3-69　选择图表元素"图表区"

【步骤 2】单击"形状样式"组中的"形状填充"按钮，在弹出的颜色列表中为图表区设置颜色，如橙色，如图 3-70(a)所示。

【步骤 3】在"当前所选内容"组中的"图表元素"下拉列表中选择"绘图区"；选中图表的绘图区，然后在"形状样式"组的列表中选择一种样式，如图 3-70(b)所示。

【步骤 4】参考前面的方法，为图表选择"系列 1"系统内置样式，然后适当调整坐标轴标题的位置，效果如图 3-70(c)所示。最后将工作簿另存为"空调销售表(美化图表)"。

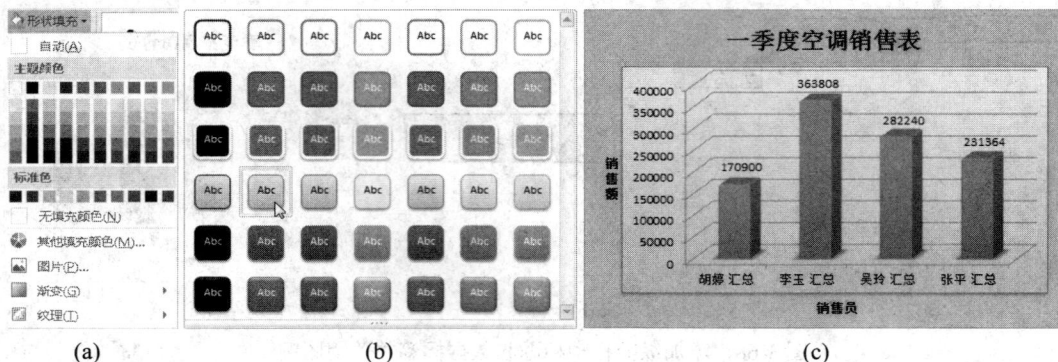

<table>
<tr><td>(a)</td><td>(b)</td><td>(c)</td></tr>
</table>

图 3-70　美化图表

如果要快速美化图表，可在"图表工具　设计"选项卡的"图表样式"组中选择一种系统内置的图表样式。利用该选项卡还可以移动图表(可将图表单独放在一个工作表中)、转换图表类型、更改图表的数据源等。

3.3.6　创建数据透视表

创建数据透视表需重点掌握如何筛选和分类汇总数据，以实现对数据的立体化分析。

【步骤 1】打开本书配套的"空调销售表(透视表素材)"工作簿。为了更好地说明数据透视表的应用，次文件在原"空调销售表"中添加了"销售部"列，如图 3-71(a)所示。

创建数据透视表

【步骤 2】单击任意非空单元格，然后单击"插入"选项卡的"表格"组中的"数据透视表"按钮　，在展开的列表中选择"数据透视表"选项。

【步骤 3】弹出"创建数据透视表"对话框，在"表/区域"编辑框中自动显示了工作表名称和单元格区域的引用，如图 3-71(b)所示。如果显示的单元格区域引用不正确，可以单击其右侧的压缩对话框按钮　，然后在工作表中重新选择。确认后选中"新工作表"单选按钮(表示将数据透视表放在新工作表中)，然后单击"确定"按钮。

(a)

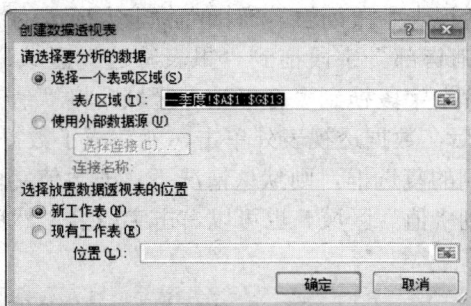

(b)

图 3-71 选择"数据透视表"项打开"创建数据透视表"对话框

【步骤 4】此时，Excel 2016 创建了一个新工作表并在其中添加了一个空的数据透视表。功能区自动显示"数据透视表工具"选项卡，它包括 2 个子选项卡。在工作表编辑区的右侧将显示出"数据透视表字段列表"窗格，以便用户添加字段、创建布局和自定义数据透视表，如图 3-72 所示。

图 3-72 新工作表中的空数据透视表

注意

默认情况下，"数据透视表字段列表"窗格显示两部分：上方的字段列表区是源数据表中包含的字段(列标签)，将其拖入下方字段布局区域中的"报表筛选""列标签""行标签"和"数值"等列表框中，即可在数据透视表(新工作表编辑区)显示相应的字段和汇总结果。"数据透视表字段列表"窗格下方各列表框名称的含义如下：

(1) 报表筛选：用于筛选整个报表。

(2) 列标签：用于将字段显示为报表顶部的列。

(3) 行标签：用于将字段显示为报表左侧面的行。

(4) 数值：用于显示需要汇总的数值数据。

【步骤 5】在"数据透视表字段列表"窗格中将上方所需的字段拖到下方字段布局区域的相应位置。例如将"销售部"字段拖到"报表筛选"区域，将"销售员"字段拖到"列标签"区域，将"品牌"字段拖到"行标签"区域，将"销售额"字段拖到"数值"区域，如图 3-73 所示。然后在数据透视表外单击，就完成了数据透视表的创建。

如果直接选择字段左侧的复选框，则默认情况下，非数值字段会被添加到"行标签"区域，数值字段会被添加到"值"区域。也可以右击字段名，然后在弹出的菜单中选择要添加到的位置。

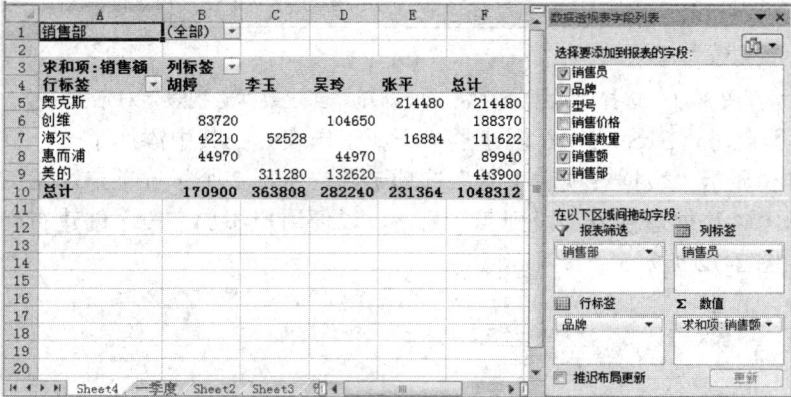

图 3-73　对数据透视表进行布局

【步骤 6】要分别查看各销售部门的汇总数据，可在数据透视表中单击"销售部"右侧的筛选按钮，从弹出的下拉列表中选择要查看的部门，再单击"确定"按钮，如图 3-74(a)所示。筛选后的结果如图 3-74(b)所示。

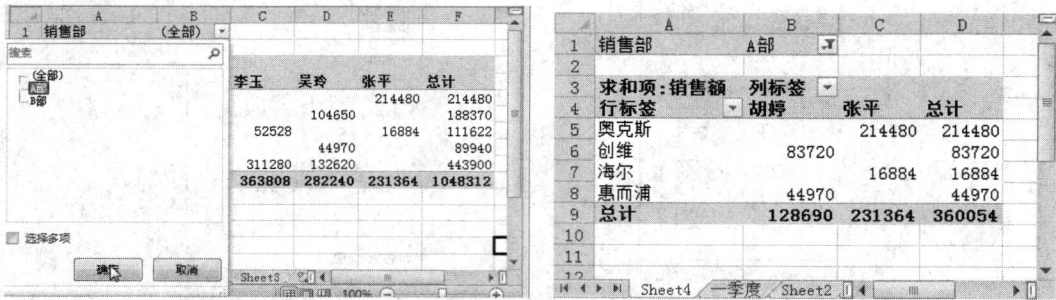

(a)　　　　　　　　　(b)

图 3-74　筛选需要汇总的数据

【步骤 7】还可分别单击"行标签"或"列标签"右侧的筛选按钮，在弹出的列表中选择或取消选择需要单独汇总的记录。

注意

创建了数据透视表后，单击透视表区域任一单元格，将显示"数据透视表字段列表"窗格，用户可在其中更改字段。在字段布局区单击添加的字段，在展开的列表中选择"删除字段"项，可删除字段。对于添加到"数值"列表中的字段，还可选择"值字段设置"选项，在打开的对话框中重新设置字段的汇总方式，如将"求和"改为"平均值"，如图 3-75 所示。

(a)　　　　　　　　　　　　　　　　　(b)

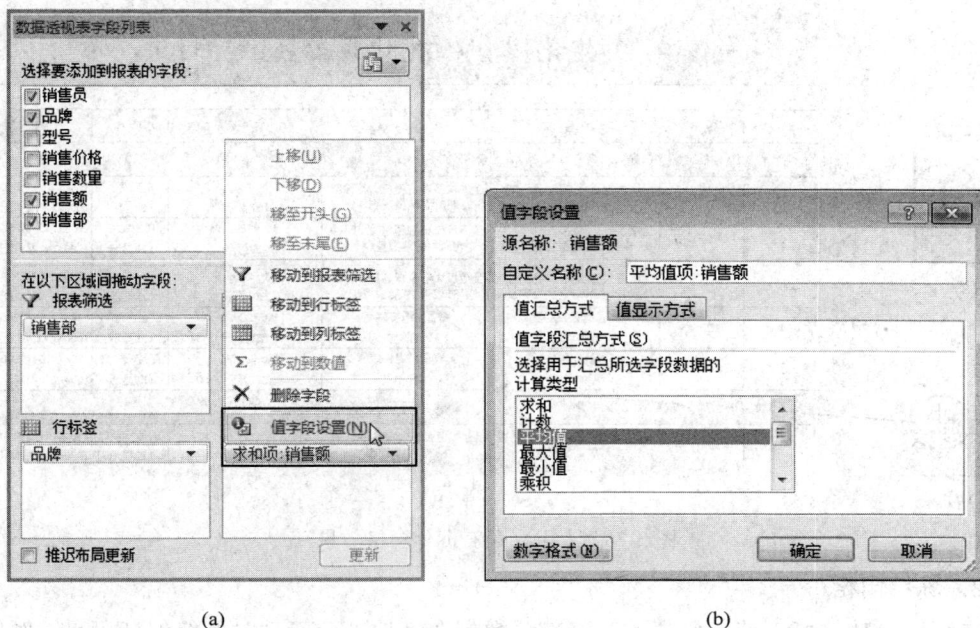

图 3-75　更改数据透视表中的字段

　　创建数据透视表后，还可利用"数据透视表工具 选项"选项卡更改数据透视表的数据源，添加数据透视图等。例如，单击"数据透视图"按钮，打开"插入图表"对话框，选择一种图表类型，单击"确定"按钮即可插入数据透视图。

3.3.7　拆分和冻结窗格

1. 拆分窗格

　　通过拆分窗格，可以同时查看分隔较远的工作表数据。

　　打开本书配套素材"项目三"文件夹中的"产品目录与价格表"文件。

　　(1) 水平拆分。将鼠标指针移到窗口右上角的水平拆分框上，当鼠标指针变为拆分形状"♣"时，如图 3-76(a)所示，按住鼠标左键向下拖动，至适当的位置松开鼠标左键，即可在该位置生成一条拆分条，将窗格一分为二。

拆分和冻结窗格

　　(2) 垂直拆分。将鼠标指针移至窗口右下角的垂直拆分框上，当鼠标指针变为拆分形状"◆◆"时，如图 3-76(b)所示，按住鼠标左键并向左拖动，至适当的位置松开鼠标左键，即可将窗格左右拆分。窗口拆分效果如图 3-76(c)所示。

　　拆分窗格后，单击某个窗格中的任意单元格，然后滚动鼠标滚轮，可上下滚动显示该窗格中隐藏的数据，其他窗格不受影响。

　　(3) 取消拆分。双击拆分条或单击"视图"选项卡的"窗口"组中的"拆分"按钮▦，可取消拆分。若先前没对工作表进行拆分，单击该按钮则可在当前所选的行、列或单元格位置对工作表进行拆分。

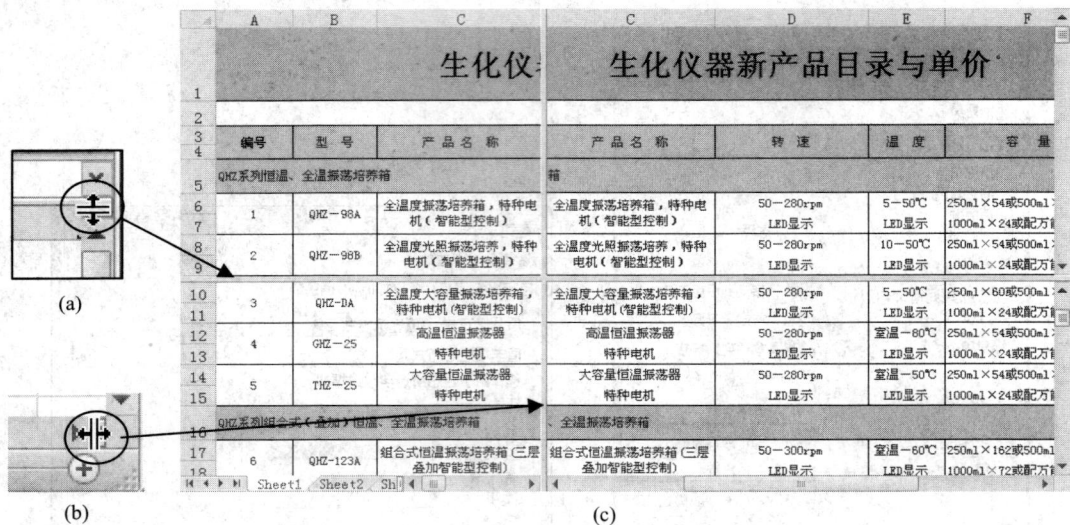

图 3-76　上下、左右拆分窗格效果

2．冻结窗格

冻结窗格功能可以使工作表的某一部分数据在其他部分滚动时始终保持可见。例如在查看过长的表格时保持首行可见，在查看过宽的表格时保持首列可见。

(1) 冻结窗格。单击"产品目录与价格"表的第 5 行的任意单元格，然后单击"视图"选项卡的"窗口"组中的"冻结窗格"按钮，在展开的列表中选择"冻结拆分窗格"选项，如图 3-77 所示。此时，所选单元格所在及以上行被冻结，当滚动鼠标滚轮或拖动垂直滚动条向下查看工作表内容时，这些行始终显示。若选择"冻结首行"或"冻结首列"选项，则无论当前选择的是哪个单元格，都将冻结首列或首行。

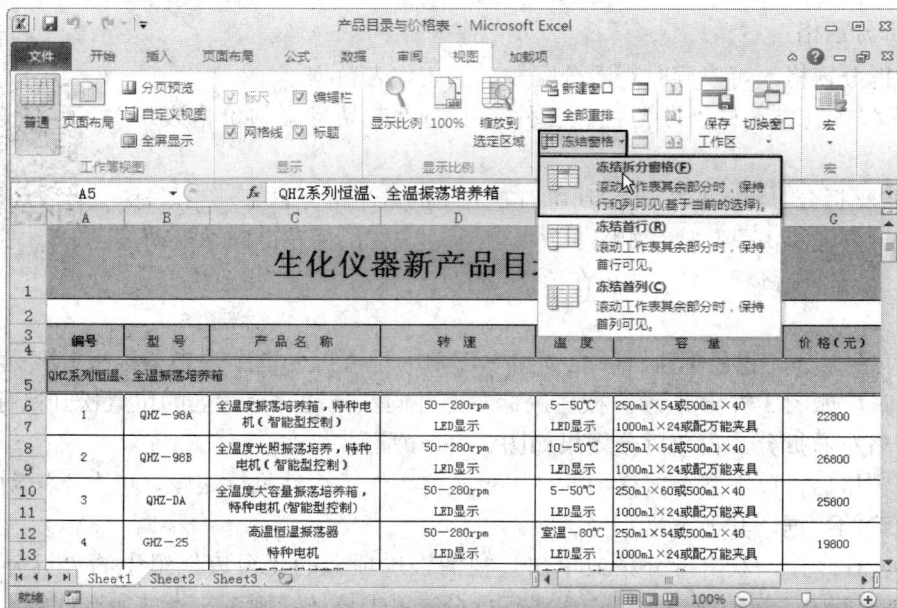

图 3-77　冻结窗格

(2) 取消冻结窗格。单击工作表中的任意单元格，然后在"冻结窗格"展开的列表中选择"取消冻结窗格"选项即可。

3.3.8　设置页面、页眉和页脚

1. 设置页面

【步骤1】用户可利用功能区"页面布局"选项卡的"页面设置"组中的相应按钮设置纸张大小、方向和页边距等参数，也可利用"页面设置"对话框进行设置。这里单击"页面设置"组右下角的对话框启动器按钮 ⊡，打开"页面设置"对话框。

设置页面、页眉和页脚

【步骤2】在"页面"选项卡中参考图 3-78(a)所示设置纸张方向和大小，当要打印的表格高度大于宽度时，通常选择"纵向"；当宽度大于高度时，通常选择"横向"。在"页边距"选项卡中参考图 3-78(b)所示设置页边距以及表格在纸张上的位置。

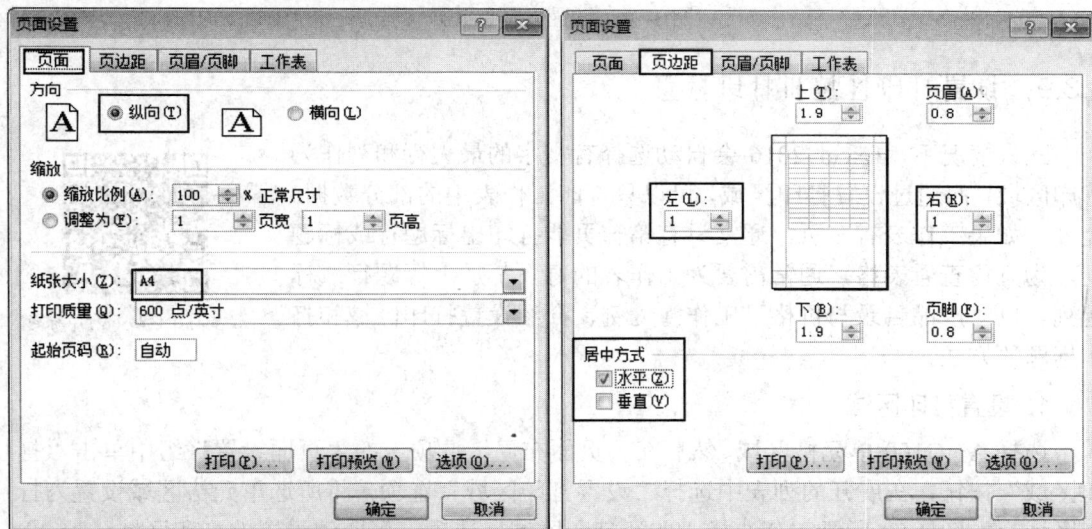

(a)　　　　　　　　　　　　　　　　　　(b)

图 3-78　设置纸张大小、方向和页边距

2. 设置页眉和页脚

单击"页面设置"对话框的"页眉/页脚"选项卡，在"页脚"下拉列表框中选择 Excel 2016 内置的页脚，如"第 1 页，共?页"，再单击"自定义页眉..."按钮，如图 3-79(a)所示；打开"页眉"对话框，在各编辑框中输入页眉文本，如在"中:"编辑框中输入页眉文本"金鑫生物科技有限公司"，在"右:"编辑框中输入"2013 年 7 月"，如图 3-79(b)所示，依次单击"确定"按钮，完成设置。

用户还可单击图形功能按钮来设置页眉字体，或插入页码、日期和图片等。在"左""中""右"编辑框中输入的文本或插入的对象将显示在页眉的对应位置。

(a)   (b)

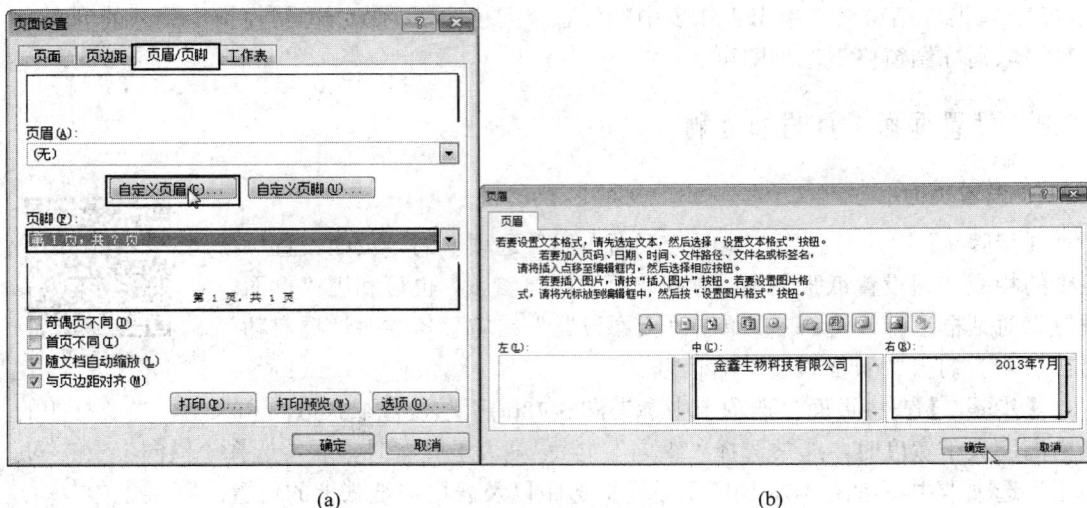

图 3-79　设置页眉和页脚

3.3.9　设置打印区域和打印标题

　　默认情况下，Excel 2016 会自动选择有文字的最大行和列作为打印区域，而通过设置打印区域，可以只打印工作表中的部分数据。此外，如果工作表有多页，通常只有第一页能打印出标题行或标题列，为方便查看表格，通常需要为工作表的每页都加上标题行或标题列。以"产品目录与价格"工作簿为例，介绍设置打印区域和打印标题的方法。

设置打印区域和打印标题

1. 设置打印区域

　　选择 A1:G100 单元格区域，然后在"页面布局"选项卡的"页面设置"组中单击"打印区域"按钮，在展开的列表中选择"设置打印区域"选项，将所选单元格区域设置为打印区域，如图 3-80 所示。若选择"取消打印区域"选项，可取消设置的打印区域。

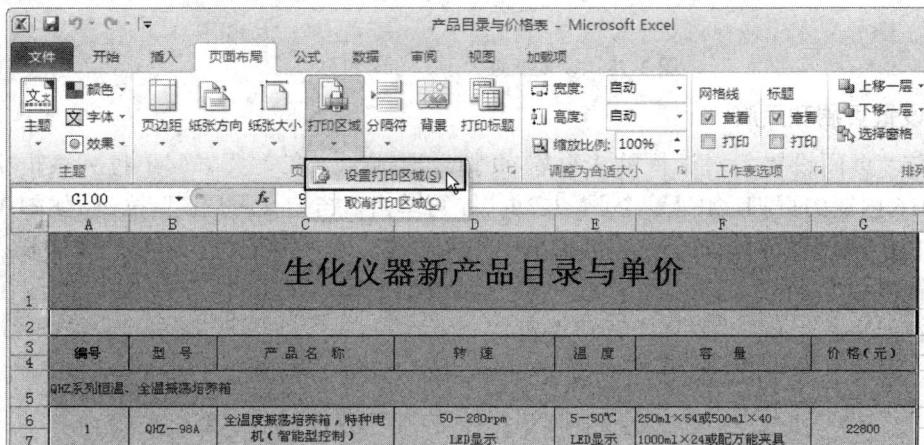

图 3-80　设置打印区域

2. 设置打印标题行

参考前面的操作打开"页面设置"对话框，单击"工作表"选项卡中"顶端标题行"右侧的压缩对话框按钮，如图 3-81(a)所示；然后在工作表中选择要在每页打印的标题行，此处选择第 1～4 行，如图 3-81(b)所示；再单击右侧的按钮，回到"页面设置"对话框，单击"确定"按钮，完成设置。最后将工作簿另存为"产品目录与价格(设置页面)"。

在"工作表"选项卡中也可以设置打印区域，以及是否打印网格线等。

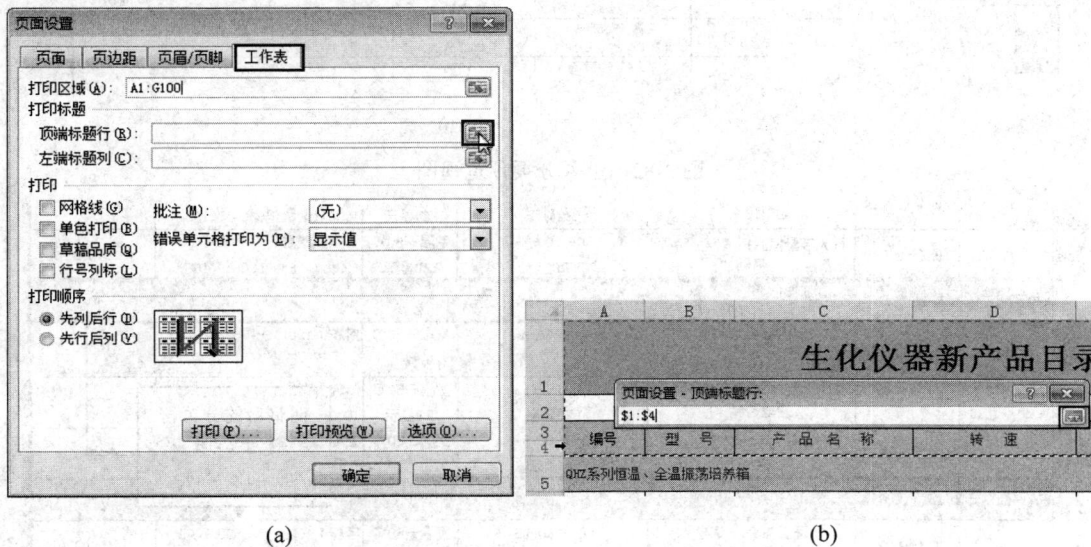

(a)	(b)

图 3-81　设置打印标题行

3.3.10　分页预览与设置分页符

以"产品目录与价格(设置页面)"工作簿为例，介绍分页预览与设置分页符的方法。

分页预览与设置分页符号

1. 分页预览

单击功能区"视图"选项卡的"工作簿视图"组中的"分页预览"按钮，如图 3-82(a)所示；或单击"状态栏"上的"分页预览"按钮，也可以将工作表从普通视图切换到分页预览视图，显示效果如图 3-82(b)所示。

2. 设置分页符

如果需要打印的工作表不止一页，Excel 2016 会自动插入分页符，将工作表分成多页，在分页预览视图中可看到分页情况；也可在分页预览视图中改变默认分页符的位置，或插入、删除分页符，从而使表格的分页情况符合打印要求。

(1) 调整分页符的位置。只需将鼠标指针放置在分页符上，然后按住鼠标左键并拖动即可，如图 3-83 所示。

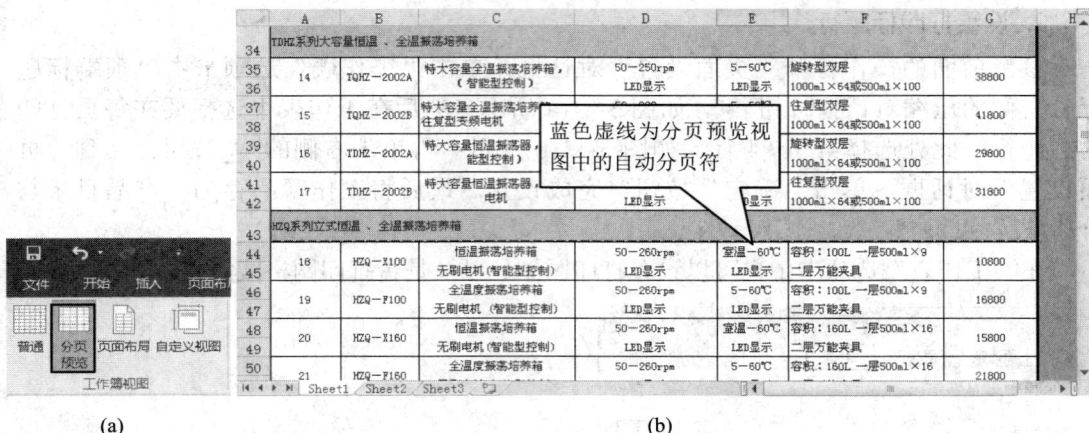

图 3-82 进入分页预览视图

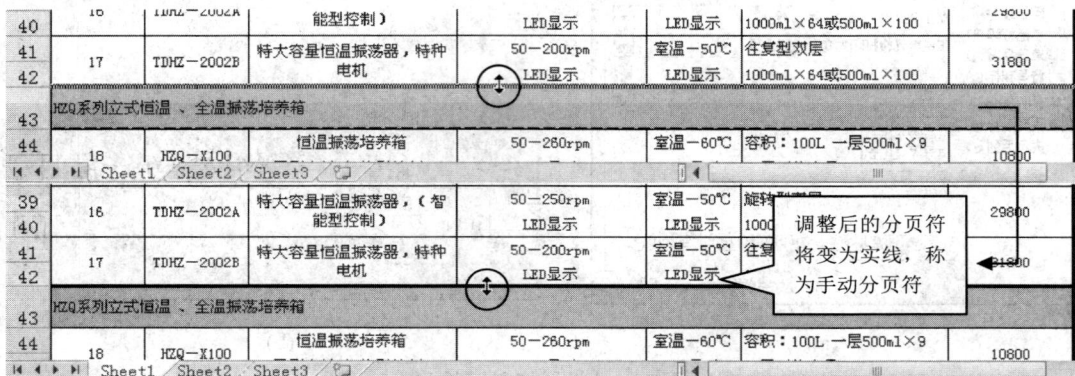

图 3-83 调整分页符位置

(2) 插入分页符。可选中要插入水平分页符位置的下方行或垂直分页符位置的右侧列，然后单击功能区"页面布局"选项卡的"页面设置"组中的"分隔符"按钮，在展开的列表中选择"插入分页符"选项即可，如图 3-84(a)、(b)、(c)所示。

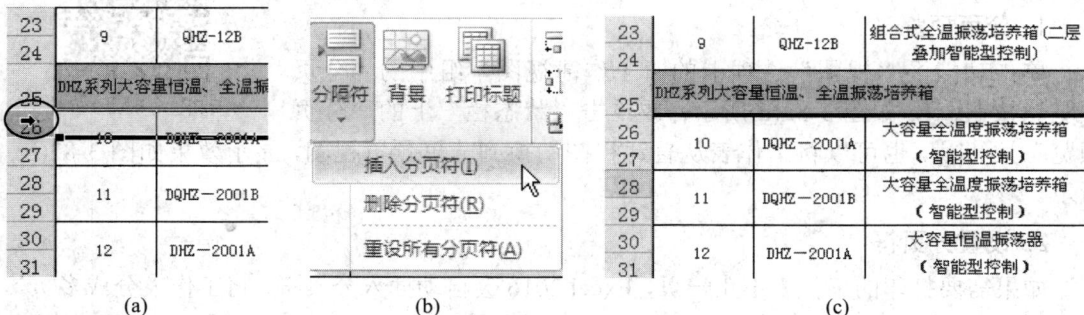

图 3-84 插入分页符

(3) 将手动插入的分页符删除。单击垂直分页符右侧或水平分页符下方的单元格，或单击垂直分页符和水平分页符交叉处右下角的单元格，然后单击"分隔符"列表中的"删除分页符"选项。

注意

系统自动插入的分页符不能删除。

（4）恢复普通视图。单击功能区"视图"选项卡的"工作簿视图"组中的"普通"按钮，返回普通视图，并将工作簿另存为"产品目录与价格(设置分页符)"。

3.3.11　预览和打印工作表

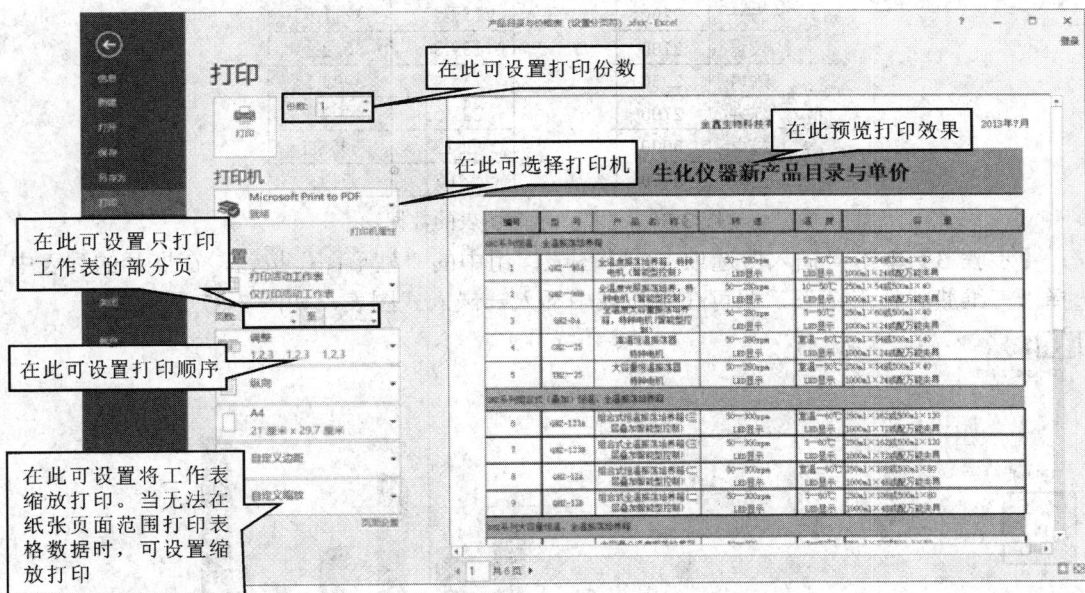

预览和打印工作表的操作步骤如下：

【步骤 1】单击功能区的"文件"选项卡，在展开的"文件"列表中单击"打印"选项，可以在其右侧的窗格中查看实际打印效果，如图 3-85 所示。从中可看到设置的页眉和页脚，以及在每页打印的标题等。

预览和打印工作表

图 3-85　工作表的打印预览模式

【步骤 2】单击右侧窗格左下角的"上一页"按钮和"下一页"按钮，可查看前一页或后一页的预览效果。在这两个按钮之间的编辑框中输入页码数字，然后按【Enter】键，可快速查看该页的预览效果。

【步骤 3】若对预览效果满意，在"份数"编辑框中输入打印份数，在"页数……至……"编辑框中输入打印的页面范围，然后单击"打印"按钮，即可按设置打印工作表。

实 践 操 作

1. 制作图表

【步骤1】打开"项目三"文件夹中的素材文件"工资表(计算)"。

【步骤2】选中"姓名"列中前10位员工及其相对应的"实发合计"列数据，如图3-86所示。

绘制与编辑工资图表

	A	B		P	Q
1					
2	姓名	基本工资		扣款合计	实发合计
3	杨右使	2700		110.67	3578.33
4	陈一习	2950		197.74	3560.26
5	何里	2850		146.85	3748.15
6	成仁	2700		113.88	3682.12
7	黄晨	2780		94.79	3898.21
8	方一	2790		137.47	3711.53
9	议程	2700		139.86	3622.14
10	陈耕	2950		155.47	3993.53
11	陈尖	2700		221.63	3499.37
12	吴中	3000		251.9	3478.1
13	三顺	2780		316	3143

图3-86　选择要创建图表的数据

【步骤3】单击"插入"选项卡的"图表"组中的"柱形图"按钮，在展开的列表中选择"三维簇状柱形图"，即可在工作表中插入一嵌入式图表，如图3-87所示。

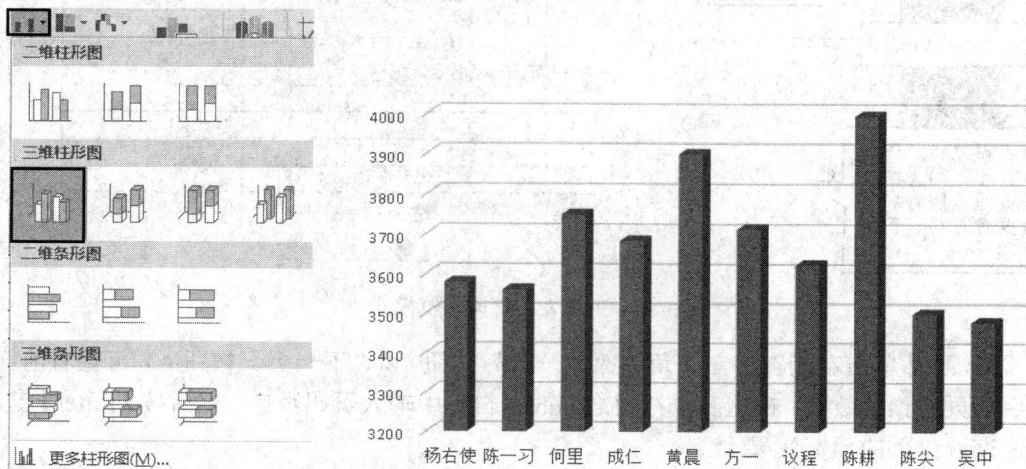

图3-87　选择图表类型并插入图表

2. 编辑图表

【步骤1】单击图表，然后单击"图表工具 设计"选项卡的"位置"组中的"移动图表"按钮，如图3-88(a)所示。

【步骤2】弹出"移动图表"对话框，选中"新工作表"单选钮，然后在其右侧的输入框输入新工作表名称"部分员工实发工资图表"，如图3-88(b)所示。

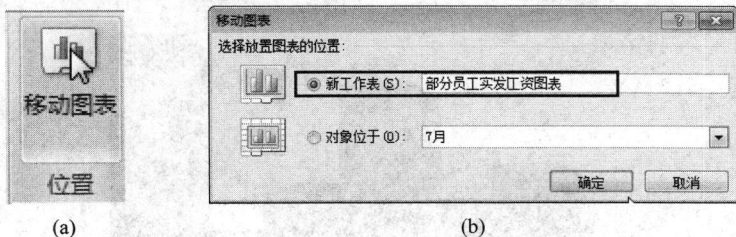

(a)　　　　　　　　　　　　　　　　(b)

图3-88　将图表设置为独立图表

【步骤3】单击"确定"按钮，图表将放置在指定的工作表中，如图3-89所示。

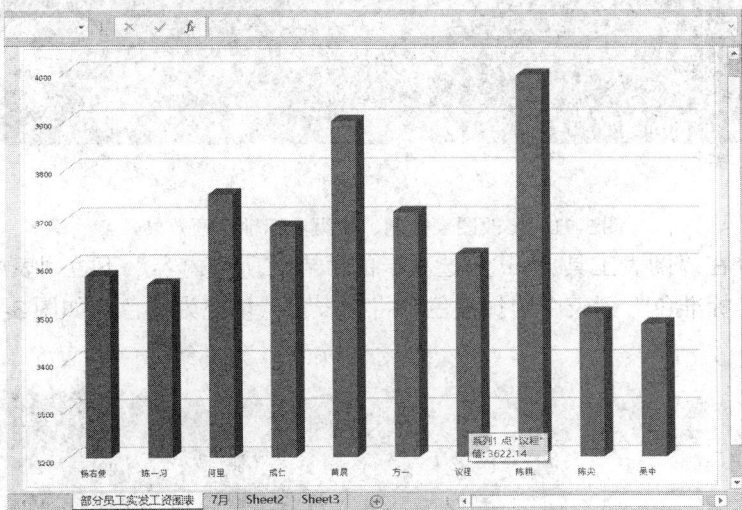

图3-89　图表在指定工作表中

【步骤4】单击"图表工具 设计"选项卡的"图表布局"组中的"其他"按钮，在展开的列表中选择"布局8"，如图3-90(a)所示，此时的图表如图3-90(b)所示。

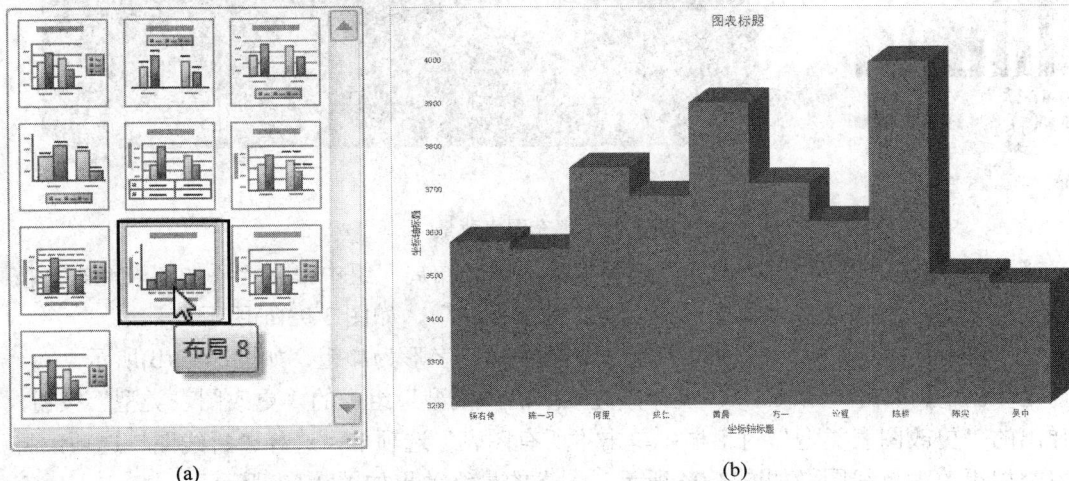

(a)　　　　　　　　　　　　　　　　(b)

图3-90　设置图表布局

【步骤 5】将图表标题、横纵坐标轴标题分别进行修改，效果如图 3-91 所示。

实发工资图表

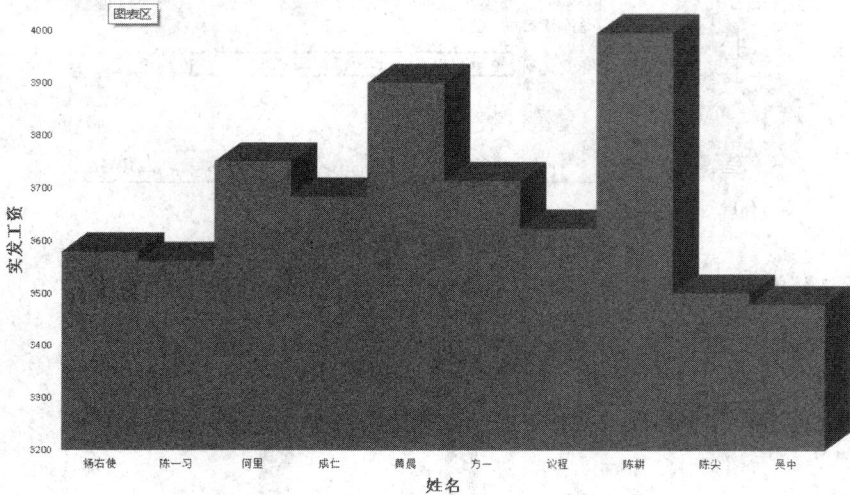

图 3-91 修改图表标题、横纵坐标轴标题效果

【步骤 6】在"图表工具 格式"选项卡的"当前所选内容"下拉列表中选择"背面墙"，然后在"标准色"列表中选择橙色，将图表背景填充为橙色，如图 3-92 所示。

实发工资图表

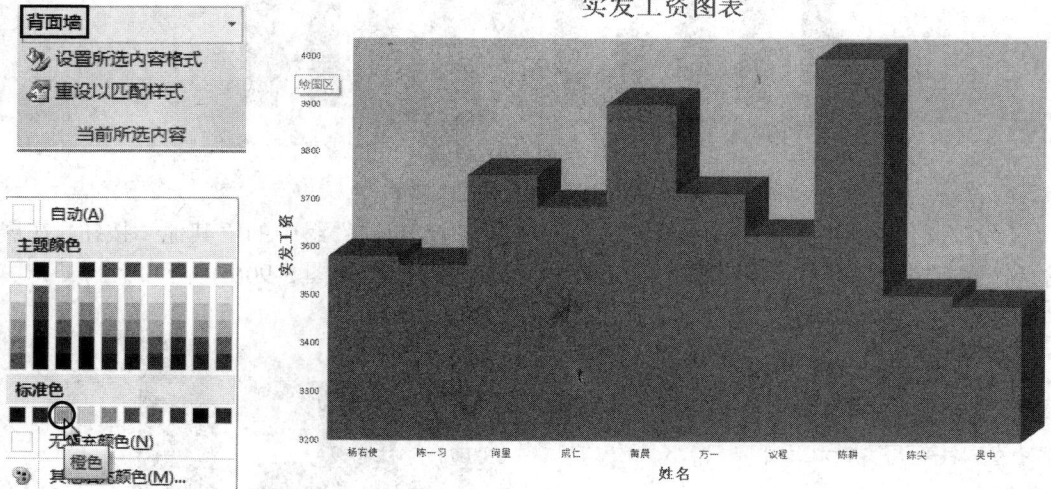

图 3-92 填充图表背景

【步骤 7】在"图表工具 设计"选项卡的"图表布局"组中单击"添加图表元素"按钮，在展开的列表中选择"数据标签"→"数据标注"，如图 3-93(a)所示。

【步骤 8】将横、纵坐标轴的字号也设置为 12，字形为加粗，如图 3-93(b)所示。

【步骤 9】单击"图表工具 设计"选项卡的"类型"组中的"更改图表类型"按钮，在弹出的"更改图表类型"对话框中单击"所有图表"选项卡，选择"折线图"选项，将图表类型更改为折线图，如图 3-94 所示。图表的最终效果如图 3-62 所示。

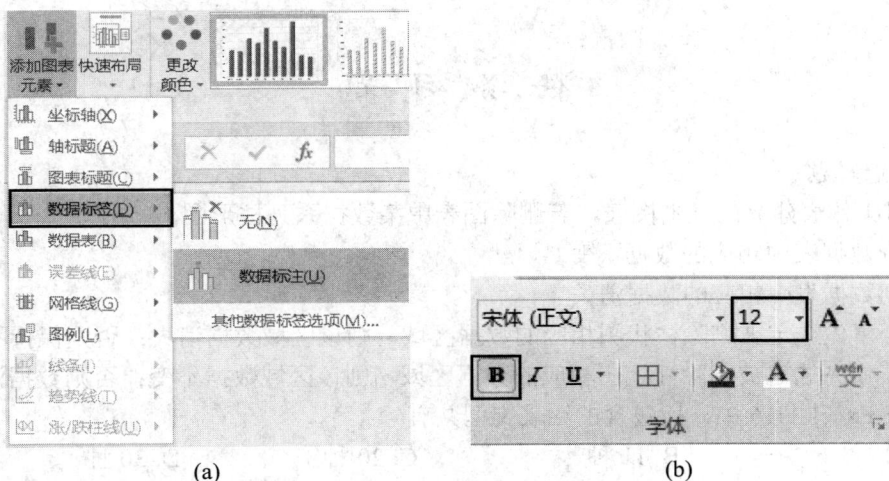

(a)   (b)

图 3-93　设置数据标签的字号

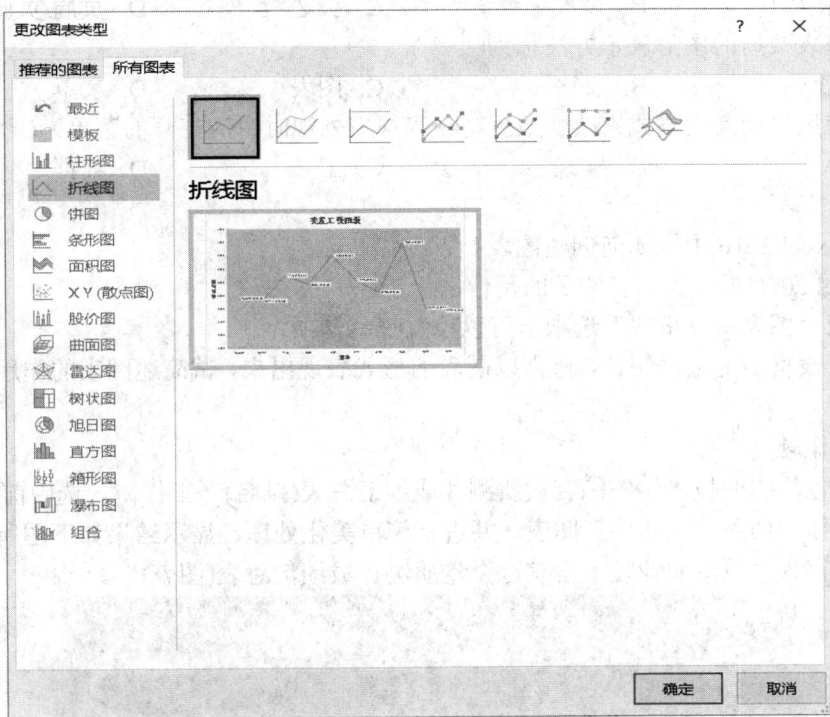

图 3-94　更改图表类型为折线图

任 务 小 结

    本任务主要介绍了使用图表和透视图分析数据，拆分和冻结窗格，设置纸张大小和方向，设置页眉和页脚，设置打印区域，以及预览和打印工作表等操作。经过本任务的学习，读者应能够创建图表和透视图，并通过相关设置美化图表。

任 务 习 题

一、选择题

1. 对工作表建立的柱形图表，若删除图表中某数据系列柱形图，(　　)。

A. 则数据表中相应的数据不变

B. 则数据表中相应的数据消失

C. 若事先选定被删除柱状图相应的数据区域，则该区域数据消失；否则保持不变

D. 若事先选定被删除柱状图相应的数据区域，则该区域数据不变；否则数据消失

2. 在 Excel 2016 中，所包含的图表类型共有(　　)。

A. 10 种　　　　　　B. 11 种　　　　　　C. 20 种　　　　　　D. 30 种

3. 在 Excel 2016 的页面设置中，不能够设置(　　)。

A. 纸张大小　　　　B. 每页字数　　　　C. 页边距　　　　D. 页眉/页脚

4. 工作表数据的图形表示方法称为(　　)。

A. 图形　　　　　　B. 表格　　　　　　C. 图表　　　　　　D. 表单

5. 在使用自动套用格式来改变数据透视表报表外观时，应打开的菜单为(　　)。

A. 插入　　　　　　B. 格式　　　　　　C. 工具　　　　　　D. 数据

二、简答题

1. 在 Excel 2016 中，如何创建图表？

2. Excel 2016 拆分工作表的目的是什么？

3. 利用"图表工具格式"选项卡可以设置哪些选项？

4. 电子表格中的数据统计，通常以图表的形式表现出来，试简述图表的作用及其常见的类型。

三、操作题

打开"包头职业技术学院综合素质测评成绩汇总表(排名)"工作簿，选中前 5 位同学的姓名及成绩，插入一簇状柱形图表，并进行简单美化处理，显示结果如下图所示，最后将工作簿另存为"包头职业技术学院综合素质测评成绩汇总表(图表)"。

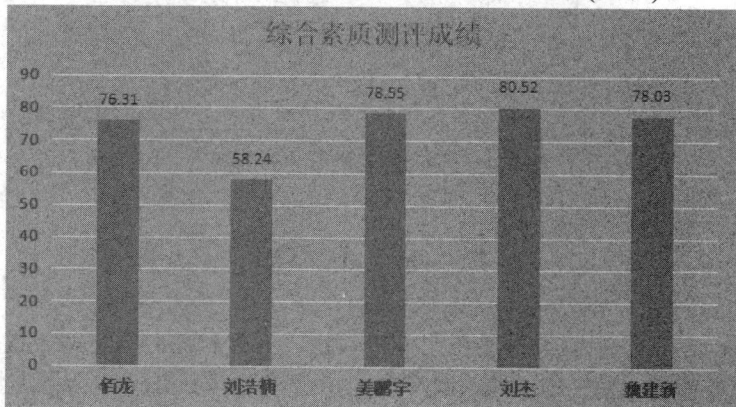

任务 4 统计分析进货表

▶教学目标
　　通过本任务的学习，能够对 Excel 表中的数据进行处理与分析。

▶知识目标
　　➢ 掌握处理与分析数据的方法，如对数据进行排序、筛选和分类汇总。

▶技能目标
　　➢ 能够对数据进行排序。
　　➢ 能够对数据进行自动筛选和高级筛选。
　　➢ 能够分类汇总数据。

任 务 描 述

　　如图 3-95 所示，本任务通过对"进货表"完成的多关键字排序、高级筛选和嵌套分类汇总，学习并练习在 Excel 工作表中对数据进行处理与分析的操作方法。

编号	进货日期	进货地点	货物名称	单位	单价	数量	金额	经手人
10	2012/9/5	乙批发部	361°运动鞋	双	180	50	9000	吴小姐
22	2012/9/23	甲批发部	361运动鞋	双	180	50	9000	吴小姐
13	2012/9/12	丙批发部	Voca外套	件	450	50	22500	李先生
16	2012/9/15	丙批发部	爱神外套	件	450	50	22500	吴小姐
2	2012/9/1	甲批发部	百丽靴子	双	710	150	106500	吴小姐
8	2012/9/5	甲批发部	达芙妮单鞋	双	150	80	12000	李先生
20	2012/9/23	甲批发部	达芙妮单鞋	双	150	100	15000	李先生
19	2012/9/15	乙批发部	蒂爱纳外套	件	220	100	22000	李先生
7	2012/9/5	乙批发部	鄂尔多斯羊毛衫	件	300	150	45000	李先生
11	2012/9/5	乙批发部	红蜻蜓靴子	双	680	50	34000	吴小姐
3	2012/9/1	甲批发部	红蜻蜓靴子	双	680	80	54400	吴小姐
18	2012/9/15	乙批发部	红袖坊外套	件	260	80	20800	吴小姐
23	2012/9/23	乙批发部	李宁运动鞋	双	240	120	28800	吴小姐
9	2012/9/5	乙批发部	曼可妮单鞋	双	160	80	12800	吴小姐
21	2012/9/23	甲批发部	曼可妮单鞋	双	160	80	12800	李先生
14	2012/9/12	丙批发部	木真了外套	件	350	50	17500	李先生
5	2012/9/5	乙批发部	秋鹿睡衣（男款）	件	80	100	8000	李先生
6	2012/9/5	乙批发部	秋鹿睡衣（女款）	件	100	90	9000	李先生
17	2012/9/15	乙批发部	秋水伊人外套	件	120	100	12000	吴小姐
4	2012/9/1	乙批发部	森达靴子	双	450	200	90000	吴小姐
15	2012/9/12	丙批发部	圣诺兰外套	件	520	50	26000	吴小姐
12	2012/9/12	丙批发部	夏克露斯	件	200	50	10000	李先生
1	2012/9/5	乙批发部	星期六靴子	双	560	100	56000	吴小姐
24	2012/9/23	乙批发部	运动外套	件	150	100	15000	吴小姐

多关键字排序

(a)

	A	B	C	D	E	F	G	H	I
1				进货表					
2	编号	进货日期	进货地点	货物名称	单位	单价	数量	金额	经手人
9	7	2012/9/5	乙批发部	鄂尔多斯羊毛衫	件	300	150	45000	李先生
13	11	2012/9/5	乙批发部	红蜻蜓靴子	双	680	50	34000	吴小姐
20	18	2012/9/15	乙批发部	红袖坊外套	件	260	80	20800	吴小姐
21	19	2012/9/15	乙批发部	蒂爱纳外套	件	220	100	22000	李先生
25	23	2012/9/23	乙批发部	李宁运动鞋	双	240	120	28800	吴小姐

高级筛选

(b)

	A	B	C	D	E	F	G	H	I
1				进货表					
2	编号	进货日期	进货地点	货物名称	单位	单价	数量	金额	经手人
3	12	2012/9/12	丙批发部	夏克露斯	件	200	50	10000	李先生
4	13	2012/9/12	丙批发部	Voca外套	件	450	50	22500	李先生
5	14	2012/9/12	丙批发部	木真了外套	件	350	50	17500	李先生
6			丙批发部 汇总				150	50000	
7	20	2012/9/23	甲批发部	达芙妮单鞋	双	150	100	15000	李先生
8	21	2012/9/23	甲批发部	曼可妮单鞋	双	160	80	12800	李先生
9			甲批发部 汇总				180	27800	
10	5	2012/9/5	乙批发部	秋鹿睡衣（男款）	件	80	100	8000	李先生
11	6	2012/9/5	乙批发部	秋鹿睡衣（女款）	件	100	90	9000	李先生
12	7	2012/9/5	乙批发部	鄂尔多斯羊毛衫	件	300	150	45000	李先生
13	8	2012/9/5	乙批发部	达芙妮单鞋	双	150	80	12000	李先生
14	19	2012/9/15	乙批发部	蒂爱纳外套	件	220	100	22000	李先生
15			乙批发部 汇总				520	96000	
16							850	173800	李先生 汇总
17	15	2012/9/12	丙批发部	圣诺兰外套	件	520	50	26000	吴小姐
18	16	2012/9/12	丙批发部	爱神外套	件	450	50	22500	吴小姐
19			丙批发部 汇总				100	48500	
20	1	2012/9/1	甲批发部	星期六靴子	双	560	100	56000	吴小姐
21	2	2012/9/1	甲批发部	百丽靴子	双	710	150	106500	吴小姐
22	3	2012/9/1	甲批发部	红蜻蜓靴子	双	680	80	54400	吴小姐
23	4	2012/9/1	甲批发部	森达靴子	双	450	200	90000	吴小姐
24	22	2012/9/23	甲批发部	361运动鞋	双	180	50	9000	吴小姐
25			甲批发部 汇总				580	315900	
26	9	2012/9/5	乙批发部	曼可妮单鞋	双	160	80	12800	吴小姐
27	10	2012/9/5	乙批发部	361°运动鞋	双	180	50	9000	吴小姐
28	11	2012/9/5	乙批发部	红蜻蜓靴子	双	680	50	34000	吴小姐
29	17	2012/9/15	乙批发部	秋水伊人外套	件	120	100	12000	吴小姐
30	18	2012/9/15	乙批发部	红袖坊外套	件	260	80	20800	吴小姐
31	23	2012/9/23	乙批发部	李宁运动鞋	双	240	120	28800	吴小姐
32	24	2012/9/23	乙批发部	运动外套	件	150	100	15000	吴小姐
33			乙批发部 汇总				580	132400	
34							1260	496800	吴小姐 汇总
35							2110	670600	总计

嵌套分类汇总

Sheet1 Sheet2 Sheet3

(c)

图 3-95　对工作表数据进行多关键字排序、高级筛选和嵌套分类汇总效果图

相关知识

3.4.1　制作空调销售表

制作空调销售表的具体步骤如下：

【步骤1】新建一个空白工作簿，在 Sheet1 工作表中输入某商场第一季度空调销售数据，其中"销售额"列中的数据通过公式计算得出，再将 Sheet1 的名称修改为"一季度"，如图 3-96 所示。

【步骤2】对工作表进行简单的格式设置，然后将工作簿保存为"空调销售表"。用户也可直接打开本书配套素材"项目三"文件夹中的"空调销售表"进行后面的操作。

制作空调销售表

图 3-96　制作空调销售表

3.4.2　数据排序

在 Excel 2016 中，如果只是对一列数据进行排序，可选中该列中的任意单元格，然后单击"数据"选项卡的"排序和筛选"组中的"升序"按钮或"降序"按钮。此时，同一行其他单元格的位置也将随之变化。如图 3-97 所示，对"销售数量"列进行升序排序。

数据排序

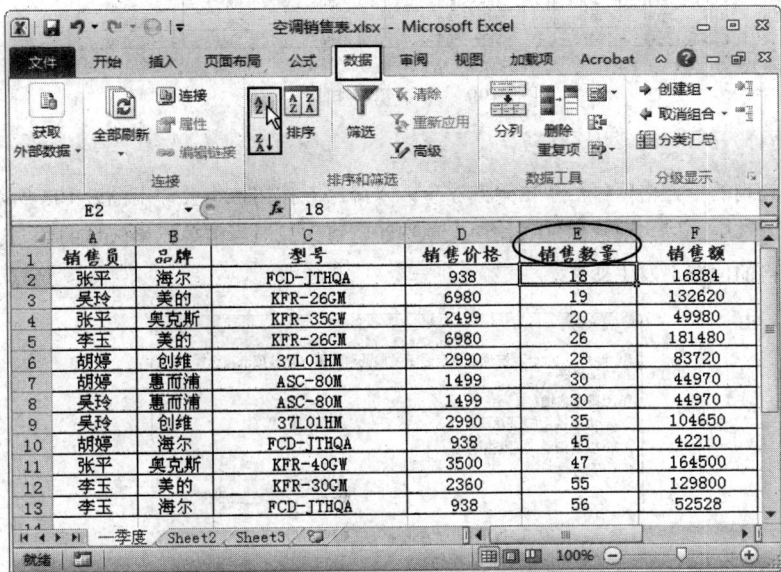

图 3-97　对"销售数量"列进行升序排序

对多列数据进行排序的具体操作步骤如下：

【步骤 1】单击"数据"选项卡的"排序和筛选"组中的"排序"按钮，打开"排序"对话框。在该对话框中选择主要关键字，如"品牌"，并选择"排序依据"和"排序次序"，如图 3-98(a)所示。

【步骤 2】单击对话框中的"添加条件"按钮，添加一个次要条件，并参照图 3-98(b)所示设置"次要关键字"及其"排序依据"和"次序"。

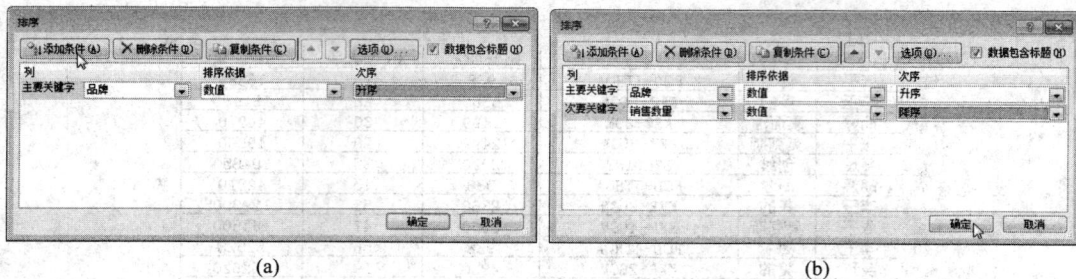

图 3-98　设置主要关键字和次要关键字条件

【步骤 3】如果需要，可参照步骤 2 的操作，为排序添加多个次要关键字，然后单击"确定"按钮进行排序。此时，系统先按照主关键字条件对工作表中各行进行排序；若数据相同，则将数据相同的行按照次关键字进行排序，排序结果如图 3-99 所示，最后将工作簿另存为"空调销售表(数据排序)"。

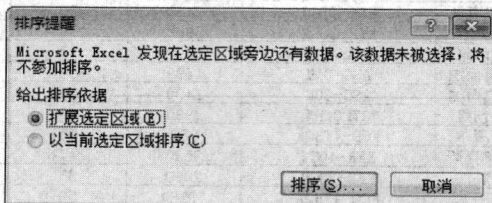

图 3-99　多关键字排序结果

注意

若选中某一列的单元格区域后单击"升序"或"降序"按钮，将会弹出图 3-100 所示的"排序提醒"对话框。若选中"以当前选定区域排序"单选钮，系统只对当前单元格区域的数据进行排序，同一行其他单元格的位置不发生变化。

图 3-100　"排序提醒"对话框

3.4.3　数据筛选

筛选可使数据表中仅显示那些符合条件的行，不符合条件的行将被隐藏。Excel 2016 中可以使用两种方式筛选数据：自动筛选和高级筛选。

1. 自动筛选

自动筛选可以轻松地显示出工作表中符合条件的行，适用于简单条件的筛选。自动筛选有 3 种筛选类型：按列表值、按格式或按条件。这 3 种

数据筛选 1

筛选类型是互斥的，用户只能选择其中的一种进行数据筛选。

【步骤 1】打开"空调销售表"工作簿，单击有数据的任意单元格，或选中要参与数据筛选的单元格区域 A1:F13，然后单击"数据"选项卡的"排序和筛选"组中的"筛选"按钮，此时标题行单元格的右侧将出现三角筛选按钮，如图 3-101 所示。

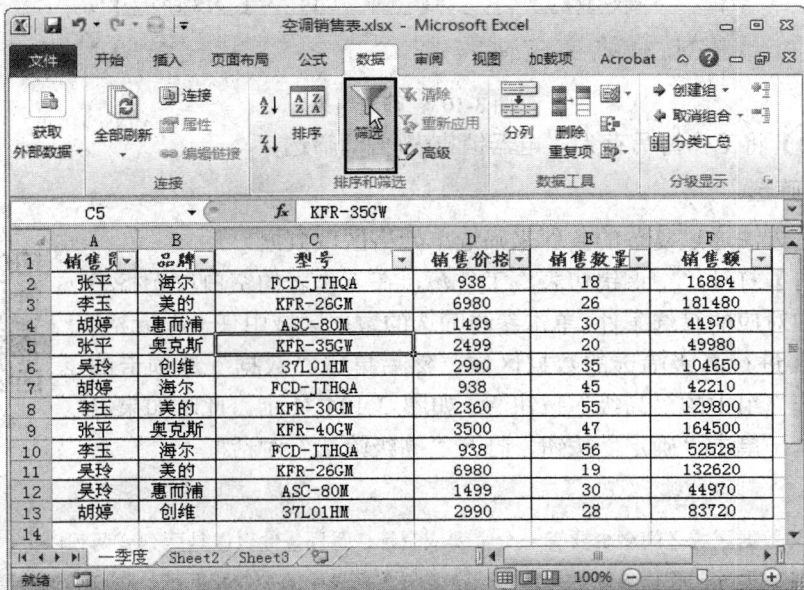

图 3-101 单击"筛选"按钮进行自动筛选

【步骤 2】单击"销售额"列标题右侧的三角筛选按钮，在展开的列表中选择"数字筛选"→"大于或等于"选项，然后在弹出的"自定义自动筛选方式"对话框中输入 100000，如图 3-102(a)、(b)所示，再单击"确定"按钮。此时，销售额小于 100000 的数据行将被隐藏，如图 3-103 所示。

(a)

(b)

图 3-102 按条件进行筛选

	C	D	E	F	
1	型号 ▼	销售价格 ▼	销售数量 ▼	销售额 ▼	
3	KFR-26GM	6980	26	181480	
6	37L01HM	2990	35	104650	
8	KFR-30GM	2360	55	129800	
9	KFR-40GW	3500	47	164500	
11	KFR-26GM	6980	19	132620	
14					

图 3-103　筛选结果

【步骤 3】将工作簿另存为"电器销售表(自动筛选)"。

2. 高级筛选

这种筛选方法通过复杂的条件来筛选单元格区域数据。

【步骤 1】打开"空调销售表"工作簿，在工作表的空白单元格中输入列标题和对应的筛选条件。单击参与筛选的数据区域中任一单元格，也可先选中要进行高级筛选的数据区域，然后单击"数据"选项卡的"排序和筛选"组中的"高级"按钮　，如图 3-104 所示。此时如果出现提示对话框，单击"确定"按钮，打开"高级筛选"对话框。

数据筛选 2

> **注意**
> 条件区域与数据区域之间至少要有一个空列或空行，而且条件可以是两列或两列以上，也可以是单列中的多个条件。另外，筛选条件中的字符一定要与数据表中的字符相匹配，否则筛选时会出错。

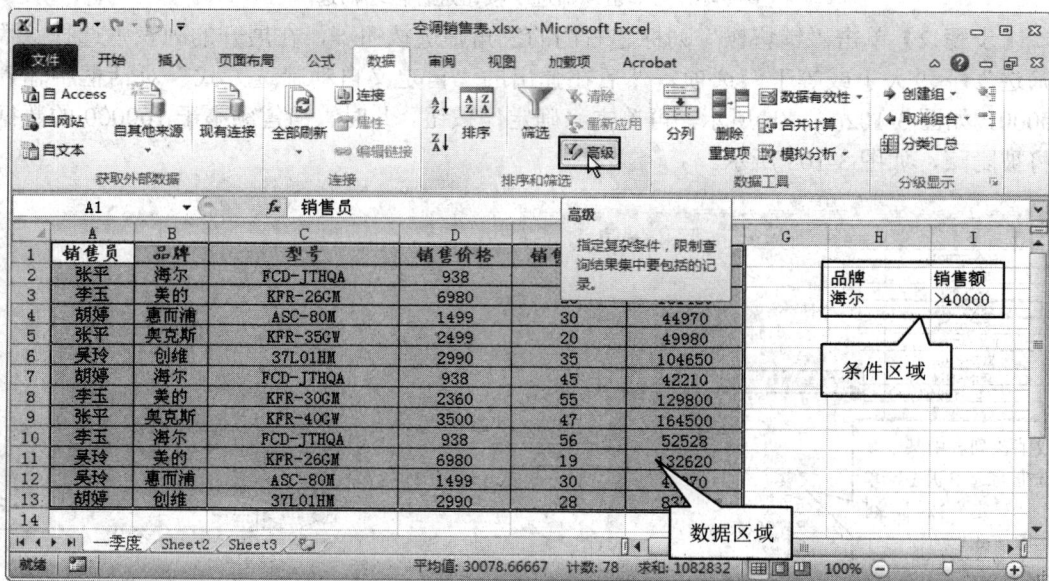

图 3-104　输入列标题和筛选条件

【步骤 2】在"高级筛选"对话框中确认"列表区域"(即数据区域)中显示的单元格区域是否正确(若不正确，可单击其右侧的　按钮，然后在工作表中重新选择要进行筛选操作的单元格区域)，然后设置筛选结果的显示方式，如图 3-105 所示。

【步骤 3】单击"高级筛选"对话框的"条件区域"右侧的▣按钮,打开"高级筛-选条件区域"对话框,如图 3-106 所示,然后在工作表中拖动鼠标选择步骤 1 设置的条件区域,再单击对话框中的▣按钮,返回"高级筛选"对话框。

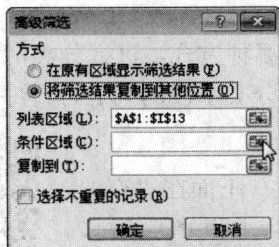

图 3-105 "高级筛选"对话框　　　　图 3-106 指定高级筛选的条件区域

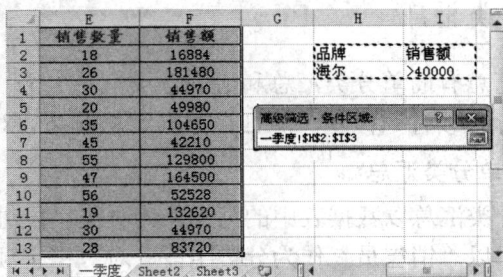

【步骤 4】单击"复制到"右侧的▣按钮,打开"高级筛选-复制到"对话框,然后在工作表中单击某一单元格,将其设置为筛选结果放置区左上角的单元格,再单击"高级筛选-复制到"对话框中的▣按钮,返回"高级筛选"对话框,如图 3-107 所示。

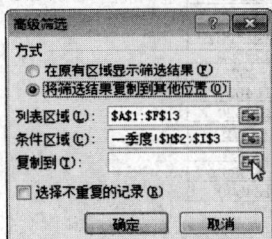

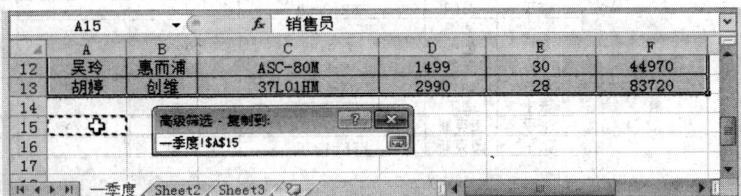

图 3-107 指定筛选结果放置区左上角的单元格

【步骤 5】单击"确定"按钮,系统将根据步骤 1 中输入的条件对工作表进行筛选,并将筛选结果放置到步骤 4 设置的指定区域,如图 3-108 所示。最后将工作簿另存为"空调销售表(高级筛选)"。

	A	B	C	D	E	F	G	H	I
1	销售员	品牌	型号	销售价格	销售数量	销售额			
2	张平	海尔	FCD-JTHQA	938	18	16884		品牌	销售额
3	李玉	美的	KFR-26GM	6980	26	181480		海尔	>40000
4	胡搏	惠而浦	ASC-80M	1499	30	44970			
5	张平	奥克斯	KFR-35GW	2499	20	49980			
6	吴玲	创维	37L01HM	2990	35	104650			
7	胡搏	海尔	FCD-JTHQA	938	45	42210			
8	李玉	美的	KFR-30GM	2360	55	129800			
9	张平	奥克斯	KFR-40GW	3500	47	164500			
10	李玉	海尔	FCD-JTHQA	938	56	52528			
11	吴玲	美的	KFR-26GM	6980	19	132620			
12	吴玲	惠而浦	ASC-80M	1499	30	44970			
13	胡搏	创维	37L01HM	2990	28	83720			
14									
15	销售员	品牌	型号	销售价格	销售数量	销售额			
16	胡搏	海尔	FCD-JTHQA	938	45	42210			
17	李玉	海尔	FCD-JTHQA	938	56	52528			
18									

图 3-108 筛选结果

3．取消筛选

如果要取消对某一列进行的筛选,可单击该列列标题单元格右侧的三角按钮▣,在展开的列表中选中"全选"复选框,然后单击"确定"按钮;要取消对所有列进行的筛选,可单击"数据"选项卡的"排序和筛选"组中的"清除"按钮；如果要删除数据表中的三角筛选按钮，可单击"数据"选项卡的"排序和筛选"组中的"筛选"按钮。

3.4.4　分类汇总

分类汇总有简单分类汇总和嵌套分类汇总之分。无论哪种方式，进行分类汇总的数据表的第一行必须有列标题，而且在分类汇总前必须对作为分类字段的列进行排序。

1. 简单分类汇总

简单分类汇总以数据表中的某列作为分类字段进行汇总。下面在"空调销售表"中以"销售员"作为分类字段，对"销售额"进行求和分类汇总。

【步骤 1】打开"空调销售表"工作簿，对"销售员"列数据进行升序排列，效果如图 3-109 所示。

分类汇总 1

	销售员	品牌	型号	销售价格	销售数量	销售额
2	胡婷	惠而浦	ASC-80M	1499	30	44970
3	胡婷	海尔	FCD-JTHQA	938	45	42210
4	胡婷	创维	37L01HM	2990	28	83720
5	李玉	美的	KFR-26GM	6980	26	181480
6	李玉	美的	KFR-30GM	2360	55	129800
7	李玉	海尔	FCD-JTHQA	938	56	52528
8	吴玲	创维	37L01HM	2990	35	104650
9	吴玲	美的	KFR-26GM	6980	19	132620
10	吴玲	惠而浦	ASC-80M	1499	30	44970
11	张平	海尔	FCD-JTHQA	938	18	16884
12	张平	奥克斯	KFR-35GW	2499	20	49980
13	张平	奥克斯	KFR-40GW	3500	47	164500

图 3-109　对"销售员"列数据进行升序排列

【步骤 2】单击工作表中有数据的任一单元格，然后单击"数据"选项卡的"分级显示"组中的"分类汇总"按钮，打开"分类汇总"对话框，在"分类字段"下拉列表中选择要分类的字段"销售员"，在"汇总方式"下拉列表中选择汇总方式"求和"，在"选定汇总项"列表中选择要汇总的项目"销售额"(可以选择多个汇总项)，如图 3-110 所示。

【步骤 3】单击"确定"按钮，即可将工作表中的数据按销售员-销售额进行汇总，如图 3-111 所示。最后另存工作簿为"空调销售表(按销售员分类汇总)"。

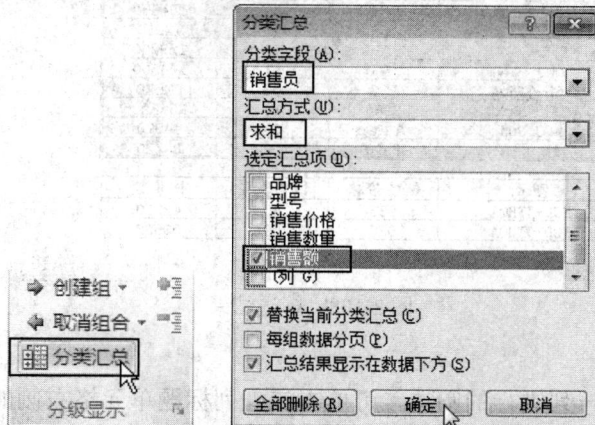

图 3-110　设置简单分类汇总的参数

图 3-111　按销售员-销售额进行简单分类汇总

2. 嵌套分类汇总

　　嵌套分类汇总用于对多个分类字段进行汇总。例如，在"空调销售表"中分别以"销售员"和"品牌"作为分类字段，对"销售额"进行求和汇总，其操作步骤如下：

　　【步骤 1】打开"空调销售表"工作簿，进行多关键字排序。其中，主要关键字为"销售员"，按升序排列；次要关键字为"品牌"，按降序排列。

　　【步骤 2】参考简单分类汇总的操作，以"销售员"作为分类字段，对"空调销售表"进行第一次分类汇总(参数设置与前面的操作相同)。

　　【步骤 3】再次打开"分类汇总"对话框，设置"分类字段"为"品牌"，"汇总方式"为"求和"，"选定汇总项"为"销售额"，并取消"替换当前分类汇总"复选框，单击"确定"按钮，如图 3-112 所示。嵌套分类汇总的结果如图 3-113 所示。

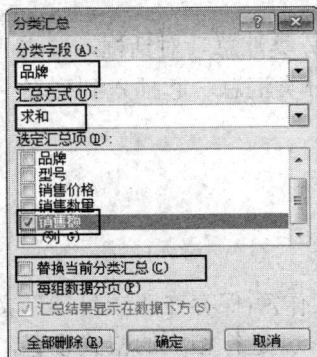

图 3-112　第二次分类汇总的参数

		销售员	品牌	型号	销售价格	销售数量	销售额
1		销售员	品牌	型号	销售价格	销售数量	销售额
2		胡婷	惠而浦	ASC-80M	1499	30	44970
3			惠而浦 汇总				44970
4		胡婷	海尔	FCD-JTHQA	938	45	42210
5			海尔 汇总				42210
6		胡婷	创维	37L01HM	2990	28	83720
7			创维 汇总				83720
8		胡婷 汇总					170900
9		李玉	美的	KFR-26GM	6980	26	181480
10		李玉	美的	KFR-30GM	2360	55	129800
11			美的 汇总				311280
12		李玉	海尔	FCD-JTHQA	938	56	52528
13			海尔 汇总				52528
14		李玉 汇总					363808
15		吴玲	美的	KFR-26GM	6980	19	132620
16			美的 汇总				132620
17		吴玲	惠而浦	ASC-80M	1499	30	44970
18			惠而浦 汇总				44970
19		吴玲	创维	37L01HM	2990	35	104650
20			创维 汇总				104650
21		吴玲 汇总					282240
22		张平	海尔	FCD-JTHQA	938	18	16884
23			海尔 汇总				16884
24		张平	奥克斯	KFR-35GW	2499	20	49980
25		张平	奥克斯	KFR-40GW	3500	47	164500
26			奥克斯 汇总				214480
27		张平 汇总					231364
28		总计					1048312

图 3-113　嵌套分类汇总的结果

3. 分级显示数据

从图 3-112 中可以看出，对工作表中的数据执行分类汇总后，在工作表的左侧将显示一些符号，如 1 2 3 4 、等；单击这些符号，可对分类汇总的结果进行分级显示，从而显示或隐藏工作表中的明细数据。

(1) 分级显示明细数据：单击分级显示符号 1 2 3 4 ，可显示相应级别的数据，较低级别的明细数据会隐藏起来。

(2) 隐藏与显示明细数据：单击工作表左侧的折叠按钮，可以隐藏对应汇总项的原始数据；此时该按钮变为，单击该按钮将显示原始数据。

(3) 清除分级显示：不需要分级显示时，可以根据需要将其部分或全部删除。要取消部分分级显示，可先选择要取消分级显示的行，然后单击"数据"选项卡的"分级显示"组中的"取消组合"→"清除分级显示"选项；要取消全部分级显示，可单击分类汇总工作表中的任意单元格，然后选择"清除分级显示"选项即可。

4. 取消分类汇总

要取消分类汇总，可打开"分类汇总"对话框，单击"全部删除"按钮。删除分类汇总的同时，Excel 2016 会删除与分类汇总一起插入到列表中的分级显示。

实 践 操 作

1. 排序进货表数据

【步骤 1】新建"进货表"工作簿(保存在"项目三"文件夹中)，然后在 Sheet1 工作表中输入所需数据，并进行相应的格式设置，效果如图 3-114 所示。

统计分析进货表

图 3-114　进货表

【步骤 2】对"货物名称"和"数量"列进行升序排列。单击工作表中的任一单元格，然后单击"数据"选项卡上"排序和筛选"组中的"排序"按钮，在打开的对话框中进行如图 3-115 所示的设置。

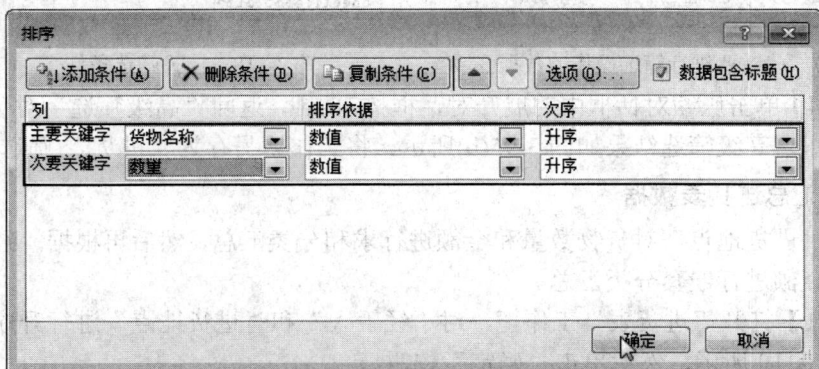

图 3-115　设置多关键字排序

【步骤 3】单击"确定"按钮，排序结果如图 3-95(a)所示。将工作簿另存为"进货表(排序)"。

2. 筛选进货表数据

在"进货表"中筛选出进货地点为"乙批发部"且金额高于 20000 的数据。

【步骤 1】打开"进货表"工作簿，在如图 3-116 所示的单元格区域输入筛选条件，然后单击工作表的任一单元格，再单击"高级"按钮。

【步骤 2】打开"高级筛选"对话框，保持"在原有区域显示筛选结果"单选钮的选中状态，并确认要进行筛选操作的数据区域，然后单击"条件"区域右侧的压缩对话框按

钮 ，如图 3-117 所示。

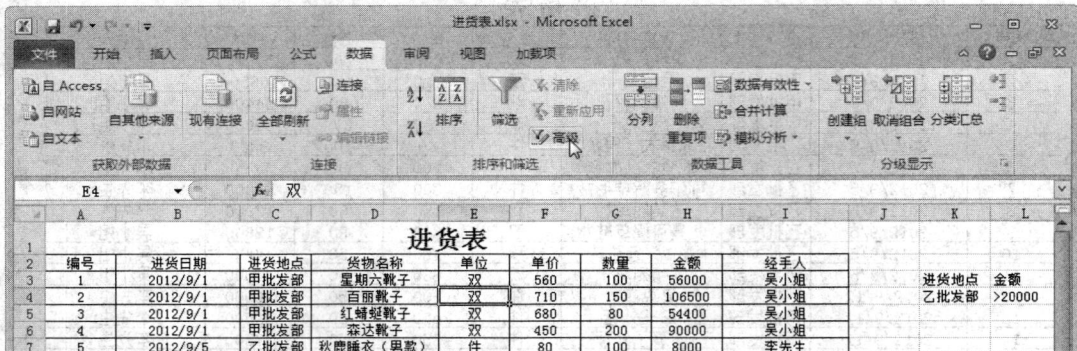

图 3-116　输入筛选条件后单击"高级"按钮

【步骤 3】在工作表中选择步骤 1 输入的筛选条件，如图 3-118 所示。

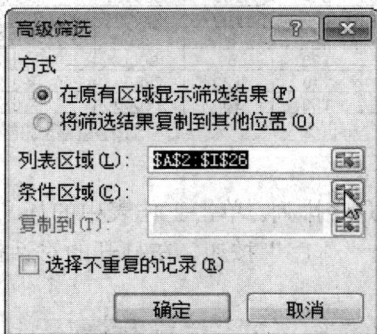

图 3-117　确认要进行筛选操作的数据区域　　　　图 3-118　选择筛选条件

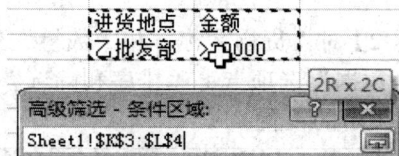

【步骤 4】单击压缩对话框中的展开对话框按钮 ，返回"高级筛选"对话框，单击"确定"按钮，高级筛选结果如图 3-95(b)所示。将工作簿另存为"进货表(筛选)"。

3. 分类汇总进货表数据

先根据"进货地点"对货物数量和金额进行求和分类汇总，然后再根据"经手人"对货物数量和金额进行嵌套分类汇总。

【步骤 1】打开"进货表"工作簿，对"经手人"和"进货地点"进行升序排列，参数设置如图 3-119 所示，然后单击"确定"按钮。

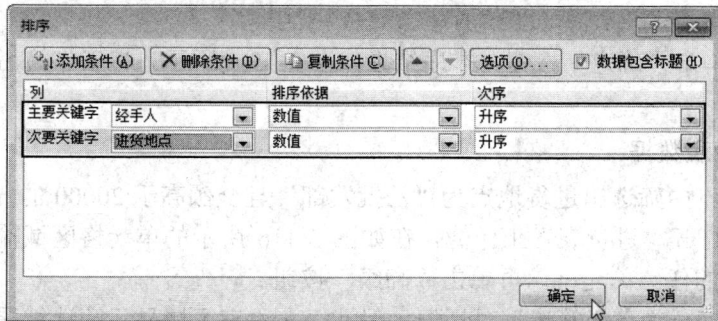

图 3-119　设置多关键字排序选项

【步骤 2】单击"数据"选项卡的"分级显示"组中的"分类汇总"按钮，打开"分类汇总"对话框，进行如图 3-120(a)所示的参数设置。

【步骤 3】单击"确定"按钮后，再次打开"分类汇总"对话框，并进行如图 3-120(b)所示的参数设置。

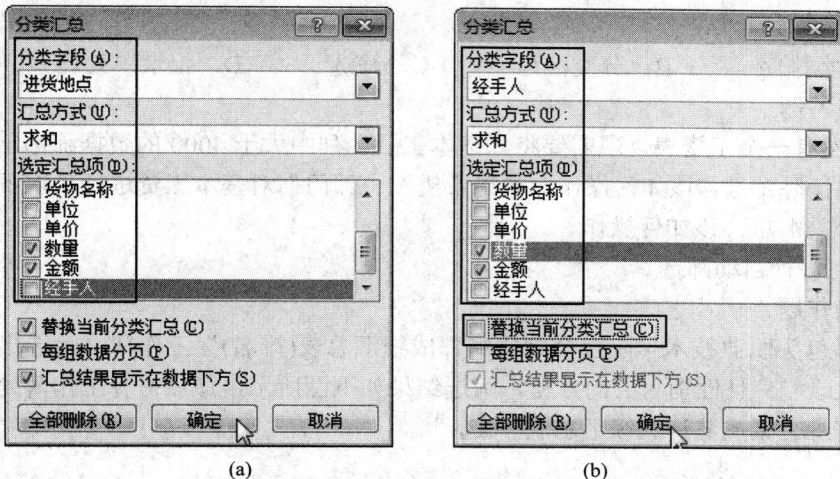

(a)　　　　　　　　　　　(b)

图 3-120 设置嵌套分类汇总选项

【步骤 4】单击"确定"按钮，嵌套分类汇总结果如图 3-95(c)所示。将工作簿另存为"进货表(分类汇总)"。

任 务 小 结

本任务主要介绍了数据处理与分析的方法。经过本任务的学习，读者能够利用数据排序功能对整个数据表或选定的单元格区域中的数据按文本、数字或日期和时间等进行升序或降序排列；通过筛选功能，可使数据表中仅显示那些满足条件的行，不符合条件的行将被隐藏；利用分类汇总功能，可把数据表中的数据分门别类地统计处理。

任 务 习 题

一、选择题

1．在 Excel 2016 表格中，在对数据表进行分类汇总前，必须做的操作是(　　)。

A．排序　　　　B．筛选　　　　C．合并计算　　　　D．指定单元格

2．数据排序时可以同时指定的关键字最多有(　　)个

A．1　　　　　　B．2　　　　　　C．3　　　　　　D．4

3．一个工作表中各列数据的第一行均为标题，若在排序时选取标题行一起参与排序，则排序后标题行在工作表数据清单中将(　　)。

A．总出现在第一行　　　　　　　　　　B．总出现在最后一行

C．依指定的排列顺序而决定其出现位置　　　　D．总不显示

4. 以下各项，对 Excel 2016 中的筛选功能描述正确的是(　　)。

A. 按要求对工作表中数据进行排序　　　　B. 隐藏符合条件的数据

C. 只显示符合设定条件的数据　　　　　　D. 按要求对工作表数据进行分类

5. 在 Excel 2016 数据清单中，按某一字段内容进行归类，并对每一类做出统计的操作是(　　)。

A. 分类排序　　　　B. 分类汇总　　　　C. 筛选　　　　D. 记录单处理

二、简答题

1. 假设有一个工资表，现需要将"基本工资"列中大于 4000 的数据筛选出来，该如何操作？要清除筛选，该如何操作？如果希望按"部门"对基本工资进行"求平均值"和"求和"分类汇总，该如何操作？

2. 如何进行自动筛选？

三、操作题

打开"包头职业技术学院综合素质测评成绩汇总表(排名)"工作簿，筛选出综合素质测评成绩大于 75 且性别为男的数据，筛选结果如下图所示，最后另存工作簿为"包头职业技术学院综合素质测评成绩汇总表(筛选)"。

	包头职业技术学院学生综合素质测评成绩汇总表						性别	综合素质测评成绩
系部：计算机与信息工程系			班级：		718131班		男	>75
序号	姓名	学号	性别	排名	综合素质测评成绩			
1	佰龙	71813101	男	6	76.31			
3	姜鹏宇	71813122	男	3	78.55			
6	田如梦	71813116	男	5	76.41			
9	董浩杰	71813108	男	8	75.21			

项目四

PowerPoint 2016

任务 1　制作幼儿识图演示文稿

▶教学目标

通过本任务的学习，了解演示文稿的组成和设计原则，熟悉 PowerPoint 2016 工作界面，能够创建演示文稿并插入图片和艺术字，掌握更换演示文稿主题、设置背景以及在幻灯片中输入文字等操作。

▶知识目标

➢ 了解演示文稿的组成和设计原则，以及如何插入幻灯片。
➢ 熟悉 PowerPoint 2016 的工作界面。
➢ 掌握演示文稿的创建和保存。
➢ 掌握幻灯片的基本操作。
➢ 掌握输入文本并设置格式的操作方法。
➢ 掌握幻灯片中插入和美化对象的操作方法。

▶技能目标

➢ 能够创建演示文稿并插入图片。
➢ 能够插入艺术字并对其美化。
➢ 能运用艺术字设置方法设计个性化作品。
➢ 培养审美能力、创新能力及协作精神。

❯❯　任 务 描 述

全国开展"学子情"一堂课爱心支教行动。作为志愿者的你，计划给留守儿童讲一堂幼儿识图的课，让幼儿感知图形、认识动物；运用多种感官调动幼儿思维，激发想象力，发展幼儿观察能力。

本任务通过制作图 4-1 所示的幼儿识图演示文稿，练习新建演示文稿及如何在幻灯片中插入图片、形状和艺术字并编辑的操作。

图 4-1　幼儿识图演示文稿

相关知识

4.1.1　演示文稿的组成和制作原则

　　演示文稿是由一张或若干张幻灯片组成的。每张幻灯片主要包括两部分内容：幻灯片标题(用来表明主题)、若干文本条目(用来论述主题)。另外，还可以包括图片、图形、图表、表格等其他对于论述主题有帮助的内容。

　　由多张幻灯片组成的演示文稿，通常在第一张幻灯片上单独显示其主标题和副标题，在其余幻灯片上分别列出相关的子标题和文本条目。

　　制作演示文稿的最终目的是演示，能否给观众留下深刻的印象是评定演示文稿效果的主要标准。为此，在进行演示文稿设计时一般应遵循以下原则：

　　(1) 重点突出。

　　(2) 简洁明了。

　　(3) 形象直观。

演示文稿的组成和设计原则

　　在演示文稿中应尽量减少文字的使用，因为大量的文字说明往往使观众感到乏味，应尽可能地使用其他更直观的表达方式，如图片、图形和图表等；还可以加入声音、动画和视频等，来加强演示文稿的表达效果。

4.1.2　认识 PowerPoint 2016 的工作界面

　　在桌面上单击"开始"按钮，然后依次单击"所有程序"→"Microsoft Office"→"Microsoft PowerPoint 2016"，即可启动 PowerPoint 2016。默认情况下，PowerPoint 2016 会创建一个演示文稿，其中会有一张

PowerPoint 2016 工作界面

包含标题占位符和副标题占位符的空白幻灯片，其工作界面如图 4-2 所示。其中的部分组成元素说明如下。

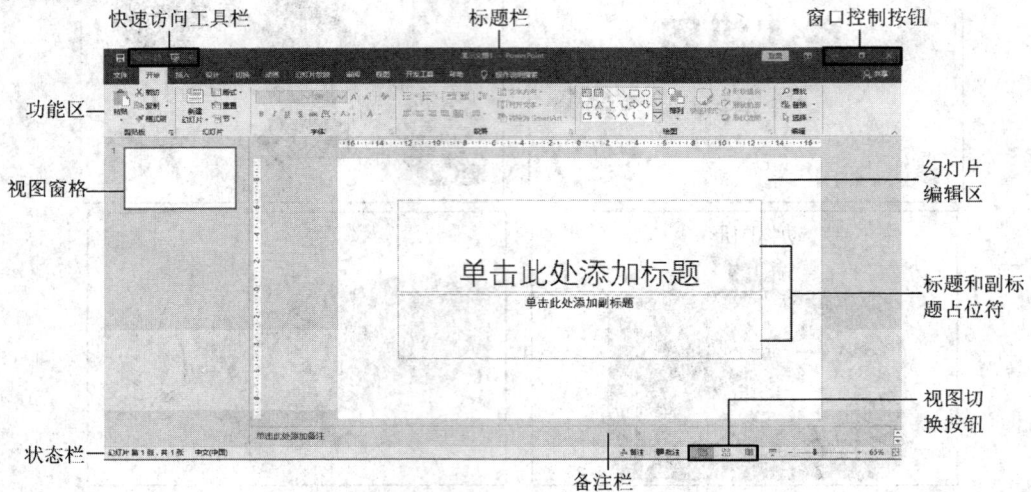

图 4-2　PowerPoint 2016 的工作界面

(1) 视图窗格：视图窗格显示了演示文稿中幻灯片的数量及位置。视图窗格显示了幻灯片的缩略图，单击某张缩略图即可选中该幻灯片，此时可在右侧的幻灯片编辑区对其内容进行编辑。

(2) 幻灯片编辑区：是编辑幻灯片的主要区域，在其中可以为当前幻灯片添加文本、图片、图形、声音和影片等，还可以创建超链接或设置动画。幻灯片编辑区有一些带有虚线边框的编辑框，被称为占位符，可在其中输入标题文本(标题占位符，单击即可输入文本)、正文文本(文本占位符)，或者插入图表、表格和图片(内容占位符)等对象。幻灯片版式不同，占位符的类型和位置也不同。

(3) 备注栏：用于为幻灯片添加一些备注信息。放映幻灯片时，观众无法看到这些信息。

(4) 视图切换按钮：单击不同的按钮 ▭ ▦ ▥ ，可切换到不同的视图模式。

PowerPoint 2016 提供了普通视图、幻灯片浏览视图、阅读视图和幻灯片放映视图等视图模式。其中，普通视图是 PowerPoint 2016 默认的视图模式，主要用于制作演示文稿；在幻灯片浏览视图中，幻灯片以缩略图的形式显示，从而方便用户浏览所有幻灯片的整体效果；阅读视图提供以窗口的形式来查看演示文稿的放映效果；幻灯片放映视图用来以全屏形式放映演示文稿中的幻灯片。

4.1.3　演示文稿新建要点

在 PowerPoint 2016 中，可以创建空白演示文稿，或者根据模板或主题来创建演示文稿，操作方法与 Word 2016 的相似。

单击"文件"选项卡的"新建"选项，然后单击要创建的演示文稿类型即可，如图 4-3 所示。如果是根据主题或模板创建演示文稿，则需要在打开的界面中选择具体的主题或模板，然后单击"创建"或"下载"按钮。

演示文稿的创建和保存

图 4-3　创建演示文稿

利用主题可以创建具有特定版面、格式，但无内容的演示文稿；利用模板可以创建具有特定内容和格式的演示文稿。利用模板创建后，只需修改相关内容，就可快速制作出各种专业的演示文稿。

读者也可从 Office.com 网站下载微软提供的演示文稿模板，方法是：在"新建"界面中间窗格的"搜索联机模板和主题"分类下选择需要使用的模板类型，此时系统会从网上搜索有关该分类的所有模板；当搜索完毕时，在中间区域选择所需模板，然后单击"下载"按钮，即可在线下载该模板并应用。此外，也可以从其他网站下载演示文稿模板，只需使用 PowerPoint 2016 打开该模板并将其另存，然后进行编辑操作即可。

4.1.4　创建和保存旅行社宣传册演示文稿

根据主题创建并保存名为"旅行社宣传册"的演示文稿。

【步骤 1】启动 PowerPoint 2016，单击"文件"选项卡标签，在打开的界面中单击"新建"选项，在中间窗格单击"主题"，然后在展开的主题列表中选择一个主题"平面"，如图 4-4(a)所示。

【步骤 2】单击右侧窗格的"创建"按钮，即可根据所选主题创建演示文稿，如图 4-4(b)所示。

【步骤 3】单击快速访问工具栏中的"保存"按钮█，打开"另存为"对话框，在左侧的导航窗格中选择保存位置，在"文件名"编辑框中输入文件名"旅行社宣传册"，可在"保存类型"下拉列表中选择保存类型，通常保持默认的"PowerPoint 演示文稿"类型，但也可以选择其他保存类型。例如，可以将演示文稿保存为放映格式、视频格式或图片格式等。单击"保存"按钮保存演示文稿，如图 4-5 所示。

(a)　　　　　　　　　　　　　　　　(b)

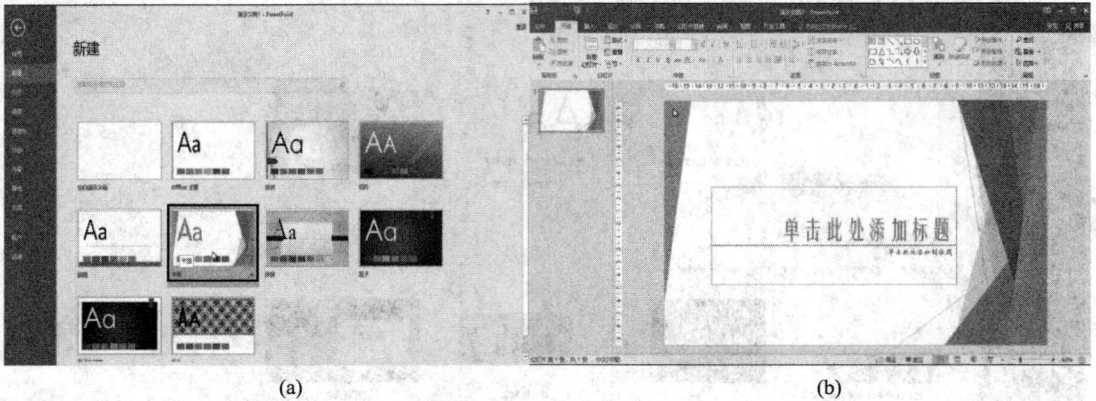

图 4-4　根据主题创建演示文稿

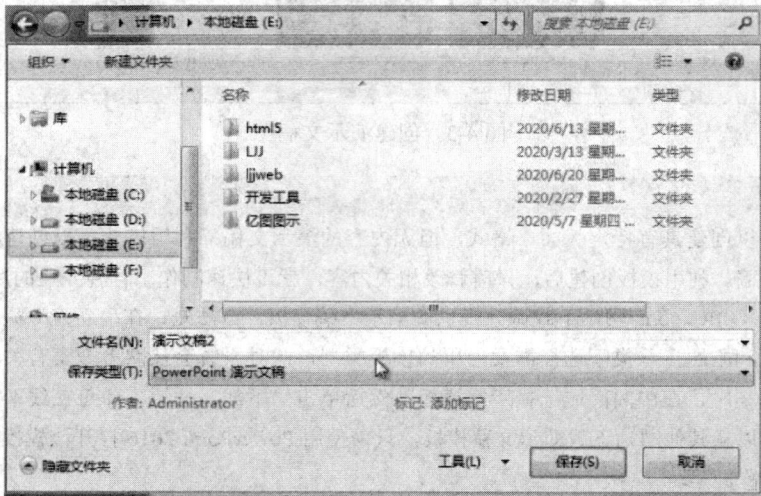

图 4-5　保存演示文稿

4.1.5　更改演示文稿主题

　　用户除了可以在新建演示文稿时根据某个主题新建幻灯片外，也可在创建演示文稿后再应用某个主题，或更改演示文稿的背景颜色等。更改"旅行社宣传册"演示文稿主题的具体操作步骤如下：

　　【步骤1】打开新建的"旅行社宣传册"演示文稿，单击"设计"选项卡的"主题"组中列表右侧的"其他"按钮 ，如图 4-6(a)所示。

更改演示文稿主题

　　【步骤2】在展开的主题列表中单击选择要应用的主题，如"华丽"，如图 4-6(b)所示，即可为演示文稿中的所有幻灯片应用该系统内置主题。

　　如果希望将选择的主题只应用于当前所选幻灯片，可右击主题，从弹出的快捷菜单中选择"应用于选定幻灯片"项。

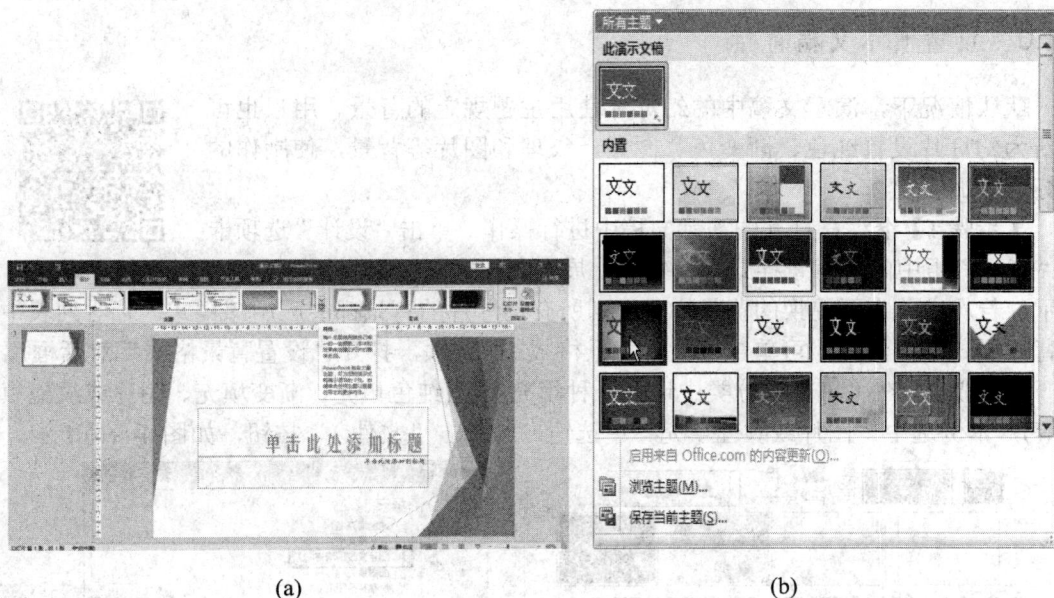

(a)　　　　　　　　　　　　　　　　(b)

图 4-6　应用主题

小技巧

　　在对幻灯片应用了某个主题后，如果对主题不满意，还可自行设置主题的颜色、字体和效果，方法是：单击"设计"选项卡的"主题"组右侧的"颜色""字体"或"效果"按钮，分别在展开的列表中进行选择，如图 4-7(a)、(b)、(c)所示。

　　(1) 主题颜色：PowerPoint 2016 提供了一套控制颜色的机制，它以预设的方式控制着演示文稿的一些基本颜色特征，如幻灯片背景、标题文本和所绘图形等对象的默认颜色。

　　(2) 主题字体：演示文稿中所有标题文字和正文文字的默认字体。

　　(3) 主题效果：幻灯片中图形轮廓和填充效果设置的组合，其中包含了多种常用的阴影和三维设置组合。

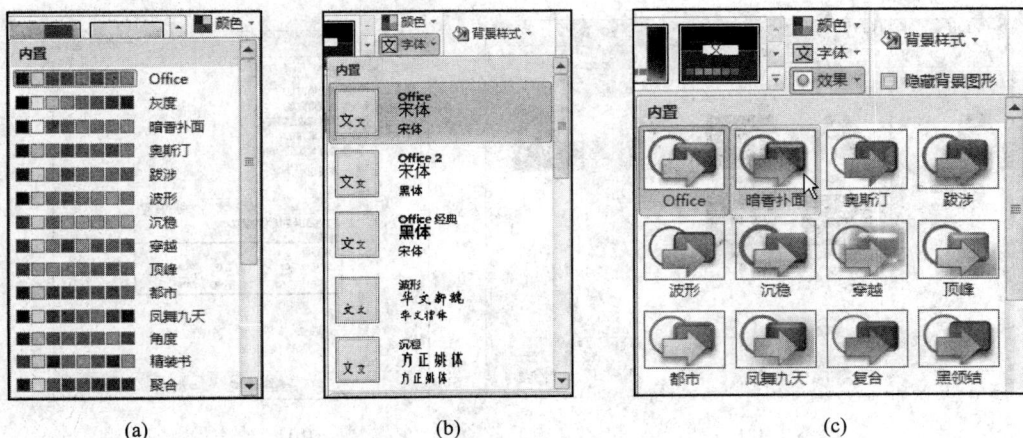

(a)　　　　　　　　　　(b)　　　　　　　　　　(c)

图 4-7　设置主题颜色、字体和效果

4.1.6　设置演示文稿背景

　　默认情况下，演示文稿中的幻灯片使用主题规定的背景。用户也可重新为幻灯片设置纯色、渐变色、图案、纹理和图片等背景，使制作的幻灯片更加美观。

设置演示文稿背景

　　【步骤1】继续在打开的演示文稿中进行操作。单击"设计"选项卡的"背景"组中的"背景样式"按钮，展开背景样式列表，如图4-8(a)所示。若从中单击要更换的背景样式，则所有幻灯片的背景都会应用该样式；若对列表中的背景样式都不满意，可单击"设置背景格式..."选项，打开"设置背景格式"对话框。

　　【步骤2】在"填充"分类中选择一种填充类型(纯色填充、渐变填充、图片或纹理填充等)，本例选中"图片或纹理填充"单选钮，再单击"文件..."按钮，如图4-8(b)所示。

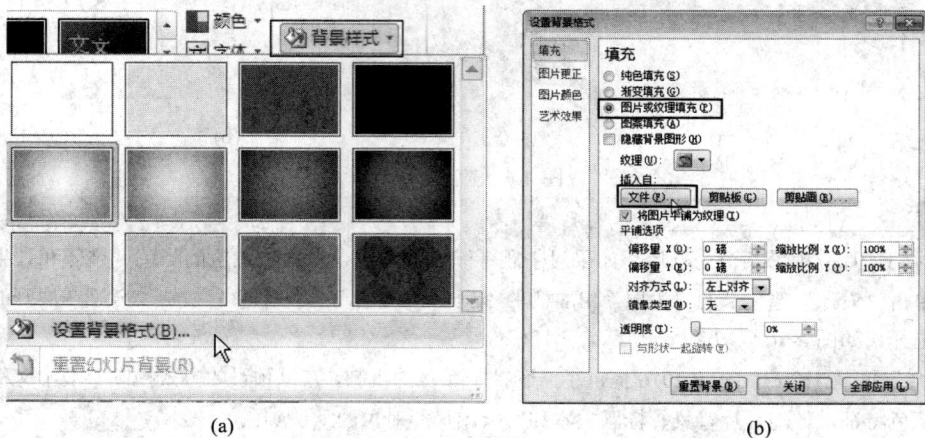

(a)　　　　　　　　　　(b)

图4-8　背景样式列表和"设置背景格式"对话框

　　【步骤3】弹出"插入图片"对话框，在其中找到本书配套素材"知识点素材"→"任务三"文件夹中的"延伸"图片，如图4-9(a)所示。选中图片并单击"插入"按钮，返回"设置背景格式"对话框，然后在"偏移量"的各编辑框中设置数值，如图4-9(b)所示。

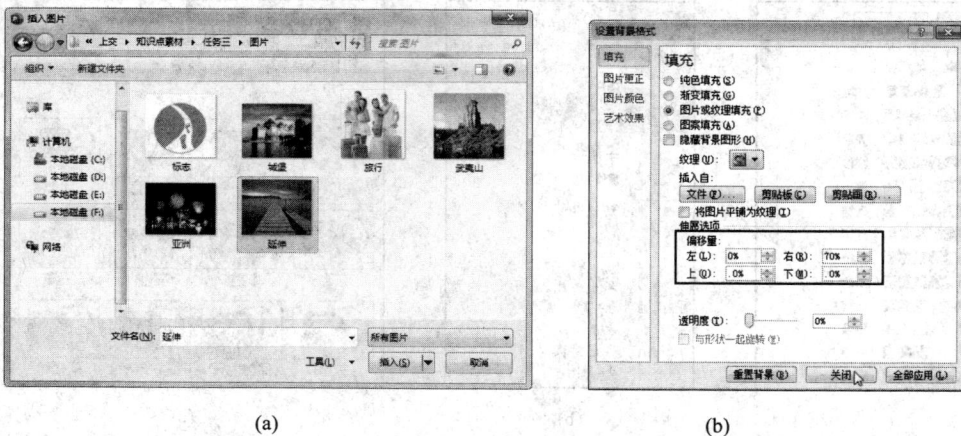

(a)　　　　　　　　　　(b)

图4-9　插入图片并设置偏移量

【步骤4】单击"关闭"按钮，将设置的背景应用于当前幻灯片中，效果如图 4-10 所示。若单击"全部应用"按钮，则可将设置的背景应用于演示文稿中的所有幻灯片。

图 4-10　更换第 1 张幻灯片的背景效果

注意

"设置背景格式"对话框中各填充类型的作用如下：

(1) 纯色填充：用来设置纯色背景，可设置所选颜色的透明度。

(2) 渐变填充：可通过选择渐变类型、设置色标等来设置渐变填充。

(3) 图片或纹理填充：若要使用纹理填充，可单击"纹理"右侧的按钮，在弹出的列表中选择一种纹理即可。

(4) 图案填充：用来设置图案填充。设置时，只需选择需要的图案，并设置图案的前景色、背景色即可。

若在对话框中选择"隐藏背景图形"复选框，设置的背景将覆盖幻灯片母版中的图形、图像和文本等对象，也将覆盖主题中自带的背景。

4.1.7　输入文本并设置格式

在 PowerPoint 2016 中，用户可以使用占位符或文本框在幻灯片中输入文本。

【步骤1】单击第 1 张幻灯片的标题占位符，输入标题文本"通达旅行社"，再在占位符中选中该文本，在"开始"选项卡的"字体"组中设置标题文本的字号为 54，字形为倾斜，如图 4-11 所示。

输入文本并设置格式

【步骤2】单击副标题占位符，输入文本"服务为先，信誉为本"，然后将鼠标指针移至副标题占位符的边缘，待其变成十字形状时按住鼠标左键向左适当拖动，如图 4-12(a)、(b)所示。选择占位符、调整占位符大小以及移动占位符等操作与在 Word 文档中调整文本框相同，这里不再赘述。

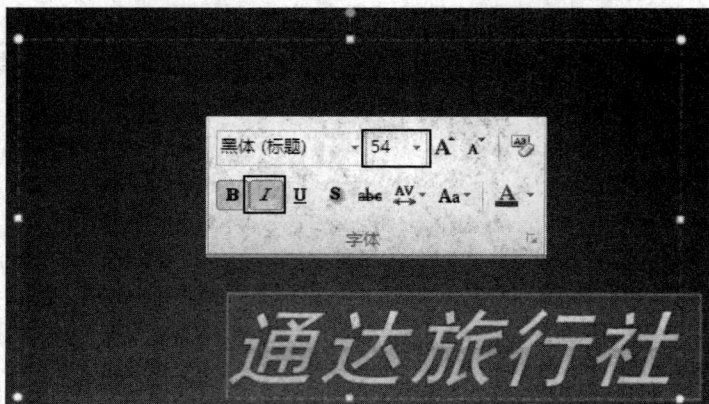

图 4-11　输入标题文本并设置格式

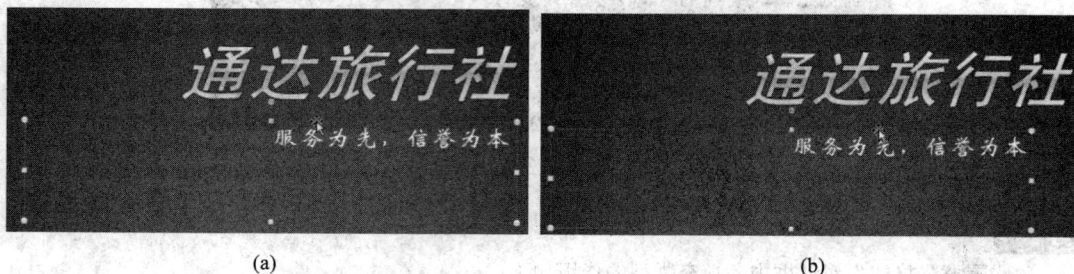

(a)　　　　　　　　　　　　　　　　(b)

图 4-12　输入副标题文本并适当调整

【步骤 3】单击"开始"选项卡的"绘图"组中的"文本框"按钮，如图 4-13(a)所示，在幻灯片左上角拖动鼠标绘制一个横排文本框，然后输入如图 4-13(b)所示文本。

(a)　　　　　　　　　　　　　　　　(b)

图 4-13　绘制文本框并输入文本

> **注意**
>
> 　与 Word 中的文本框不同的是，在 PowerPoint 中拖动鼠标绘制的文本框没有固定高度，其高度会随输入的文本自动调整。若选择文本框工具后在幻灯片中单击，则绘制的文本框没有固定宽度，其宽度将随输入的文本自动调整。

【步骤 4】单击"绘图工具 格式"选项卡，在"形状样式"组中为文本框选择一种系统内置的样式，如"中等效果，紫色，强调颜色 2"，在"艺术字样式"组中为文本框中的文字选择一种艺术字样式，如"填充-紫色-强调文字颜色 2，粗糙棱台"，如图 4-14(a)、(b)、(c)所示。至此，第 1 张幻灯片制作完毕。

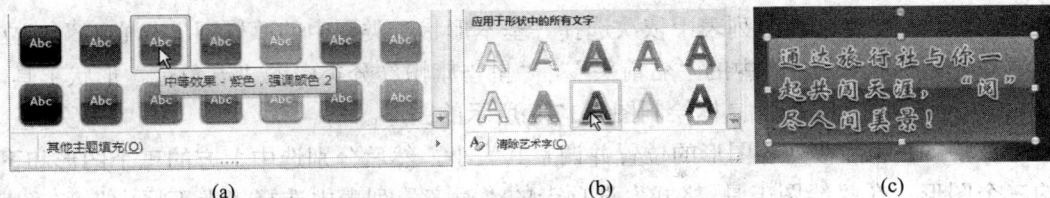

图 4-14 设置文本框和文字的样式

实践操作

1. 制作演示文稿的第 1 张和第 2 张幻灯片

【步骤 1】新建一个空白演示文稿,以"幼儿识图"为名保存在"项目四"文件夹中。在第 1 张幻灯片的标题占位符和副标题占位符中分别输入图 4-15(a)所示的文本,并参考图中所示,设置字体、字号和字体颜色,以及适当移动两个占位符的位置。

【步骤 2】 在第 1 张幻灯片后插入一张版式为"仅标题"的新建幻灯片,在标题占位符中输入文本"常见图形",并保持默认的字体不变。

制作幼儿识图演示文稿

【步骤 3】在"插入"选项卡的"插图"组的"形状"列表中,单击"矩形"类别中的"矩形"工具,如图 4-15(b)所示,然后按住【Shift】键,在第 2 张幻灯片中拖动鼠标绘制一个正方形,如图 4-16 所示。

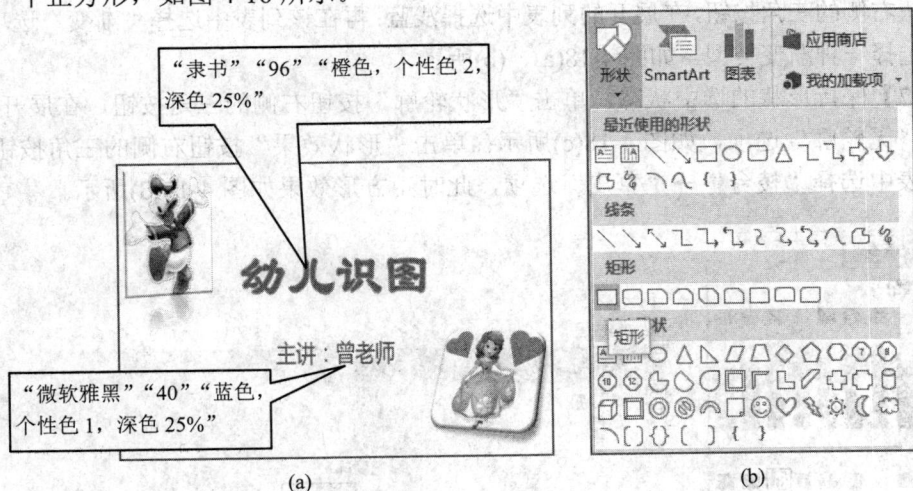

图 4-15 制作第 1 张幻灯片

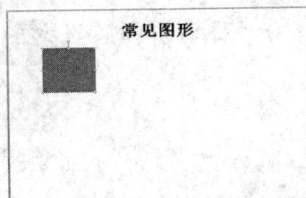

图 4-16 在第 2 张幻灯片中绘制正方形

【步骤4】在"形状"列表中依次选择"基本形状"类别中的"椭圆""心形""立方体",以及"箭头"分类中的"右箭头","星与旗帜"分类中的"五角星"形状工具,分别在第2张幻灯片中拖动鼠标绘制图4-17(a)所示的图形。

【步骤5】适当移动各图形的位置并调整其大小,然后分别选中上方的三个图形和下方的三个图形,在"绘图工具 格式"选项卡的"对齐"列表中选择"上下居中"和"横向分布"项,如图4-17(b)所示,此时的幻灯片效果如图4-17(c)所示。

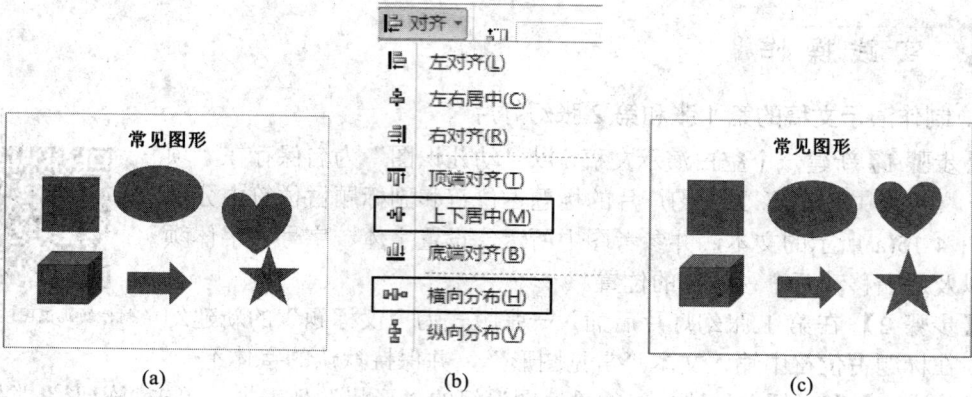

图 4-17　绘制其他形状并设置对齐和分布

【步骤6】选中正方形,然后单击"绘图工具 格式"选项卡的"形状样式"组中"形状填充"按钮右侧的三角按钮,在展开的列表中选择浅蓝;再在该列表中选择"渐变"选项,在子列表中选择一种渐变类型,如图4-18(a)、(b)所示。

【步骤7】保持形状的选中状态,单击"形状轮廓"按钮右侧的三角按钮,在展开的列表中选择"无轮廓"选项,如图4-18(c)所示;单击"形状效果"按钮右侧的三角按钮,在展开的列表中选择"棱台"→"草皮"选项,此时正方形效果如图4-18(d)所示。

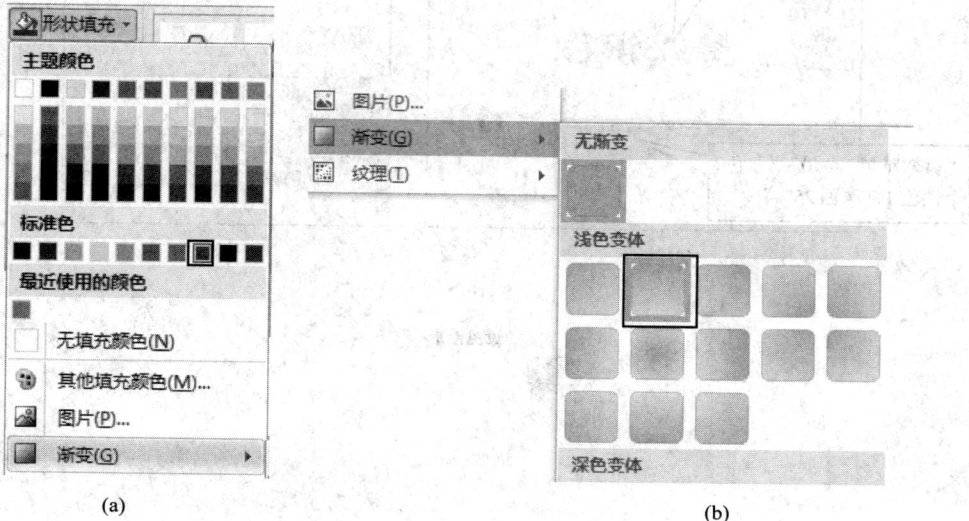

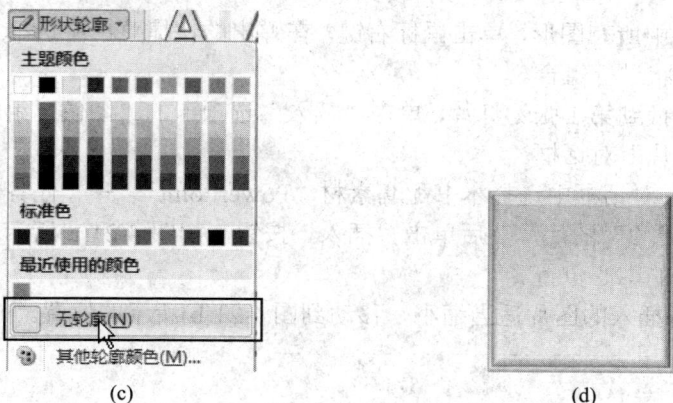

(c)   (d)

图 4-18　设置形状的填充、轮廓和效果

【步骤 8】分别选中椭圆、心形、立方体、箭头和五角星，单击"形状样式"组中的"其他"按钮，在展开的列表中为形状设置系统内置的样式，如图 4-19(a)所示。用户可根据个人喜好进行选择，效果如图 4-19(b)所示。

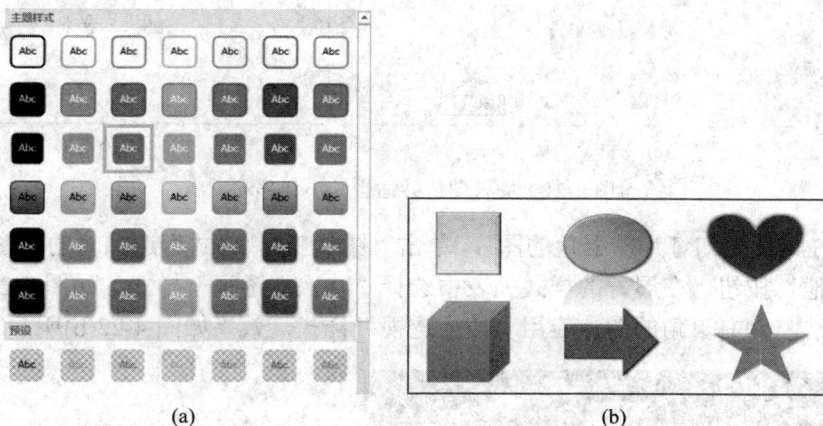

(a)   (b)

图 4-19　设置其他形状的样式及效果

【步骤 9】在正方形处单击鼠标右键，从弹出的快捷菜单中选择"编辑文字"，然后在图形中输入文本"正方形"，并设置字体为华文琥珀，字号为 24，字体颜色为白色。用同样的方法，在其他图形内输入相应的文字并设置格式，效果如图 4-20 所示。

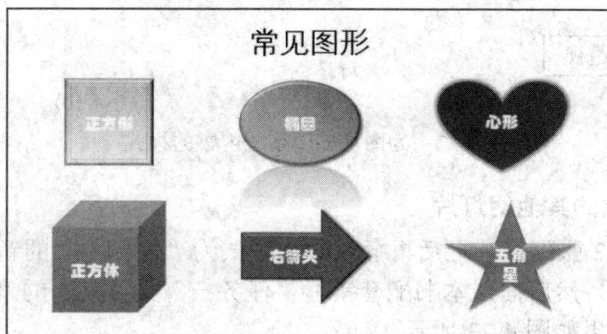

图 4-20　在图形中输入文字并设置格式

【步骤10】选中所有图形，单击鼠标右键，在弹出的快捷菜单中选择"组合"→"组合"项，将所有形状进行组合。

【步骤11】切换到第1张幻灯片，单击"插入"选项卡的"图像"组中的"图片"按钮，弹出"插入图片"对话框。

【步骤12】在对话框中选择本书配套素材"PowerPoint"→"任务一"文件夹中的"卡通1"和"卡通2"图片，然后单击"插入"按钮，如图4-21(a)所示，将所选的图片插入到当前幻灯片的中心位置。

【步骤13】将插入的图片适当缩小，移动到图4-21(b)所示的位置。

(a)　　　　　　　　　　(b)

图4-21　插入图片并适当缩小和移动

【步骤14】选中幻灯片左上角的图片，单击"图片工具 格式"选项卡的"图片样式"组中的"其他"按钮，在展开的样式列表中选择"映像右透视"样式，如图4-22(a)所示；用同样的方法，为右下角的图片应用"棱台透视"样式，效果如图4-22(b)所示。

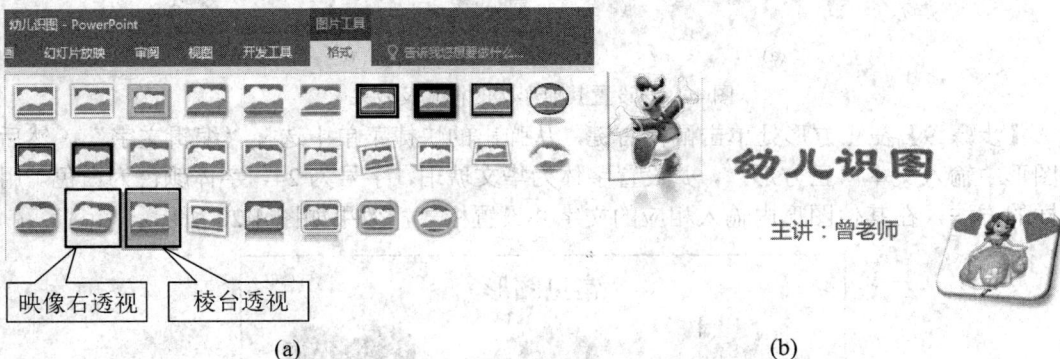

映像右透视　　棱台透视

(a)　　　　　　　　　　(b)

图4-22　为图片应用系统内置的样式

2. 制作演示文稿的其他幻灯片

【步骤1】在第2张幻灯片之后再插入一张版式为"仅标题"的新建幻灯片，输入标题文本"动物图形"，然后插入本书配套素材"任务一"文件夹中的"小狗"图片，调整图片至合适大小，效果如图4-23所示。

动物图形

图 4-23　调整图片大小

【步骤 2】单击"图片工具 格式"选项卡的"大小"组中"裁剪"按钮下方的三角按钮，在弹出的列表中依次选择"裁剪为形状"→"圆角矩形"项，将图片裁剪为圆角矩形，如图 4-24 所示。

图 4-24　裁剪图片

【步骤 3】保持图片的选中状态，在"图片工具 格式"选项卡的"图片边框"按钮列表中选择橙色，并将边框粗细设为 3 磅；接着在"图片效果"按钮列表中选择"棱台"→"艺术装饰"效果，此时图片效果如图 4-25 所示。

【步骤 4】在图片上方绘制一个圆角矩形，为其应用合适的内置样式(可根据自己的喜好选择)，然后在其中输入文本"小狗"，设置字体为华文琥珀，字号为 24，颜色为白色，效果如图 4-26 所示。

图 4-25　裁剪图片并设置图片边框　　　　　图 4-26　绘制圆角矩形并输入文本

【步骤 5】再插入一张版式为"空白"的新建幻灯片，参考前面步骤插入图片"老虎"。将图片裁剪为圆角矩形，设置图片边框和效果，再在图片上方绘制圆角矩形并输入"老虎"文本，效果如图 4-27(a)所示。

【步骤6】依次新建3张"空白"版式的幻灯片,按同样方法分别插入图片"狮子""老鹰"和"猩猩"并进行设置(也可直接为图片应用内置样式),效果如图 4-27(b)、(c)、(d)所示。

(a)　　　　　　　　　　　　　　　　　　　(b)

(c)　　　　　　　　　　　　　　　　　　　(d)

图 4-27　制作其他幻灯片

【步骤 7】检查一下设置的图片效果,然后单击"图片工具 格式"选项卡中的"调整"按钮,对部分图片的亮度和对比度进行调整;再单击"大小"组中的"裁剪"按钮,将某些图片下方的网址裁掉。

【步骤8】在演示文稿的最后添加一张空白幻灯片,然后单击"插入"选项卡的"图像"组中的"联机图片"按钮,弹出"插入图片"对话框,如图4-28所示,在搜索框中输入"剪贴画",插入一张卡通画。

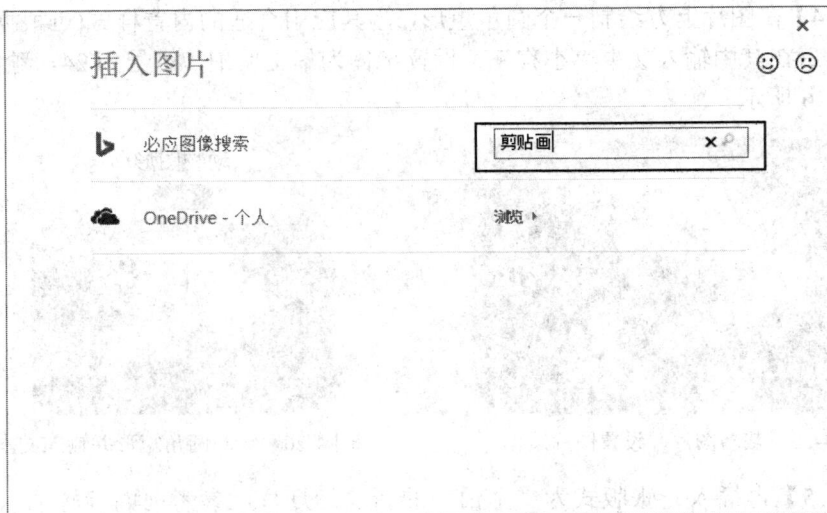

插入图片　　　　　　　　　　　　　　　　　　☺ ☹　✕

ｂ　必应图像搜索　　　　　　　　剪贴画　　　　　✕ 🔍

☁　OneDrive - 个人　　　　　　　浏览 ▸

图 4-28　插入剪贴画

【步骤 9】绘制一个"星与旗帜"类别中的"波形"形状～，在形状内输入文字"小朋友，再见"，设置字体为幼圆，字号为48，效果如图 4-29 所示。

图 4-29　绘制波形形状并输入文本

【步骤 10】在"绘图工具 格式"选项卡的"形状样式"组的列表中为形状选择一种样式；在"艺术字样式"组中为文本选择一种艺术字样式，并在"文本填充"按钮列表中设置文本的填充颜色为浅蓝；最后在"艺术效果"按钮列表中选择"转换"→"波形 1"。设置过程和效果如图 4-30 所示。最后再次保存演示文稿。

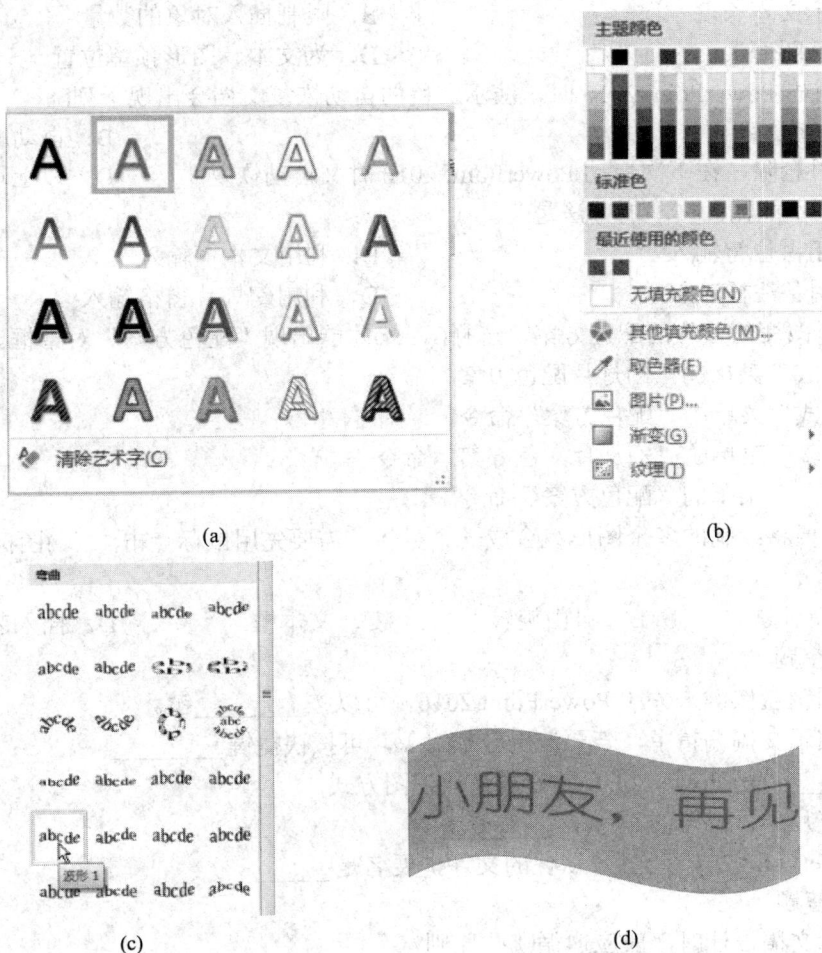

(a)

(b)

(c)

(d)

图 4-30　设置文本框和艺术字效果

任 务 小 结

本任务介绍了使用 PowerPoint 2016 制作演示文稿的操作方法和步骤。经过本任务的学习，读者应能够创建演示文稿，新建和复制幻灯，插入幻灯片，更改演示文稿主题，设置演示文稿背景，插入图形、图片并进行美化。

任 务 习 题

一、选择题

1. 幻灯片中占位符的作用是(　　　　)。

A．表示文本长度　　　　　　　　　　B．限制插入对象的数量

C．表示图形大小　　　　　　　　　　D．为文本、图形预留位置

2. 在退出 PowerPoint 2016 时，演示文稿的自动恢复文档会出现下列(　　　)情况。

A．自动保存　　　　　　　　　　　　　　　　B．自动删除

C．暂时删除，在下次启动 PowerPoint 2016 时又自动恢复　　　D．以上均错

3. 以下不能输入文本的方法是(　　)。

A．利用占位符输入　　　　　　　　　B．利用文本框输入

C．利用备注栏输入　　　　　　　　　D．利用幻灯片窗格输入

4. 为了改变幻灯片的配色方案，选择(　　)才能出现"配色方案"对话框。

A．"格式"菜单的"幻灯片配色方案"命令

B．"格式"菜单的"配色方案"命令

C．"编辑"菜单的"幻灯片配色方案"命令

D．"工具"菜单的"配色方案"命令

5. 若需要将绘制的多个图形组合成一个整体，需要先用鼠标点击(　　)图标，再选择图形组合。

A．选择对象　　　　B．自由旋转　　　　C．文本框　　　　D．插入艺术字

二、填空题

1. 若用键盘按键来关闭 PowerPoint 2016，可以按_____键。

2. 在演示文稿编辑中，若要选定全部对象，可按快捷键_____。

3. _____是 PowerPoint 2016 的默认视图方式。

4. 幻灯片中占位符的作用是_____。

5. PowerPoint 2016 幻灯片默认的文件扩展名是_____。

三、简答题

1. 演示文稿设计时一般应遵循哪些原则？

2. PowerPoint 2016 中的三种基本视图各是什么？分别有什么特点？

3. 如何插入/删除幻灯片？

任务 2　制作电脑产品宣传演示文稿

▶教学目标

　　通过本任务的学习，能够熟练设置幻灯片版式，更改演示文稿主题，为幻灯片中的对象设置切换效果、动画效果。

▶知识目标

- ➤ 设置幻灯片版式。
- ➤ 更改演示文稿主题。
- ➤ 设置演示文稿背景。
- ➤ 编辑幻灯片母版。
- ➤ 为幻灯片设置切换效果。
- ➤ 为幻灯片中的对象设置动画效果。

▶技能目标

- ➤ 理解版式类别和母版的概念。
- ➤ 学会设置母版和选择不同版式。
- ➤ 掌握幻灯片切换设置方法。
- ➤ 能根据主题的要求选用适当的动画效果。

❯ 任 务 描 述

　　联想公司为了开拓市场，借助产品发布会推广最新个人笔记本。现要求市场部小王制作一份演示文稿，来展示新产品的配置、性能优势。本任务通过制作如图 4-31 所示的演示文稿，练习使用幻灯片母版，为段落设置外部项目符号，为演示文稿设置切换效果，为幻灯片中的对象设置动画效果的操作方法。

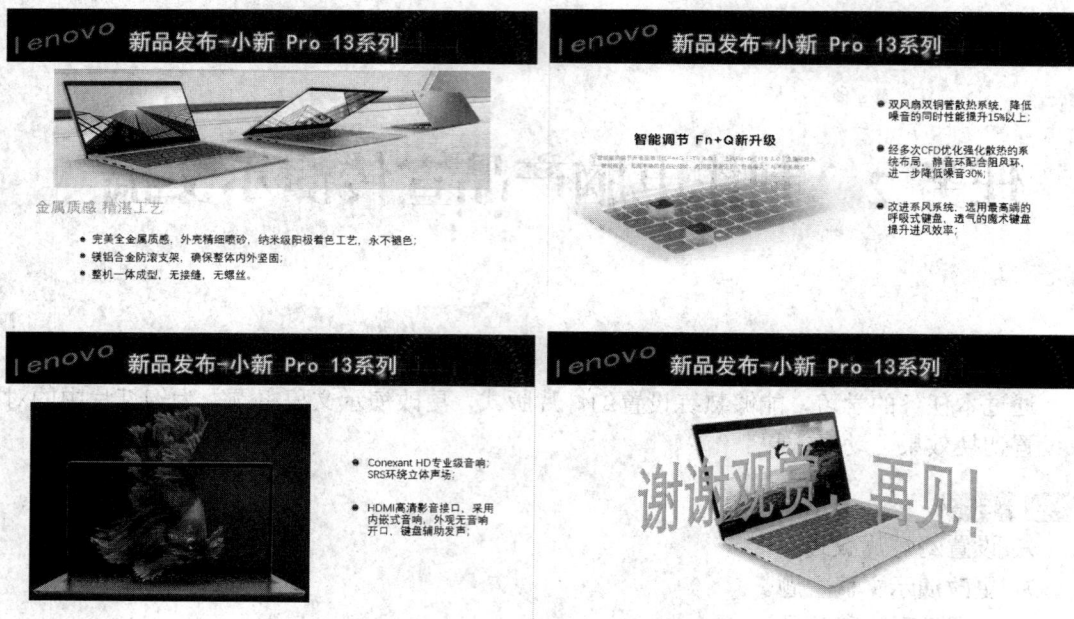

图 4-31　电脑产品宣传演示文稿

相 关 知 识

➤ 插入、复制和移动幻灯片：默认情况下，新建演示文稿时只包含一张幻灯片，但演示文稿通常都是由多张幻灯片组成的，故需要插入、复制、删除和移动幻灯片。

➤ 在幻灯片中插入和编辑图片、图形和图表等对象：与在 Word 文档中的操作相同。

➤ 使用幻灯片母版：利用幻灯片母版可以统一设置演示文稿中各张幻灯片的内容和格式。

➤ 为幻灯片设置切换效果：幻灯片的切换效果是指放映幻灯片时从一张幻灯片过渡到下一张幻灯片时的动画效果。默认情况下，各幻灯片之间的切换是没有任何效果的。可以通过设置添加具有动感的切换效果以丰富其放映过程，还可以控制每张幻灯片切换的速度，以及添加切换声音等。

➤ 为幻灯片中的对象设置动画效果：可以为幻灯片中的文本、图片和图形等对象应用各种动画效果，以使演示文稿的播放更加精彩。

4.2.1　幻灯片基本操作

幻灯片的基本操作包括选择、插入、复制、移动和删除幻灯片等。现以"旅行社宣传册"演示文稿为例，介绍幻灯片的基本操作。

【步骤 1】要在演示文稿中某张幻灯片后面添加一张新幻灯片，可首先在幻灯片视图窗格中单击该幻灯片将其选中，这里单击第 1 张幻灯片(当演示文稿中只有一张幻灯片时，也可不进行选择)。

幻灯片基本操作

【步骤 2】单击"开始"选项卡的"幻灯片"组中的"新建幻灯片"按钮，即可添加一张新幻灯片，如图 4-32 所示。

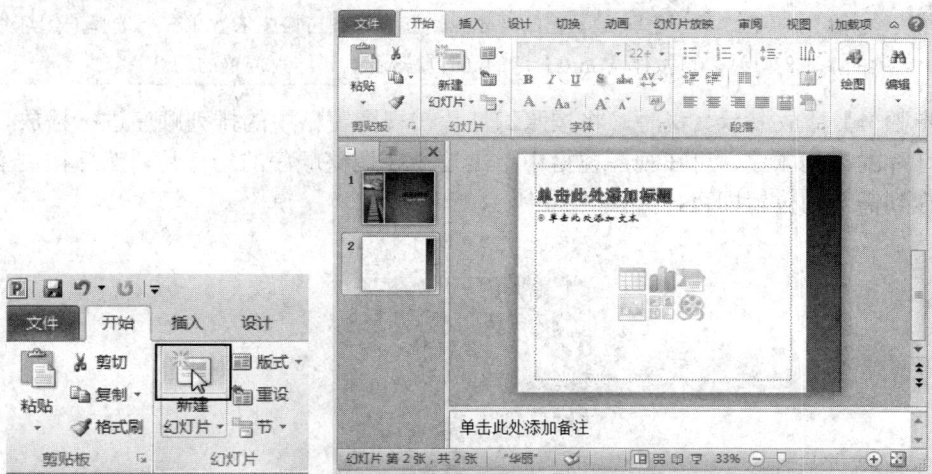

图 4-32　添加新幻灯片

小技巧

　　用户也可在选择幻灯片后，按【Enter】键或【Ctrl+M】组合键，按默认版式在所选幻灯片的后面添加一张幻灯片。

【步骤 3】要复制幻灯片，可在视图窗格中右击要复制的幻灯片，在弹出的快捷菜单中选择"复制"选项，如图 4-33(a)所示，然后在视图窗格中要插入复制的幻灯片的位置右击鼠标，从弹出的快捷菜单中选择一种粘贴方式，如"使用目标主题"方式，如图 4-33(b)所示，即可将复制的幻灯片插入到该位置，效果如图 4-33(c)所示。

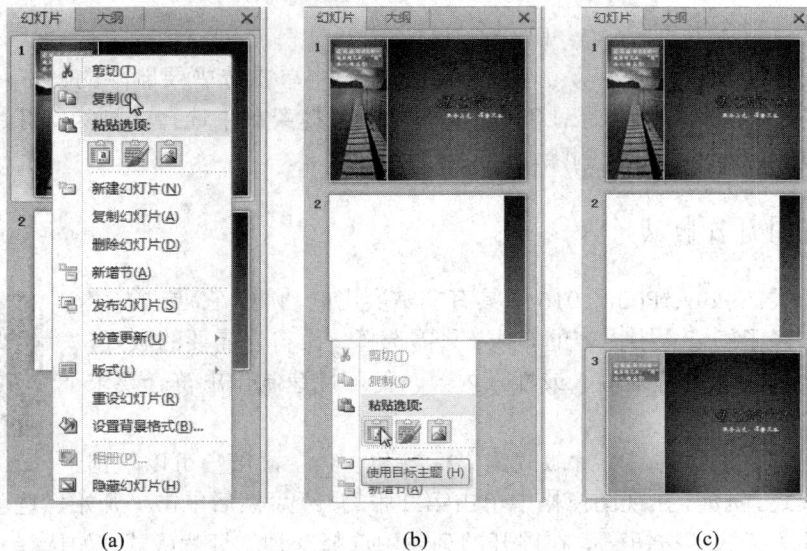

(a)　　　　　　　　　　(b)　　　　　　　　　　(c)

图 4-33　复制幻灯片

注意

　　在复制幻灯片、调整幻灯片排列顺序和删除幻灯片时，可同时选中多张幻灯片进行操作。要同时选中不连续的多张幻灯片，可按住【Ctrl】键的同时在幻灯片视图窗格中依次单击要选择的幻灯片；要同时选中连续的多张幻灯片，可按住【Shift】键的同时单击开始和结束位置的幻灯片。

　　【步骤 4】播放演示文稿时，将按照幻灯片在视图窗格中的排列顺序进行播放。若要调整幻灯片的排列顺序，可在视图窗格中单击选中要调整顺序的幻灯片，然后按住鼠标左键将其拖到需要的位置即可，如图 4-34 所示。

图 4-34　调整幻灯片顺序

　　【步骤 5】要删除幻灯片，可首先在视图窗格中单击选中要删除的幻灯片，然后按【Delete】键，或右击要删除的幻灯片，在弹出的快捷菜单中选择"删除幻灯片"选项即可。这里将复制过来的幻灯片删除。

4.2.2　设置幻灯片版式

　　幻灯片版式在 PowerPoint 2016 中具有非常实用的功能，它通过占位符为用户规划好了幻灯片中内容的布局。只需选择一个符合需要的版式，然后在其规划好的占位符中输入或插入内容，便可快速制作出符合要求的幻灯片。

设置幻灯片版式

　　默认情况下，添加的幻灯片版式为"标题和内容"，用户可以根据需要改变其版式。例如，在视图窗格中单击第 2 张幻灯片，然后单击"开始"选项卡的"幻灯片"组中的"版式"按钮，在展开的列表中选择一种幻灯片版式，如选择"图片与标题"版式，即可为所选幻灯片应用该版式，如图 4-35 所示。

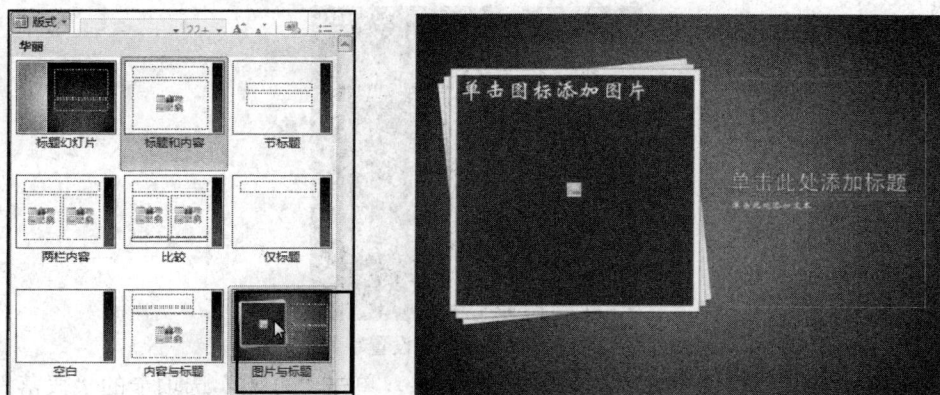

图4-35　设置幻灯片版式

　　用户除了可在创建好幻灯片后更改版式外，也可在新建幻灯片时应用版式，方法是：单击"新建幻灯片"按钮下方的三角按钮，在展开的幻灯片版式列表中进行选择。

4.2.3　在幻灯片中插入和美化对象

　　在幻灯片中插入图片、绘制图形并进行美化的具体操作步骤如下：

　　【步骤1】单击第2张幻灯片上左侧的图标 ，弹出"插入图片"对话框。选择本书配套素材"任务三"文件夹中的"旅行"图片，如图4-36所示，然后单击"插入"按钮，即可在该占位符处插入一张图片。

幻灯片中插入和美化对象

图4-36　利用图片占位符插入图片

　　【步骤2】在第2张幻灯片右侧的标题占位符中输入文本"旅游报价单"，选中文本并设置字号为40；接着在文本占位符中输入文本"国内游""亚洲游"和"欧洲游"，各文本均为独立的段落，选中文本并设置其字号为32，效果如图4-37所示。

图 4-37　输入文本并设置字号

【步骤 3】保持文本占位符中文本的选中状态，单击"开始"选项卡的"段落"组中"项目符号"按钮 :≡ 右侧的三角按钮，在展开的列表中选择"项目符号和编号..."选项，如图 4-38 所示，弹出"项目符号和编号"对话框。

图 4-38　"项目符号"列表

【步骤 4】在"项目符号和编号"对话框中单击"自定义..."按钮，弹出"符号"对话框。在"字体"下拉列表中选择"Windings"，然后在下方的列表中选择要使用的符号(本例选择"✈"符号)，如图 4-39 所示。

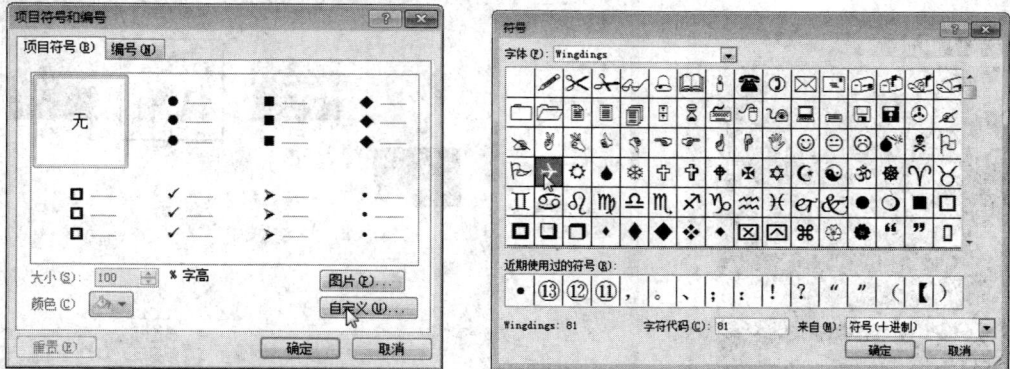

图 4-39　设置项目符号

【步骤 5】单击"确定"按钮，返回"项目符号和编号"对话框，然后设置项目符号的大小为 100%，颜色为默认，单击"确定"按钮。

【步骤 6】保持文本的选中状态，然后利用"绘图工具 格式"选项卡美化文本。这里单击"艺术字样式"组中的"文本效果"按钮，在展开的列表中为文本选中一种阴影样式和映像样式，如图 4-40(a)、(b)所示。至此，第 2 张幻灯片便制作好了，效果如图 4-41 所示。

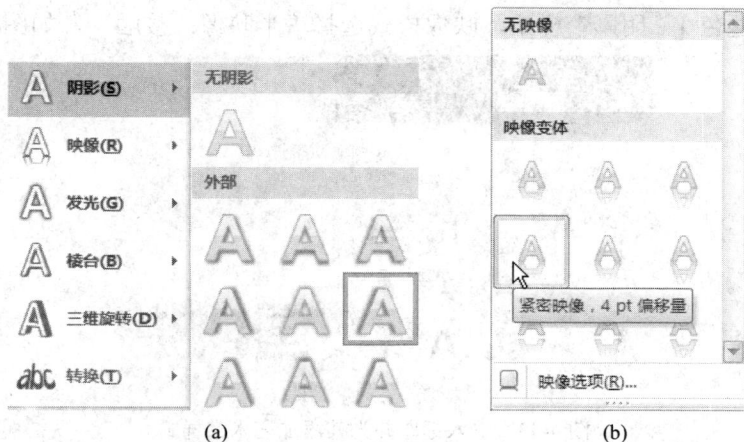

(a)　　　　　　　　　　　　　　　(b)

图 4-40　美化文本及设置效果

图 4-41　第 2 张幻灯片效果

【步骤 7】单击"开始"选项卡的"幻灯片"组中的"新建幻灯片"按钮下方的三角按钮，在展开的幻灯片版式列表中选择"仅标题"版式，如图 4-42 所示，在第 2 张幻灯片后添加一张新幻灯片。

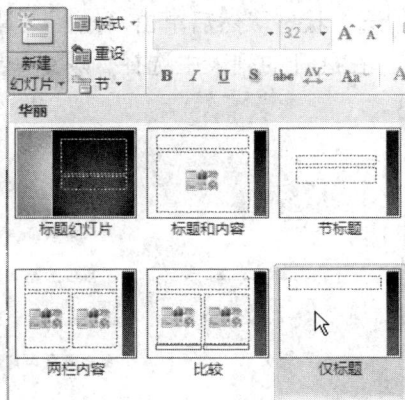

图 4-42　添加幻灯片

【步骤 8】在新幻灯片中输入标题文本"国内游",然后选中输入的文本,单击"绘图工具 格式"选项卡的"艺术字样式"组中的"其他"按钮,在展开的列表中选择"填充:粉红,主题色 1;阴影"样式,映像样式选择"半映像:接触",如图 4-43 所示。

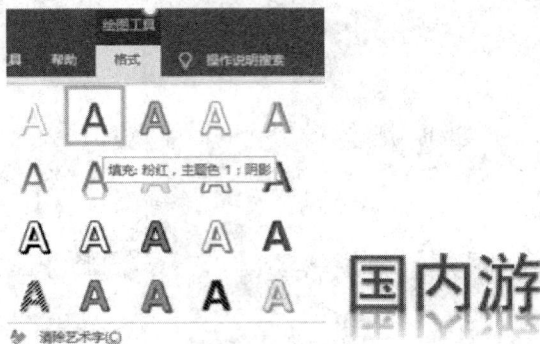

图 4-43　输入标题并为其添加艺术字样式

【步骤 9】单击"插入"选项卡的"文本"组中的"文本框"按钮下方的三角按钮,在展开的列表中选择"横排文本框"选项,如图 4-44(a)所示,然后在幻灯片编辑区右侧绘制一个文本框,输入如图 4-44(b)所示的文本。

【步骤 10】输入完成后选中文本框,单击"开始"选项卡上"段落"组中的"文本右对齐"按钮,使文本框中的文本右对齐,再拖动文本框左侧边框上的控制点调整其宽度,效果如图 4-44(c)所示。

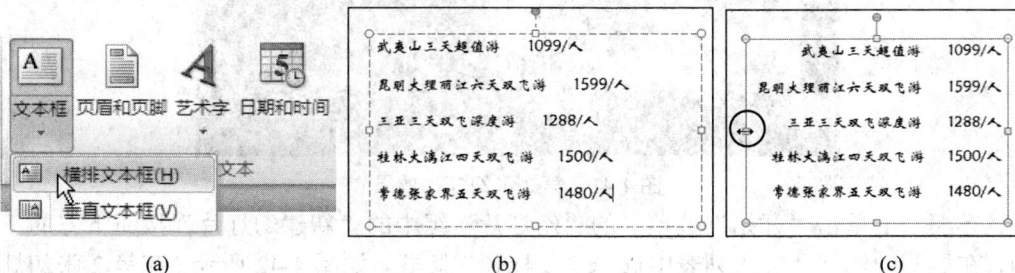

(a)　　　　　　　　　(b)　　　　　　　　　(c)

图 4-44　添加文本框、输入文本并设置对齐

【步骤 11】保持文本框的选中状态,然后单击"绘图工具 格式"选项卡的"艺术字样式"组中的"其他"按钮,在展开的列表中选择"填充:紫色,主题色 2;边框,主体色 2"样式,如图 4-45 所示。

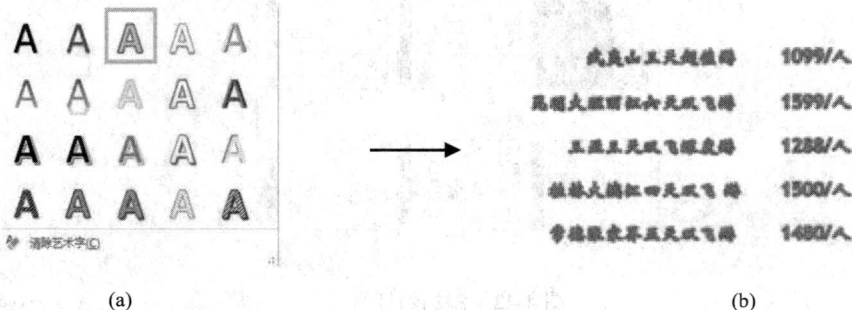

(a)　　　　　　　　　　　　　　　　　　(b)

图 4-45　为文本添加艺术字样式

【步骤 12】单击"插入"选项卡的"图像"组中的"图片"按钮，如图 4-46(a)所示，在打开的"插入图片"对话框中选择本书配套素材 "任务三"文件夹中的"武夷山"图片，单击"插入"按钮插入图片，如图 4-46(b)所示。

【步骤 13】拖动图片右上角的控制点调整其大小，然后将图片移动到幻灯片的左侧，如图 4-46(c)所示。

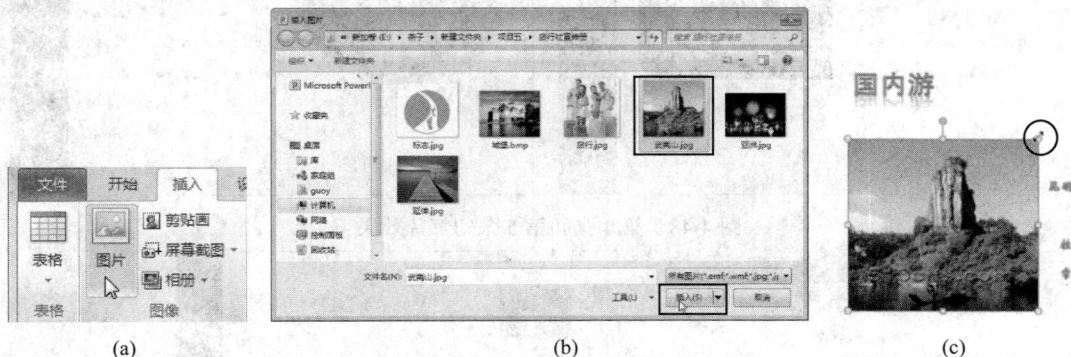

(a) (b) (c)

图 4-46　插入图片并调整大小

【步骤 14】保持图片的选中状态，然后单击"图片工具 格式"选项卡的"图片样式"组中的"其他"按钮 ，在展开的列表中选择"映像右透视"图片样式，如图 4-47(a)所示，第 3 张幻灯片的最终效果如图 4-47(b)所示。

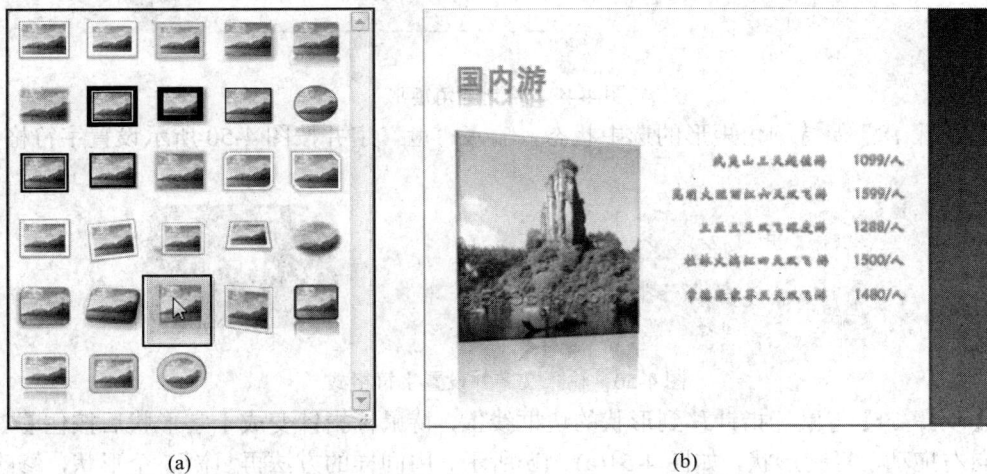

(a) (b)

图 4-47　为图片添加样式

【步骤 15】参考前面的操作，制作第 4 张和第 5 张幻灯片，效果如图 4-48 所示，其中用到的图片素材均位于本书配套素材"任务三"文件夹中。

【步骤 16】在第 5 张幻灯片后再添加一张空白版式的幻灯片，然后单击"插入"选项卡的"插图"组中的"形状"按钮，在展开的列表中选择"圆角矩形"，如图 4-49(a)所示。

【步骤 17】在幻灯片的左上角位置按下鼠标左键并拖动，绘制一个圆角矩形，如图 4-49(b)所示。

图 4-48　第 4 张和第 5 张幻灯片效果

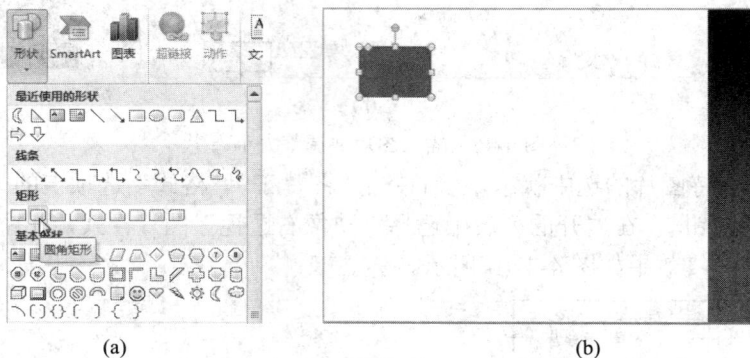

(a)　　　　　　　　　　　　　　　　　　(b)

图 4-49　绘制圆角矩形

【步骤 18】保持圆角矩形的选中状态，输入"世"字并按图 4-50 所示设置字符格式。

图 4-50　输入文字并设置字符格式

【步骤 19】将鼠标指针移到形状的边框线上，待鼠标指针变成十字形状后按住【Ctrl】键并向右拖动，复制形状，如图 4-51(a)、(b)所示。用同样的方法再复制 5 个形状，修改其中的文本内容并移动位置，使其效果如图 4-51(c)所示。

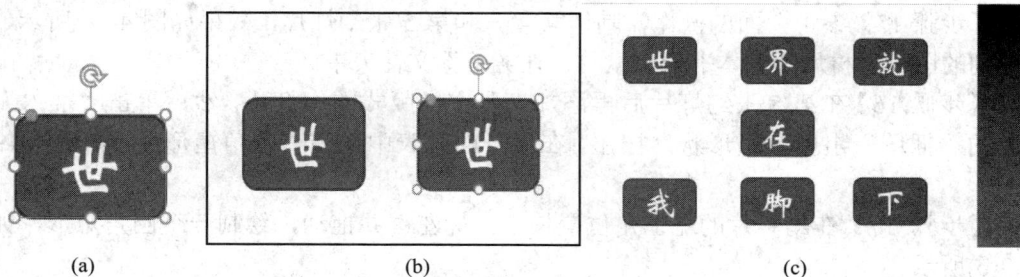

(a)　　　　　　　　　　　(b)　　　　　　　　　　　(c)

图 4-51　复制形状并修改内容

【步骤 20】选中所有形状，然后在"绘图工具 格式"选项卡的"艺术字样式"列表中选择如图 4-52(a)所示的样式，此时的形状效果如图 4-52(b)所示。

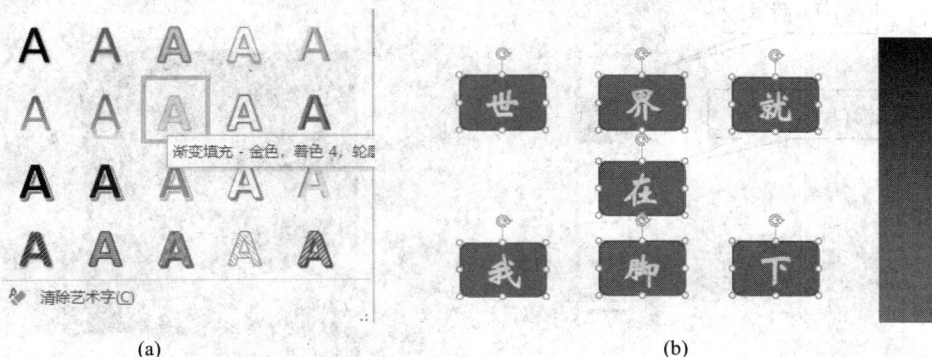

(a)　　　　　　　　　　　　　　(b)

图 4-52　为形状设置艺术字样式

【步骤 21】使用"绘图工具 格式"选项卡分别为每个形状填充不同的颜色，然后将其适当旋转，使其效果如图 4-53 所示。至此，第 6 张幻灯片就制作好了。

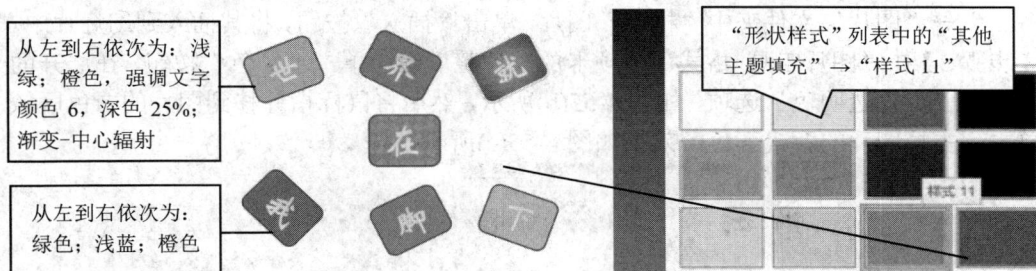

从左到右依次为：浅绿；橙色，强调文字颜色 6，深色 25%；渐变-中心辐射

从左到右依次为：绿色；浅蓝；橙色

"形状样式"列表中的"其他主题填充"→"样式 11"

样式 11

图 4-53　为形状设置填充并进行旋转

4.2.4　编辑幻灯片母版

制作演示文稿时，通常需要为指定幻灯片设置相同的内容或格式。例如，在每张幻灯片中都加入公司的徽标(Logo)，且每张幻灯片标题占位符和文本占位符的字符格式和段落格式都一致。如果在每张幻灯片中重复设置这些内容，无疑会浪费时间，此时可在 PowerPoint 2016 的母版中设置这些内容。

编辑幻灯片母版

利用幻灯片母版在"旅行社宣传册"演示文稿的所有幻灯片的右上角位置添加一个标志图形，具体操作步骤如下：

【步骤 1】打开"视图"选项卡，单击"母版视图"组中的"幻灯片母版"按钮，进入母版视图，此时系统自动打开"幻灯片母版"选项卡，如图 4-54 所示。

> **注意**
>
> 默认情况下，在"幻灯片母版"视图左侧窗格中的第 1 个母版(比其他母版稍大)称为"幻灯片母版"，在其中设置的内容和格式将影响当前演示文稿中的所有幻灯片；其下方的多个母版为"幻灯片版式母版"，在某个版式母版中进行的设置将影响使用了对应版式的幻灯片(将鼠标指针移至母版上方，将显示母版名称以及其应用于演示文稿的哪些幻灯片)。用户可根据需要选择相应的母版进行设置。

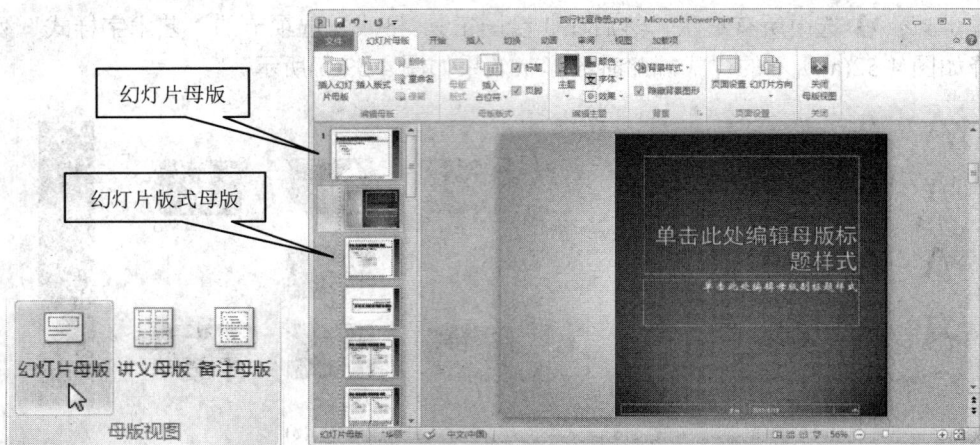

图 4-54　幻灯片母版视图

【步骤 2】在左侧窗格中单击最上方的"幻灯片母版"，如图 4-55(a)所示，然后单击"插入"选项卡的"图像"组中的"图片"按钮，在打开的"插入图片"对话框中找到"任务三"→"图片"文件夹中"标志"图片，单击"插入"按钮，将其插入到幻灯片中。

【步骤 3】在"图片工具 格式"选项卡的"调整"组中单击"颜色"按钮，在展开的列表中选择"设置透明色"选项，如图 4-55(b)所示，然后将鼠标指针移到图片的白色区域上并单击，去掉图片的背景颜色，效果如图 4-55(c)所示。

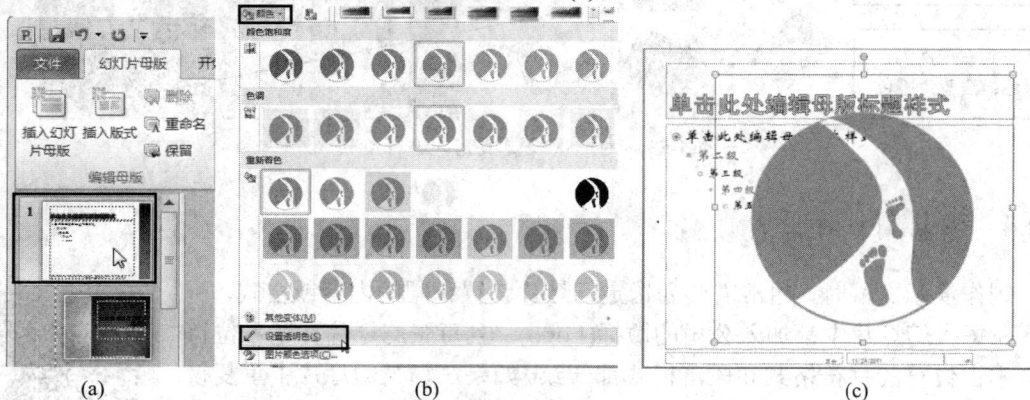

(a)　　　　　　　　　(b)　　　　　　　　　(c)

图 4-55　在幻灯片母版中插入图片并去掉图片的背景颜色

【步骤 4】将标志图片缩小并移动至幻灯片编辑区的右上角，然后按【Ctrl+C】组合键复制图片，再分别切换到"标题幻灯片 版式"和"图片和标题 版式"幻灯片，按【Ctrl+V】组合键粘贴标志图片，效果如图 4-56 所示。

图 4-56　缩小、移动和复制图片

注意

　　虽然位于"幻灯片母版"幻灯片中的内容将应用于演示文稿中的所有幻灯片，但本例中的"标题幻灯片 版式"和"图片和内容 版式"幻灯片中的背景默认设置为隐藏，导致这两个版式的幻灯片中的标志图片被隐藏，因此需要单独设置。

　　【步骤 5】单击"幻灯片母版"选项卡上"关闭"组中的"关闭母版视图"按钮，退出幻灯片母版编辑模式，效果如图 4-57 所示。

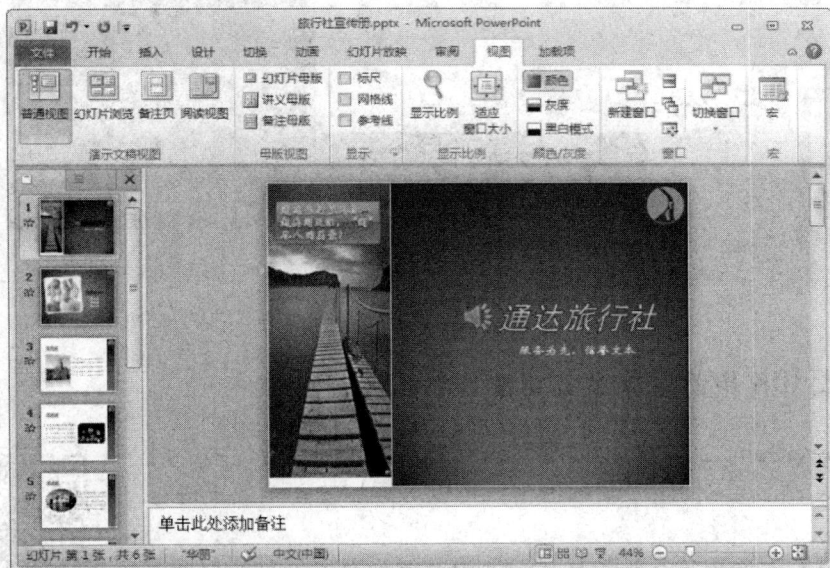

图 4-57　完成幻灯片母版的编辑

4.2.5　为幻灯片设置切换效果

　　为幻灯片添加切换效果的具体操作步骤如下：

　　【步骤 1】在视图窗格中选中要设置切换效果的幻灯片，然后单击"切换"选项卡的"切换到此幻灯片"组中的"其他"按钮 ，在展开的列表中选择一种幻灯片切换方式，例如，选择"推入"。

　　【步骤 2】在"计时"组中的"声音"和"持续时间"下拉列表中可选择切换幻灯片时的声音效果和幻灯片的切换速度，在"换片方式"设置区中可设置幻灯片的换片方式，本例保持默认选中的"单击鼠标时"复选框，如图 4-58 所示。

为幻灯片设置切换效果

　　选中"单击鼠标时"复选框，在单击鼠标时切换幻灯片；选中"设置自动换片时间"复选框，可在其右侧设置幻灯片的自动切换时间；若同时选中两个复选框，可实现手工切换和自动切换相结合。

　　【步骤 3】要想将设置的幻灯片切换效果应用于全部幻灯片，可单击"计时"组中的"全部应用"按钮，本例选择该项；否则，当前的设置将只应用于当前所选的幻灯片。

图 4-58　设置幻灯片切换方式

4.2.6　为幻灯片中的对象设置动画效果

　　通过 PowerPoint 2016 的"动画"选项卡，可以为幻灯片中的对象设置各种动画效果；使用"动画窗格"可以对添加的动画效果进行管理。

　　【步骤 1】切换到第 2 张幻灯片，选中要添加动画效果的对象，如左侧的图片，单击"动画"选项卡上"高级动画"组中的"动画窗格"按钮，打开"动画窗格"任务窗格，如图 4-59 所示。

为幻灯片中的对象设置
动画效果

图 4-59　打开"动画窗格"任务窗格

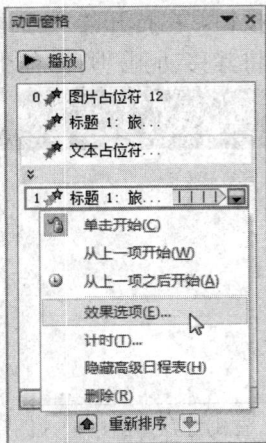

图 4-63 动画窗格

【步骤 8】弹出动画属性对话框，在"效果"选项卡中设置动画的声音效果、动画播放结束后对象的状态，以及动画文本的出现方式，如图 4-64(a)所示，本例保持默认设置。

【步骤 9】单击"计时"选项卡，设置动画的开始方式、延迟时间和动画重复次数等。这里将动画重复次数设为 3，如图 4-64(b)所示，单击"确定"按钮。

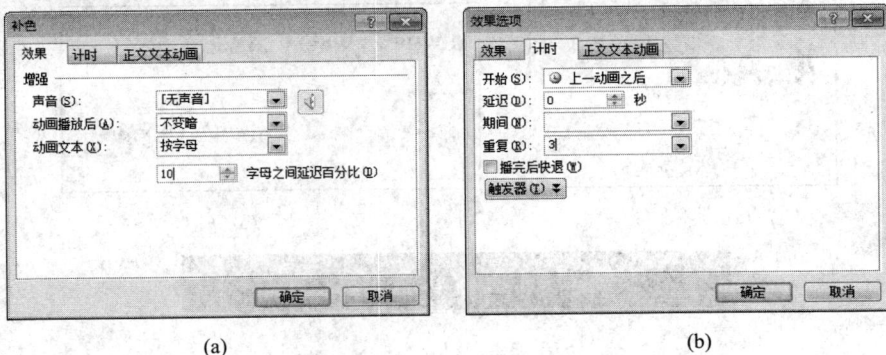

(a)

(b)

图 4-64 设置动画效果

【步骤 10】放映幻灯片时，各动画效果将按在"动画窗格"任务窗格的排列顺序进行播放，也可以通过拖动方式调整动画的播放顺序，或在选中动画效果后，单击"动画窗格"下方的"重新排序"按钮 ⬆⬇ 来调整动画的播放顺序。

实 践 操 作

1. 使用幻灯片母版

【步骤 1】新建一空白演示文稿，并以"联想电脑产品宣传"为名保存在"任务二"文件夹中。

【步骤 2】在"视图"选项卡的"母版视图"组中单击"幻灯片母版"按钮，进入幻灯片母版视图。

【步骤 3】删除幻灯片母版上所有的预设文本框，再单击"插入"

制作电脑产品宣传
演示文稿

选项卡的"图像"组中的"图片"按钮,在打开的对话框中选择素材文件夹"任务二"中的"背景"图片,将其插入,然后将其移动到幻灯片的上方,效果如图 4-65 所示。

图 4-65 在幻灯片母版中插入图片效果

【步骤 4】插入艺术字"Lenovo",艺术字样式如图 4-66(a)所示,字体为"黑体",然后在"图片工具 格式"选项卡的"艺术字样式"组中的"文字效果"下拉列表中选择"转换"→"左领章",如图 4-66(b)所示。将艺术字移到图片左侧,使其效果如图 4-66(c)所示。

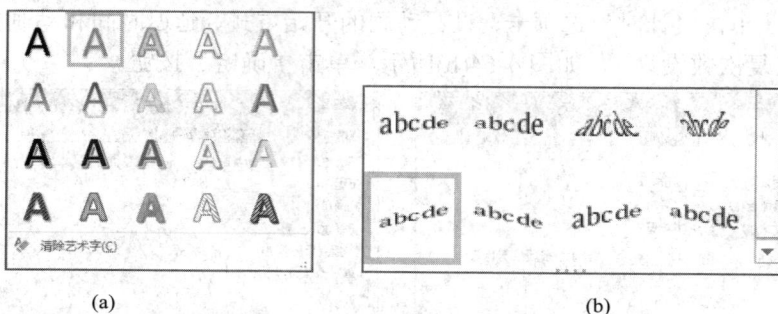

(a)　　　　　　　　　　　　　　　　(b)

(c)

图 4-66 选择艺术字样式并设置其文字效果和位置

【步骤 5】参照插入"Lenovo"艺术字的方法,再次插入字体为黑体、字号为 40 的艺术字"新品发布-小新 Pro 13 系列",艺术字样式选择如图 4-67(a)所示。将插入的艺术字移动到"Lenovo"的右侧,这样幻灯片母版便编辑好了。单击"幻灯片母版视图"选项卡中的"关闭母版视图"按钮,退出母版视图,如图 4-67(b)所示。

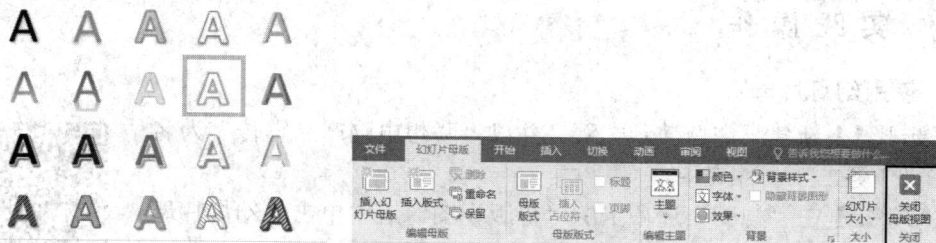

(a)　　　　　　　　　　　　　　　　(b)

图 4-67 再次插入艺术字并关闭母版视图

2. 制作第 1 张和第 2 张幻灯片

【步骤 1】在第 1 张幻灯片的标题占位符中输入所需文本，并在"绘图工具 格式"选项卡的"艺术字样式"列表中选择如图 4-68(a)所示的样式，在"文本填充"中选择"深红"；在副标题占位符中输入所需文本，并在"绘图工具格式"选项卡的"艺术字样式"列表中选择如图 4-68(b)所示的样式，在"文本填充"中选择"灰色-50%，个性色 3，深色 25%"，如图 4-68(c)所示。

【步骤 2】将标题和副标题占位符的字号分别设置为 72 和 48，此时的幻灯片效果如图 4-68(d)所示。

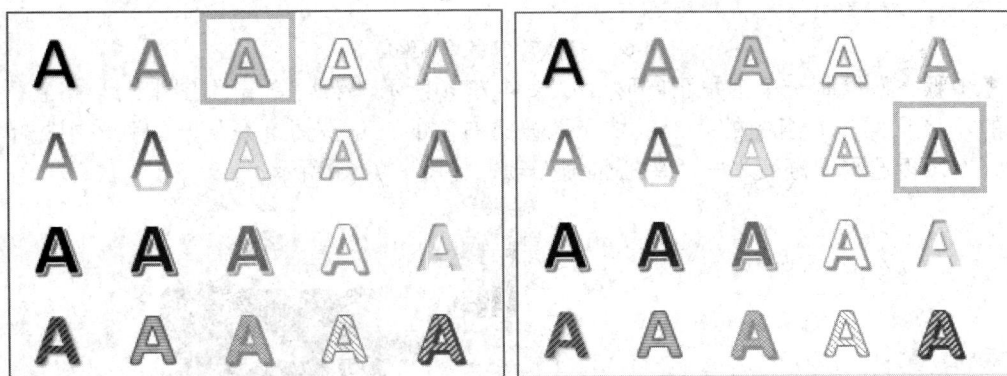

(a)   (b)

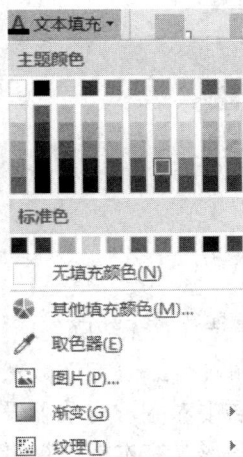

(c)

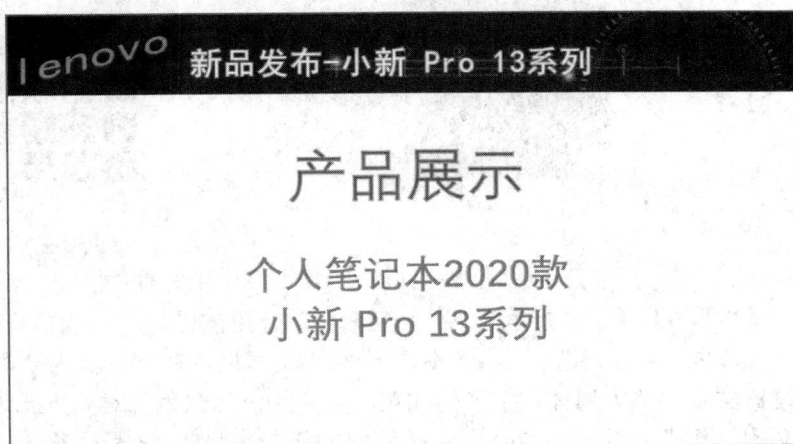

(d)

图 4-68   制作第 1 张幻灯片

【步骤 3】插入一张版式为"空白"的新幻灯片，然后单击"插入"选项卡的"图像"组中的"图片"按钮，插入本书配套素材图片"产品图片 1"，并调整图片位置，使其位于幻灯片右端。

【步骤 4】插入艺术字"时尚超薄 长效护航"。艺术字样式如图 4-69(a)所示，字体为黑体，字号为 28，然后将插入的艺术字移到幻灯片左上方位置，效果如图 4-69(b)所示。

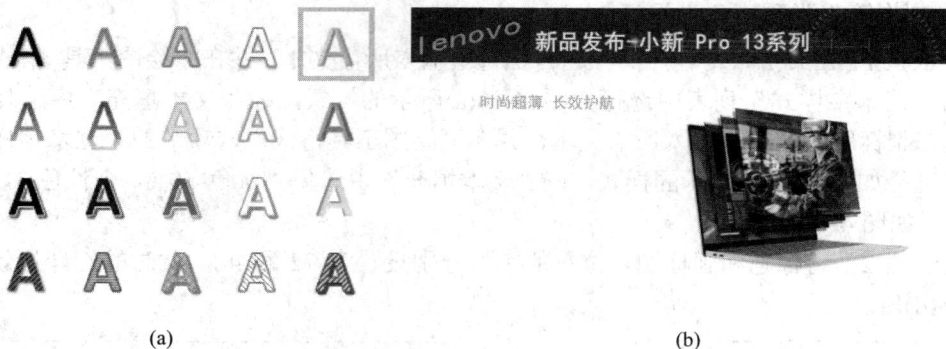

(a)　　　　　　　　　　　　　　　　　　(b)

图 4-69　插入艺术字并调整位置

【步骤 5】绘制一个圆角正方形，如图 4-70(a)所示，然后单击"绘图工具 格式"选项卡的"形状样式"组中的"形状填充"按钮右侧的三角按钮，在展开的列表中先单击"深红"，再选择"渐变"→"中心辐射"项，如图 4-70(b)所示。

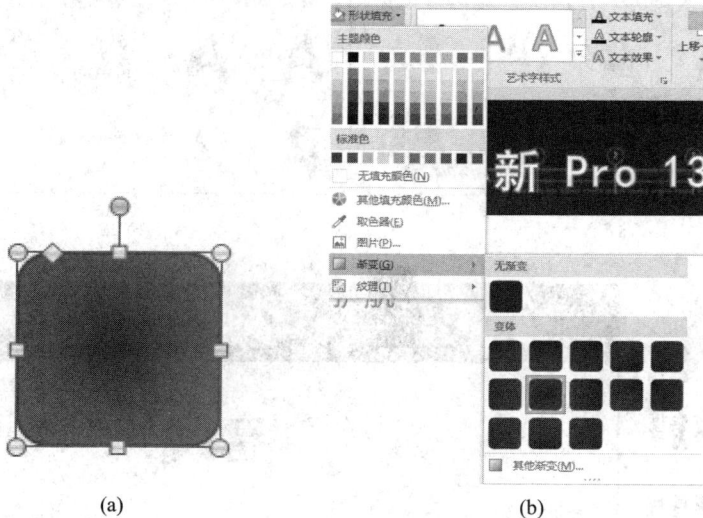

(a)　　　　　　　　　　　　　　　　(b)

图 4-70　绘制自选图形并设置格式

【步骤 6】单击"形状轮廓"按钮右侧的三角按钮，在展开的列表中选择"无轮廓"项。

【步骤 7】在自选图形上绘制一个水平文本框，在文本框内分段输入"1.3 KG"，然后设置文本字体为黑体，字形为加粗，文字颜色为白色，对齐方式为居中对齐。再单独设置文本"1.3"的字号为 24 号，文本"KG"的字号为 18 号，将自选图形与文本框进行组合，效果如图 4-71 所示。

图 4-71　自选图形与文本组合效果

【步骤8】按住【Ctrl】键的同时拖动组合后的自选图形和文本框，将其复制出两份副本，然后分别修改文本框内的文本内容，最后调整各对象的位置，完成第2张幻灯片的制作，效果如图4-72所示。

图4-72　完成第2张幻灯片的制作

3. 制作其他幻灯片

【步骤1】插入一张版式为"空白"的新幻灯片，然后参照第2张幻灯片的制作方法插入图片"产品图片2"和艺术字，效果如图4-73所示。

图4-73　插入幻灯片并添加图片和艺术字

【步骤2】在艺术字的下方绘制一个水平文本框，在文本框内输入图4-74(a)所示的文字(注意换行，图中所示为选中文本后的效果)；然后选中文本框内的文字，参照图4-74(b)所示操作为其添加外部图片作为项目符号。第3张幻灯片的完成效果如图4-75所示。

完美全金属质感，外壳精细喷砂，纳米级阳极着色工艺，永不褪色；
镁铝合金防滚支架，确保整体内外坚固；
整机一体成形，无接缝、无螺丝。

(a)

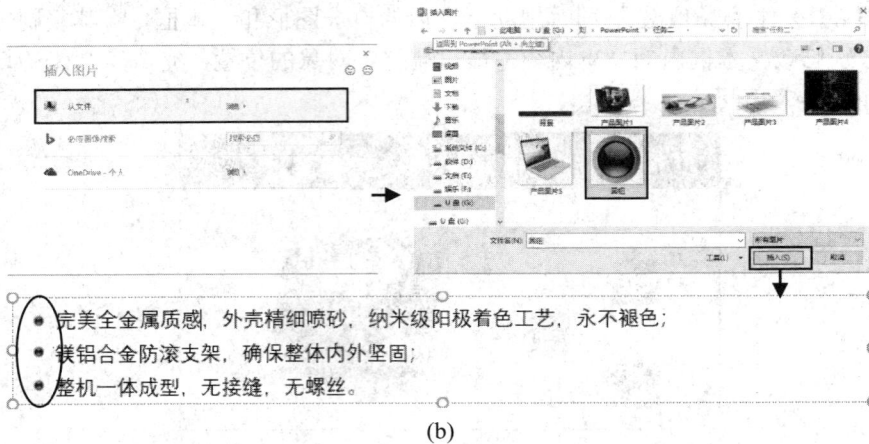

(b)

图 4-74   插入段落文本并为其添加外部项目符号

图 4-75   第 3 张幻灯片完成效果

【步骤 3】参考制作第 3 张幻灯片的方法制作第 4、5 张幻灯片，其中用到的图片素材均位于本书配套素材"任务二"文件夹中。制作好的幻灯片效果如图 4-76、图 4-77 所示。

图 4-76   第 4 张幻灯片完成效果

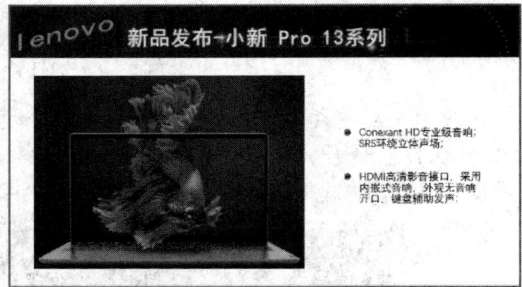

图 4-77   第 5 张幻灯片完成效果

【步骤 4】在第 6 张幻灯片中插入图片和艺术字，效果如图 4-78 所示。

图 4-78   第 6 张幻灯片完成效果

4. 设置动画效果

【步骤 1】切换到第 1 张幻灯片，然后单击"切换"选项卡的"切换到此幻灯片"组中的"其他"按钮，在展开的列表中选择"华丽型"中的"门"切换效果，如图 4-79(a)所示。

【步骤 2】单击"计时"组中的"全部应用"按钮，如图 4-79(b)所示，为演示文稿中的所有幻灯片应用此切换效果。

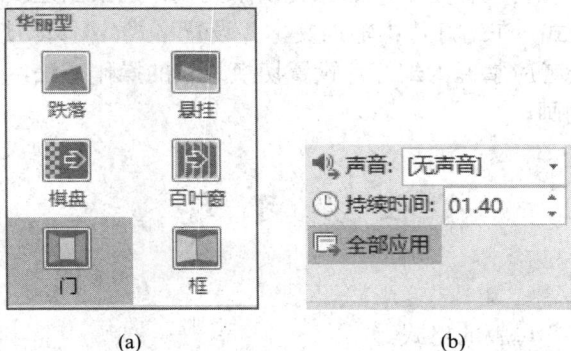

图 4-79 设置所有幻灯片的切换效果

【步骤 3】选中第 1 张幻灯片中的两个占位符，如图 4-80(a)所示，然后在"动画"选项卡的"进入"列表中选择"形状"，如图 4-80(b)所示。

图 4-80 设置占位符的动画效果

【步骤 4】在"计时"组的"开始"下拉列表中选择"上一动画之后"，然后在"效果选项"下拉列表中选择"方框"，如图 4-81 所示。

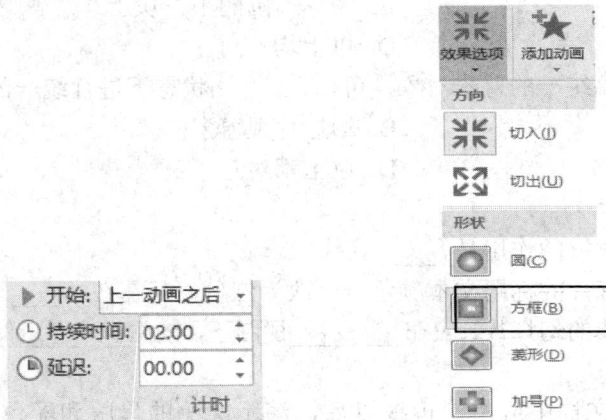

图 4-81 设置动画的开始播放方式和效果

【步骤 5】参照步骤 3 和步骤 4 的方法设置演示文稿其他幻灯片中对象的动画效果。最后再次保存演示文稿。

任 务 小 结

本任务主要介绍了如何制作电脑产品宣传演示文稿，包括创建演示文稿，新建和复制幻灯片，设置幻灯片版式，在幻灯片中输入文本并设置格式，编辑幻灯片母版、项目符号。经过本任务的学习，读者应掌握为幻灯片设置切换效果的操作方法，并能够运用幻灯片切换功能为幻灯片添加动画。

任 务 习 题

一、选择题

1. (　　)不是幻灯片母版的格式。

A. 大纲母版 　　　　　　　　　B. 幻灯片母版

C. 标题母版 　　　　　　　　　D. 备注母版

2. 下列关于 PowerPoint 2016 中自定义动画的说法中，正确的是(　　)。

A. 任何动画效果都可以播放多次

B. 同一个对象可以添加多种动画效果

C. 在播放动画的同时，不可以播放声音

D. 每个动画都可以定时播放

3. 在 PowerPoint 2016 的(　　)下，可以用拖动方法改变幻灯片的顺序。

A. 幻灯片视图 　　　　　　　　B. 备注页视图

C. 幻灯片浏览视图 　　　　　　D. 幻灯片放映

4. 若要移动幻灯片上的无填充色椭圆，先单击它，把鼠标指针移到(　　)，出现十字光标时再拖动鼠标到目标位置。

A. 图形边框上 　　　　　　　　B. 图形周围的小方块上

C. 圆形内部 　　　　　　　　　D. 以上均不对

5. 设置演示文稿统一的背景对象，可以在(　　)状态下进行统一的编辑和修改。

A. 幻灯片母版 　　　　　　　　B. 幻灯片视窗窗格

C. 大纲视图窗格 　　　　　　　D. 以上都对

二、填空题

1. 幻灯片中占位符的作用是＿＿＿＿＿。

2. 要将所有幻灯片的标题文本颜色一律改为红色，只需在＿＿＿＿＿上做一次修改即可。

3. 要选中不连续的幻灯片，应在＿＿＿＿＿视图下，按住＿＿＿＿＿键的同时用鼠标单击所需的幻灯片。

4. 在一个演示文稿中应用了模板以后，演示文稿的母版和配色方案将发生＿＿＿＿＿变化。

5. 要真正改变幻灯片的大小，可通过_____命令来实现。

三、简答题

1. 简单叙述幻灯片母版的作用，以及母版和模板的区别。

2. 动画方案和自定义动画的区别是什么？

3. 如何设置或切换动画效果？

任务 3　编辑追忆童年演示文稿

教学目标

通过本任务的学习，能够掌握在演示文稿中插入声音、设置超链接、创建动作按钮、设置演示文稿放映方式以及控制演示文稿放映等操作方法，了解演示文稿的打包及其作用。

知识目标

➢ 在幻灯片中插入声音。
➢ 创建动作按钮。
➢ 为对象设置超链接。
➢ 自定义放映。
➢ 设置放映方式。
➢ 放映演示文稿。
➢ 打包演示文稿。

技能目标

➢ 掌握在幻灯片中插入音频并设置的方法。
➢ 学会设置超链接和创建动作按钮。
➢ 根据用户需要设置放映方式和时间。
➢ 掌握打包演示文稿的方法。

任 务 描 述

我国偏远地区的师资力量严重不足，作为大学生公益志愿者的你，要参加"童年一课"线上支教活动，用直播课的形式传递爱；需要在演示文稿中插入声音、超链接，绘制动作按钮并编辑操作。

本任务将通过编辑追忆童年演示文稿，练习在演示文稿中插入声音、超链接，绘制动作按钮并编辑的操作，效果如图 4-82 所示。完成后放映演示文稿。

图 4-82　编辑好的演示文稿

相关知识

➤ 插入音频：在演示文稿中适当添加声音，能够吸引观众的注意力。PowerPoint 2016 支持 MP3 文件、Windows 音频文件(wav)、Windows Media Audio 等。

➤ 使用视频文件：视频可以为演示文稿增添活力。视频文件包括常见的 Windows 音频文件(wav)、影片文件(mpg)等。

➤ 备注窗格：备注窗格位于幻灯片窗格下方，主要用于给幻灯片添加备注，为演讲者提供更多的信息。

➤ 放映幻灯片：制作幻灯片的最终目标是为观众进行放映。可以设置幻灯片的放映时间和方式。

➤ 在幻灯片中插入和编辑声音和影片：可以根据需要在演示文稿中插入声音和影片，还可以对插入的声音和影片进行编辑，如设置播放方式。

4.3.1　在幻灯片中插入声音

【步骤 1】在幻灯片的视图窗格中单击第 1 张幻灯片，然后单击"插入"选项卡的"媒体"组中的"音频"按钮下方的三角按钮，在展开的列表中单击"文件中的音频..."选项，如图 4-83(a)所示。

在幻灯片中插入声音

【步骤 2】在弹出的"插入音频"对话框中选择本书配套素材"项目五"→"旅行社宣传册"文件夹中的"背景音乐"声音文件，单击"插入"按钮，如图 4-83(b)所示。

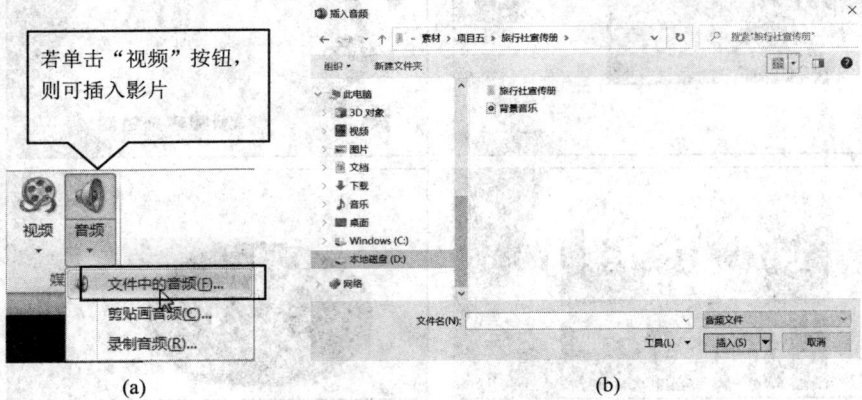

图 4-83　插入文件中的声音

【步骤 3】插入声音文件后，系统将在幻灯片中间位置添加一个声音图标，如图 4-84(a)所示，用户可以用操作图片的方法调整该图标的位置及尺寸，如图 4-84(b)所示。

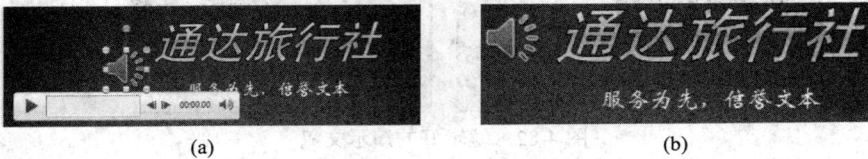

图 4-84　插入声音并调整其位置及尺寸

【步骤 4】选择"声音"图标后，功能区自动出现"音频工具"选项卡，它包括"格式"和"播放"两个子选项卡。单击"播放"选项卡的"预览"组中的"播放"按钮可以试听声音；在"音频选项"组中可设置放映时声音的开始方式，这里选择"跨幻灯片播放"，并选中"放映时隐藏"和"循环播放，直到停止"复选框，如图 4-85 所示。

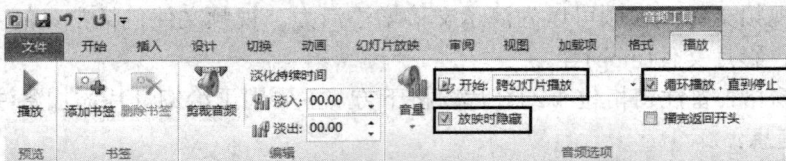

图 4-85　设置声音播放方式

在"开始"下拉列表中选择"自动"选项，表示放映幻灯片时自动播放声音；选择"单击时"选项，表示单击声音图标才能开始播放声音；选择"跨幻灯片播放"选项，表示声音自动且跨多张幻灯片播放。

> **注意**
>
> 　　还可以在演示文稿中插入影片、剪贴画、图表等，操作方法与插入图片和声音的操作类似，此处不再赘述。
>
> 　　单击"视图"选项卡的"演示文稿视图"组中的"幻灯片浏览"按钮，可将幻灯片从普通视图切换到幻灯片浏览视图，如图 4-86 所示，这样可以方便用户浏览幻灯片。单击"普通视图"按钮，可返回普通视图模式。

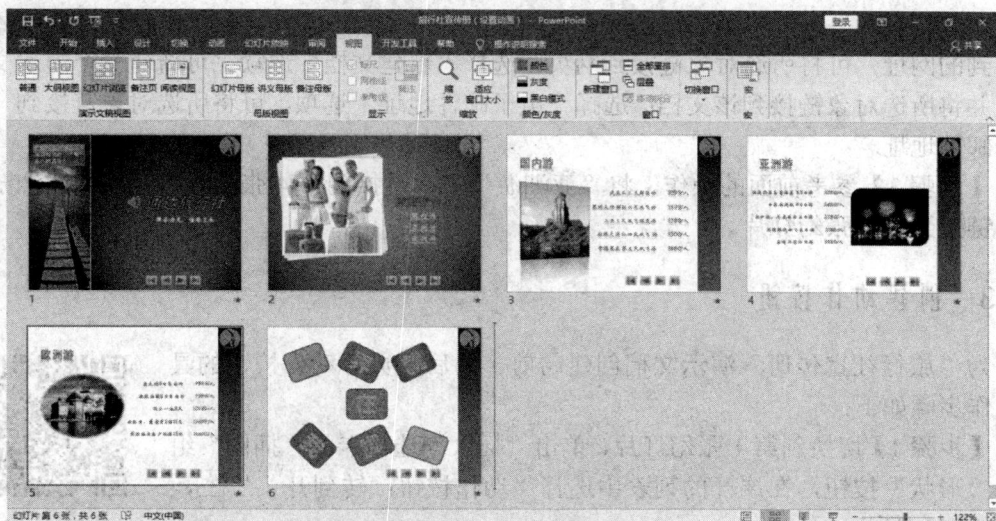

图 4-86　幻灯片浏览视图

4.3.2　为对象设置超链接

为"旅行社宣传册"演示文稿中的文本设置超链接的具体操作步骤如下：

【步骤 1】在幻灯片的视图窗格中选择第 2 张幻灯片，然后拖动鼠标选中"国内游"文本，再单击"插入"选项卡的"链接"组中的"超链接"按钮，如图 4-87 所示。

为对象设置超链接

图 4-87　选中文本并单击"超链接"按钮

【步骤 2】在弹出的"插入超链接"对话框的"链接到"列表中单击"本文档中的位置"选项，然后在"请选择文档中的位置"列表中选择第 3 张幻灯片，如图 4-88(a)所示，单击"确定"按钮，为文本添加超链接，效果如图 4-88(b)所示。放映演示文稿时，如单击该超链接文本，将直接切换到第 3 张幻灯片。

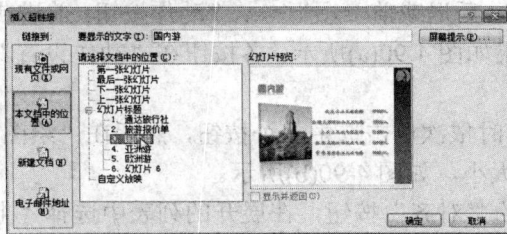

(a)

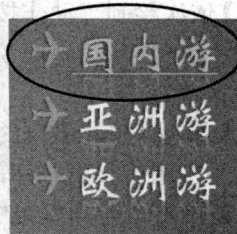

(b)

图 4-88　为所选文本插入超链接

在"链接到"列表中，选择"现有文件或网页"选项，并在"地址"编辑框中输入要链接到的网址，可将所选对象链接到网页；选择"新建文档"选项，可新建一个演示文稿文档并将所选对象链接到该文档；选择"电子邮件地址"选项，可将所选对象链接到一个电子邮件地址。

【步骤 3】参考前面的操作，将"亚洲游"文本链接到第 4 张幻灯片，将"欧洲游"文本链接到第 5 张幻灯片。

4.3.3　创建动作按钮

为"旅行社宣传册"演示文稿创建向前、向后翻页等动作按钮的具体操作步骤如下：

【步骤 1】切换到第 1 张幻灯片，单击"插入"选项卡的"插图"组中的"形状"按钮，在展开的列表中选择"动作按钮：转到开头" ◁▷，如图 4-89(a)所示。

创建动作按钮

【步骤 2】在幻灯片的中部偏右下方拖动鼠标绘制一个大小适中的按钮，弹出"动作设置"对话框，选中"超链接到"单选钮，然后在其下方的下拉列表中选择"第一张幻灯片"选项，如图 4-89(b)所示，单击"确定"按钮。

选中"播放声音"复选框，通过下方的下拉列表可选择单击动作按钮时播放的声音。

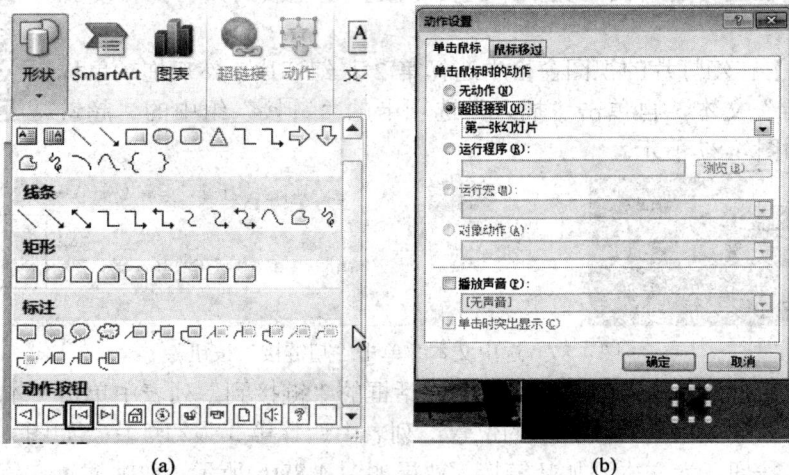

(a)　　　　　　　　　　　　　　　　　(b)

图 4-89　制作开始按钮

【步骤 3】依次绘制"动作按钮：后退或前一项" ◁、"动作按钮：前进或下一项" ▷和"动作按钮：转到结尾" ▷▷，效果如图 4-90(a)所示。各按钮在"动作设置"对话框中的参数都保持默认设置。

【步骤 4】按住【Shift】键的同时依次单击选中 4 个按钮，然后在"绘图工具 格式"选项卡的"大小"组中设置按钮的大小，如图 4-90(b)所示。

【步骤 5】单击"排列"组中的"对齐"按钮，在展开的列表中选择"上下居中"和"横向分布"选项，将几个按钮上下居中对齐，左右均匀分布，如图 4-90(c)所示。最后单击"组合"按钮，在展开的列表中选择"组合"选项，组合所选按钮，效果如图 4-91 所示。

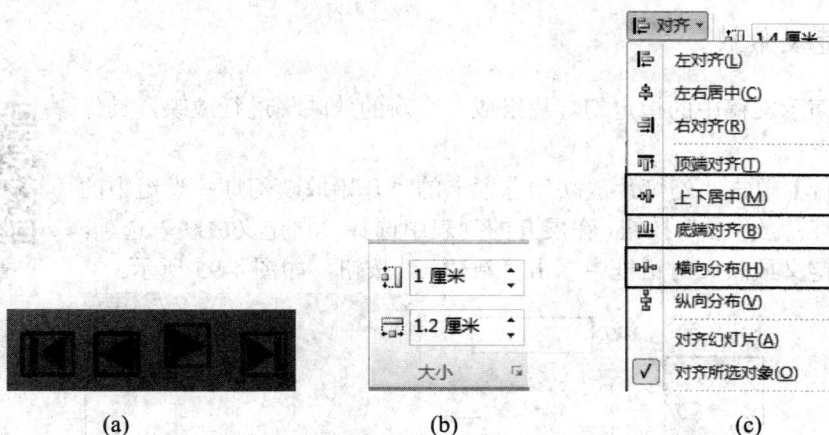

(a)　　　　　　　　(b)　　　　　　　　(c)

图 4-90　绘制其他按钮并设置大小、对齐

图 4-91　组合按钮

【步骤6】单击"绘图工具 格式"选项卡的"形状样式"组中的"其他"按钮，在展开的下拉列表中选择"强烈效果-金色，强调颜色4"选项，为所选按钮添加系统内置的样式，如图4-92所示。

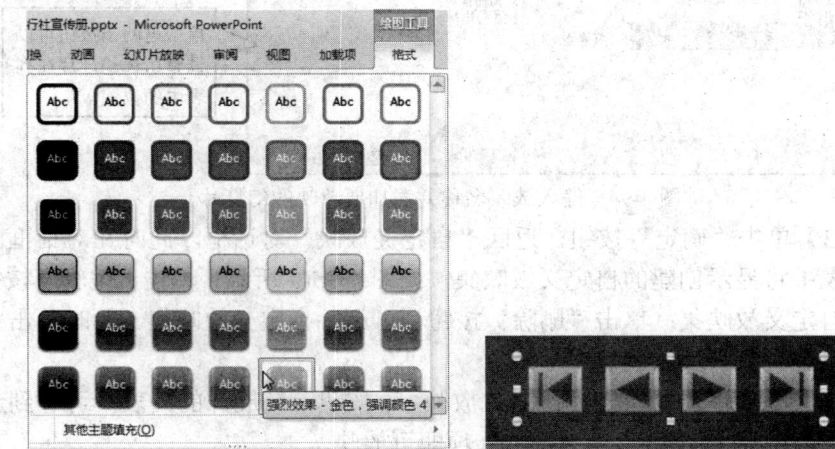

图 4-92　为按钮添加系统内置样式

【步骤7】保持按钮的选中状态，按【Ctrl+C】组合键，然后切换到第 2 张幻灯片，按【Ctrl+V】组合键，将按钮复制到第 2 张幻灯片。用相同的方法，将按钮复制到其他几张幻灯片中。至此，"旅行社宣传册"演示文稿的动作按钮便制作好了。

小技巧

　　为文字、图片等对象设置动作时，只需选中对象，然后单击"插入"选项卡的"链接"组中的"动作"按钮，在打开的"动作设置"对话框中进行设置即可。

4.3.4　自定义放映

　　将现有演示文稿中的指定幻灯片组成一个新的放映集进行放映，具体操作步骤如下：

　　【步骤 1】单击"幻灯片放映"选项卡的"开始放映幻灯片"组中的"自定义幻灯片放映…"按钮，在展开的列表中选择"自定义放映"选项，在弹出"自定义放映"对话框中单击"新建…"按钮，如图 4-93 所示。

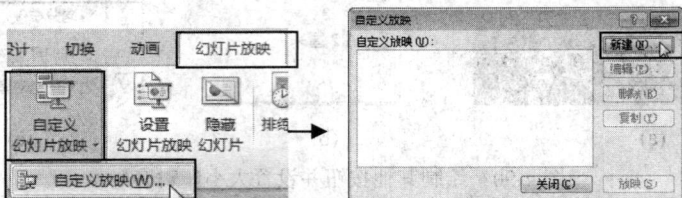

自定义放映

图 4-93　在"自定义放映"对话框中单击"新建…"

　　【步骤 2】弹出"定义自定义放映"对话框，在"幻灯片放映名称"编辑框中输入放映名称"欧洲游"；再按住【Ctrl】键，在"在演示文稿中的幻灯片"列表中依次单击选择要加入自定义放映集的幻灯片，然后单击"添加"按钮，将所选幻灯片添加到右侧的"在自定义放映中的幻灯片"列表中，如图 4-94 所示。

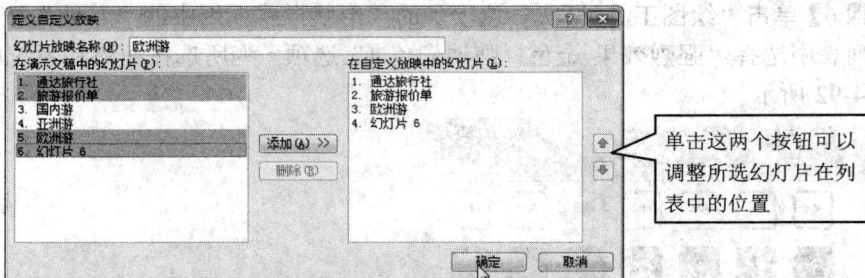

图 4-94　输入放映名称并添加要放映的幻灯片

　　【步骤 3】单击"确定"按钮，返回"自定义放映"对话框，此时在对话框的"自定义放映"列表中将显示创建的自定义放映集，如图 4-95(a)所示。单击"编辑"按钮，可重新编辑制作自定义放映集；单击"删除"按钮，可删除自定义放映集。此时单击"关闭"按钮，完成自定义放映集的创建。

　　【步骤 4】再次单击"自定义幻灯片放映…"按钮，在展开的列表中可看到新建的自定义放映集，如图 4-95(b)所示，单击该选项即可放映。

(a)　　　　　　　　(b)

图 4-95　创建自定义放映集

> **注意**
>
> 　　除了通过自定义放映方式放映指定的幻灯片外，也可在视图窗格中选择希望在放映时隐藏的幻灯片，单击"幻灯片放映"选项卡的"设置"组中的"隐藏幻灯片"按钮，将其隐藏。再次执行该操作，可显示隐藏的幻灯片。

4.3.5　设置放映方式

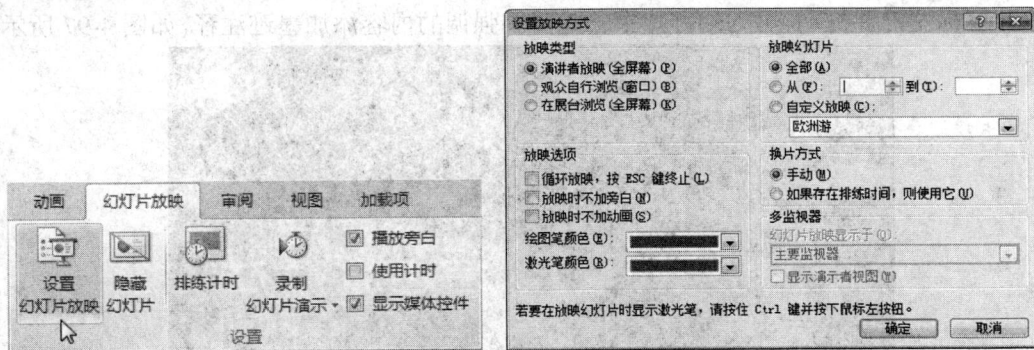

　　根据不同的场所，可对演示文稿设置不同的放映方式，如可以由演讲者控制放映，也可以由观众自行浏览，或让演示文稿自动放映。此外，对于每一种放映方式，还可以控制其是否循环播放，指定播放哪些幻灯片，以及确定幻灯片的换片方式等。其具体操作步骤如下：

设置放映方式

　　【步骤 1】单击"幻灯片放映"选项卡的"设置"组中的"设置幻灯片放映"按钮，弹出"设置放映方式"对话框，如图 4-96 所示。

图 4-96　设置放映方式

放映类型有以下 3 种：

　　(1) 演讲者放映：这是最常用的放映类型。放映时幻灯片将全屏显示，演讲者对幻灯片的播放具有完全的控制权，例如切换幻灯片、播放动画、添加墨迹注释等。

　　(2) 观众自行浏览：放映时在标准窗口中显示幻灯片，显示菜单栏和 Web 工具栏，方便观众对换片进行切换、编辑、复制和打印等操作。

　　(3) 在展台浏览：该放映方式不需要专人来控制幻灯片的播放，适合在展览会等场所全屏放映演示文稿。

　　【步骤 2】在"放映选项"设置区选择是否循环播放幻灯片，是否不播放动画效果等。

　　【步骤 3】在"放映幻灯片"设置区选择放映演示文稿中的哪些幻灯片。用户可根据需要选择是放映演示文稿中的全部幻灯片，还是只放映其中的一部分幻灯片，或者只放映自定义放映集。

　　【步骤 4】在"换片方式"设置区选择切换幻灯片的方式。如果设置了间隔一定的时间自动切换幻灯片，应选择第 2 种方式。该方式下单击鼠标也可以切换幻灯片。

　　【步骤 5】单击"确定"按钮，完成放映方式的设置。

4.3.6　放映演示文稿

【步骤 1】启动幻灯片放映。在"幻灯片放映"选项卡的"开始放映幻灯片"组中单击"从头开始"按钮，或者按【F5】键，可从第 1 张幻灯片开始放映演示文稿；在"幻灯片放映"选项卡的"开始放映幻灯片"组中单击"从当前幻灯片开始"按钮，或者按【Shift+F5】键，可从当前幻灯片开始放映。

放映演示文稿

【步骤 2】在放映过程中，可根据制作演示文稿时的设置来切换幻灯片或显示幻灯片内容。例如，通过单击可切换幻灯片和显示动画；通过单击超链接跳转到指定的幻灯片。

【步骤 3】在放映过程中，将鼠标指针移至放映画面左下角位置，会显示一组控制按钮，利用它们可进行以下操作：

(1) 添加墨迹注释：单击 按钮，在弹出的列表中选择一种绘图笔，然后在放映画面中按住鼠标左键并拖动，可为幻灯片中一些需要强调的内容添加墨迹注释，如图 4-97 所示。

图 4-97　添加墨迹注释

(2) 跳转幻灯片：单击 或 按钮，可跳转到上一张或下一张幻灯片；单击 按钮，将打开一个列表，从中选择相应的选项也可跳转到指定幻灯片。

【步骤 4】放映演示文稿时，PowerPoint 2016 还提供了许多控制播放进程的技巧，归纳如下：

(1) 按【↓】【→】【Enter】【空格】【PageDown】键均可快速显示下一张幻灯片。

(2) 按【↑】【←】【BackSpace】【PageUp】键均可快速显示前一张幻灯片。

(3) 同时按住鼠标左、右键不放，可快速返回第一张幻灯片。

【步骤 5】演示文稿放映完毕后，可按【Esc】键结束放映。如果想在中途终止放映，也可按【Esc】键。如果在幻灯片放映中添加了墨迹注释，结束放映时会弹出提示框，单击"放弃"按钮，即可不在幻灯片中保留墨迹。

4.3.7　打包演示文稿

当用户使用其他计算机播放演示文稿时，如果该计算机中没有安装
PowerPoint 2016 程序，或者没有演示文稿中所链接的文件以及所采用的字
体，那么演示文稿将不能正常放映。此时，可利用 PowerPoint 2016 提供的
"打包成 CD"功能，将演示文稿及与其关联的文件、字体等打包，这样
即使其他计算机中没有安装 PowerPoint 2016 程序，也可以正常播放。

打包演示文稿

【步骤 1】单击"文件"选项卡，在打开的界面中依次单击"保存并发送"→"将演
示文稿打包成 CD"→"打包成 CD"选项，如图 4-98 所示。

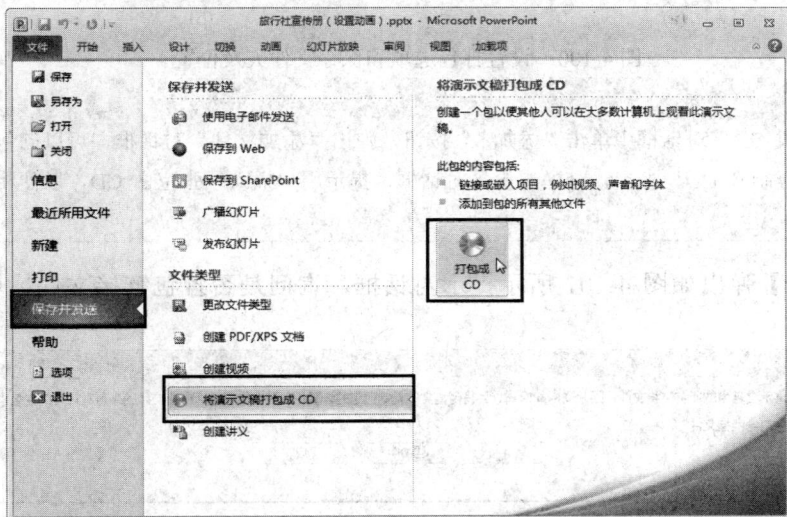

图 4-98　打包成 CD

【步骤 2】在弹出的"打包成 CD"对话框中，在"将 CD 命名为"编辑框中输入打包
文件名，如图 4-99 所示。

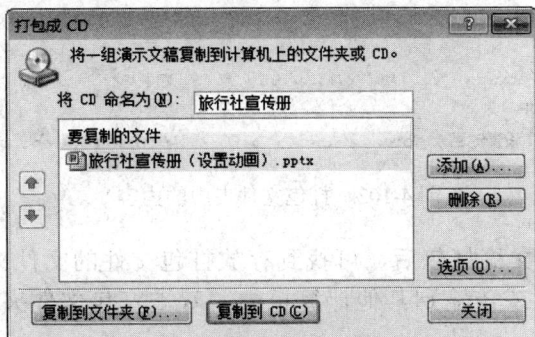

图 4-99　命名打包文件

【步骤 3】单击"打包成 CD"对话框中的"选项..."按钮，弹出"选项"对话框，如
图 4-100(a)所示。在该对话框中可为打包文件设置包含文件以及打开和修改文件的密码等，
完成后单击"确定"按钮。

【步骤 4】在"打包成 CD"对话框中单击"复制到文件夹…"按钮,弹出"复制到文件夹"对话框,设置打包保存的文件夹名称及保存位置,如图 4-100(b)所示,单击"确定"按钮。

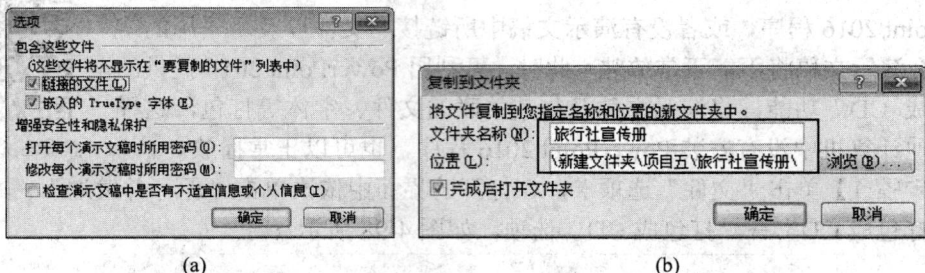

(a)　　　　　　　　　　　　　　　　(b)

图 4-100　设置打包选项和保存文件夹及位置

小技巧

在"打包成 CD"对话框中单击"添加…"按钮,弹出"添加文件"对话框,可以向包中添加其他文件。单击"复制到 CD"按钮,会弹出提示对话框,提示用户插入一张空白 CD,以便将打包文件复制到空白 CD 中。

【步骤 5】弹出如图 4-101 所示提示对话框,询问是否打包链接文件,单击"是"按钮。

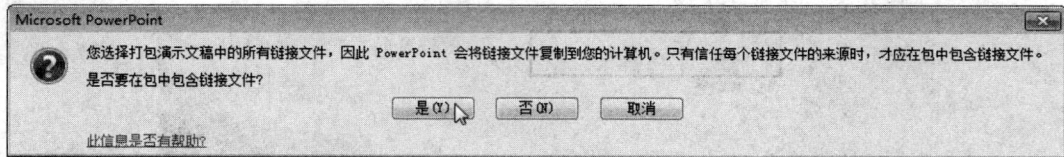

图 4-101　提示对话框

【步骤 6】等待一段时间后,即可将演示文稿打包到指定的文件夹中,并自动打开该文件夹,显示其中的内容,如图 4-102 所示。最后单击"打包成 CD"对话框中的"关闭"按钮,将该对话框关闭。

名称	修改日期	类型	大小
PresentationPackage	2013/6/19 13:02	文件夹	
AUTORUN.INF	2013/6/19 13:02	安装信息	1 KB
旅行社宣传册(设置动画).pptx	2013/6/19 13:02	Microsoft Power...	4,513 KB

图 4-102　打包文件夹中的内容

【步骤 7】将演示文稿打包后,可找到存放打包文件的文件夹,然后利用 U 盘或网络等方式,将其拷贝或传输到其他计算机中。双击打包文件夹中的演示文稿,即可进行播放。

注意

若其他计算机中没有安装 PowerPoint 2016 程序,则需要下载 PowerPoint Viewer 2016 播放器才能正常播放。

实 践 操 作

1. 在幻灯片中插入音频

【步骤1】打开本书配套素材"PowerPoint"→"任务三"→"追忆童年"演示文稿，切换到第 1 张幻灯片。单击"插入"选项卡的"媒体"组中的"音频"按钮下方的三角按钮，在展开的列表中选择"PC 上的音频..."项，如图 4-103(a)所示。

【步骤2】在打开的"插入音频"对话框中单击"背景音乐"音频文件，将其插入到幻灯片中，如图 4-103(b)、(c)所示。

制作追忆童年演示文稿

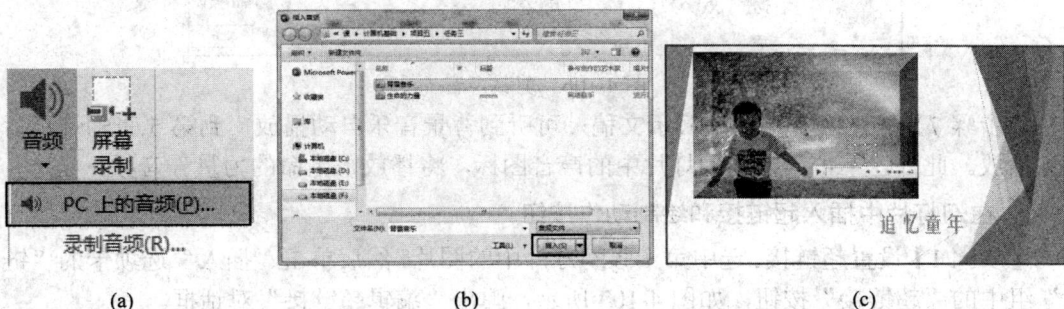

图 4-103　插入音频

【步骤3】保持声音图标的选中状态，单击"音频工具 播放"选项卡，在"音频选项"组中设置声音的音量为"中"，开始方式为"自动"，并选中"跨幻灯片播放""放映时隐藏"和"循环播放，直到停止"复选框，如图 4-104(a)所示。

【步骤4】单击"动画"选项卡的"高级动画"组中的"动画窗格"按钮，打开动画窗格；然后单击声音动画选项，再单击右侧的下拉按钮，在弹出的下拉列表中选择"效果选项"；在弹出的对话框中的"停止播放"设置区选择"在……张幻灯片之后"单选钮，并输入"5"，单击"确定"按钮，如图 4-104(b)、(c)所示。

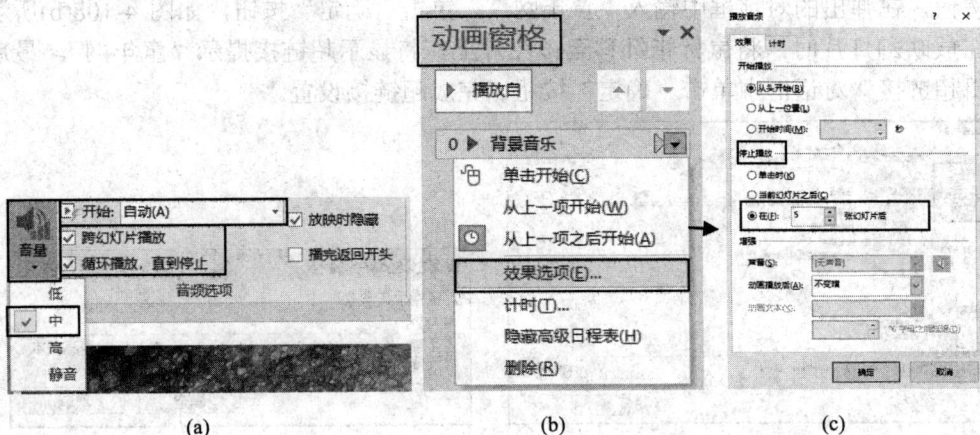

图 4-104　设置声音播放效果

【步骤 5】切换到第 5 张幻灯片，在图 4-103(a)所示的下拉列表中选择"文件中的音频"选项，插入本书配套素材"任务三"文件夹中的"生命的力量"音频文件；适当移动声音图标的位置，如图 4-105 所示；然后在"音频工具 播放"选项卡的"音频选项"组设置该声音的"开始"方式为"单击时"，以及不选择"播放时隐藏"复选框。

图 4-105　设置音量图标位置

【步骤 6】单击"剪裁音频"按钮，在弹出的对话框中向右拖动左侧的滑块，裁掉该声音的开头部分，单击播放按钮 ▶ 试听声音，最后单击"确定"按钮，如图 4-106 所示。

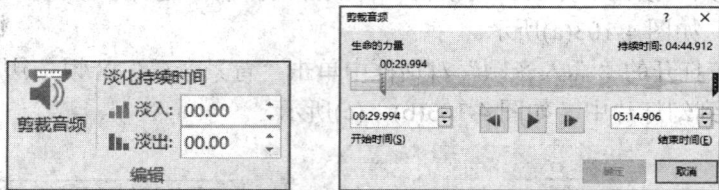

图 4-106　剪裁声音

【步骤 7】按【F5】键放映演示文稿，可听到背景音乐自动播放，到第 5 张幻灯片后停止播放。此外，单击第 5 张幻灯片中的声音图标，将播放"生命的力量"音频。

2. 在幻灯片中插入超链接和绘制动作按钮

【步骤 1】设置超链接。选中第 1 张幻灯片中的图片，然后单击"插入"选项卡的"链接"组中的"超链接"按钮，如图 4-107 所示，弹出"编辑超链接"对话框。

图 4-107　选中要设置超链接的图片后单击"超链接"按钮

【步骤 2】在"链接到"列表中单击"现有文件或网页"项，然后在"地址"编辑框中输入要链接到的网址"http://www.tongnian.com/"，如图 4-108(a)所示；再单击"屏幕提示"按钮，在弹出的对话框中输入"童年网"，单击"确定"按钮，如图 4-108(b)所示。这样在放映幻灯片时，将鼠标指针移至该图片上，将显示超链接提示"童年网"。最后在"编辑超链接"对话框中单击"确定"按钮，完成超链接设置。

(a)

(b)

图 4-108　输入网址和设置屏幕提示

【步骤3】切换到第 2 张幻灯片，单击"插入"选项卡 的"插图"组中的"形状"按钮，从展开的列表中选择"动作按钮：第一张"形状，如图 4-109(a)所示。

【步骤4】将鼠标指针移动到幻灯片下方左侧位置，然后按住鼠标左键并向右拖动绘制出所选按钮，释放鼠标左键后，弹出"动作设置"对话框，保持默认设置，单击"确定"按钮，如图 4-109(b)所示。

图 4-109　绘制动作按钮并设置链接目标

【步骤5】用同样的方法在该幻灯片已绘按钮的右侧绘制其他 5 个动作按钮，依次为后退或前一项、前进或下一项、开始、结束和上一张，并将单击按钮时将要执行的动作依次设置为"上一张幻灯片""下一张幻灯片""第 1 张幻灯片""最后一张幻灯片"和"最近观看的幻灯片"，效果如图 4-110 所示。

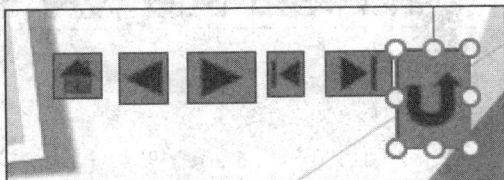

图 4-110　绘制的其他按钮

【步骤6】配合【Shift】键选中绘制的 6 个按钮，然后分别单击"绘图工具 格式"选项卡的"大小"组中的"形状高度"和"形状宽度"按钮右侧的调节按钮，如图 4-111(a)所示，观察按钮大小变化，当看到大小合适时停止单击，此时的按钮效果如图 4-111(b)所示。

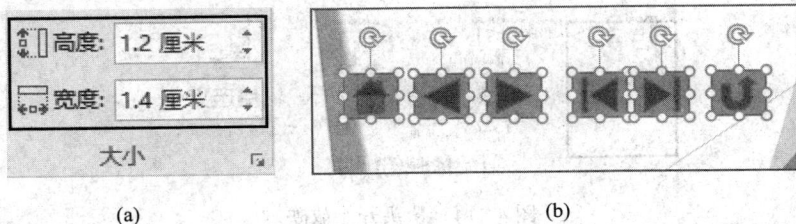

图 4-111　设置动作按钮大小

【步骤7】保持按钮的选中状态，然后单击"绘图工具 格式"选项卡的"排列"组中的"对齐"按钮，在展开的列表中选择"垂直居中"和"横向分布"项，如图 4-112(a)所示，此时的按钮效果如图 4-112(b)所示。

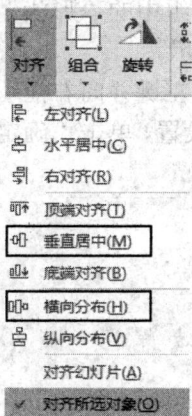

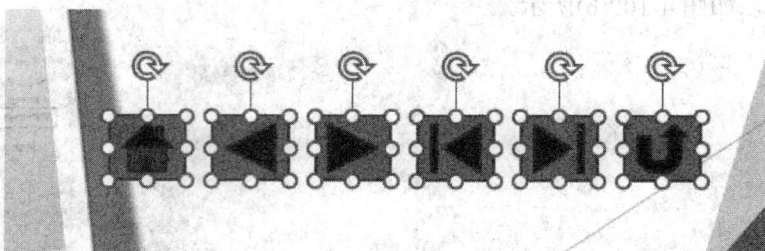

　　　　(a)　　　　　　　　　　　　　　　　　(b)

图 4-112　设置动作按钮的对齐和分布

　　【步骤 8】单击"排列"组中的"组合"按钮,在展开的列表中选择"组合"项,如图 4-113(a)所示,组合后效果如图 4-113(b)所示。最后复制该组按钮到第 3～5 张幻灯片中,可以看到其在每张幻灯片中的位置均与在第 2 张中保持一致。

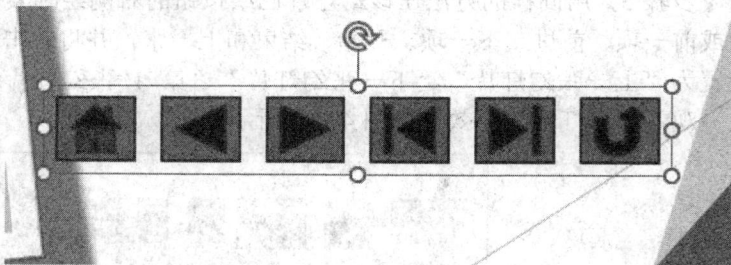

　　　　(a)　　　　　　　　　　　　　　　　　(b)

图 4-113　组合所绘按钮并移动位置

3. 放映演示文稿

　　【步骤 1】单击"幻灯片放映"选项卡的"开始放映幻灯片"组中的"从头开始"按钮，如图 4-114 所示；或按【F5】键，即可从第 1 张幻灯片开始放映演示文稿。

图 4-114　从头开始放映

　　【步骤 2】单击第 1 张幻灯片中的图片超链接,将幻灯片跳转到其指定的网页,如图 4-115 所示。

图 4-115　链接到指定网页

【步骤 3】如果需要在放映过程中切换到指定幻灯片，可在放映画面输入指定幻灯片的序号"3"，按【Enter】键后会定位到第 3 张幻灯片。

【步骤 4】按【Esc】键结束放映。

任 务 小 结

本次任务主要介绍了如何制作追忆童年宣传演示文稿。经过本任务的学习，读者能够掌握在幻灯片中插入音频并设置的方法，会设置超链接和创建动作按钮，可根据用户需要设置放映方式和时间，同时能够运用插入音频并设置的方法，自定义放映幻灯片。

任 务 习 题

一、选择题

1. 下列(　　)放映方式不是全屏幕放映方式。

A. 演讲者放映　　　　　　　　　　B. 观众自行浏览

C. 在展台浏览　　　　　　　　　　D. 以上都是全屏幕放映

2. 在幻灯片的"动作设置"功能中不可以通过(　　)来触发多媒体对象的演示。

A. 移动鼠标　　　　　　　　　　　B. 单击鼠标

C. 双击鼠标　　　　　　　　　　　D. 单击鼠标和移动鼠标

3. PowerPoint 2016 的"超级链接"命令可实现(　　)。

A. 实现幻灯片之间的跳转　　　　　B. 实现演示文稿幻灯片的移动

C. 中断幻灯片的放映　　　　　　　D. 在演示文稿中插入幻灯片

4. 精确控制幻灯片的放映时间，一般使用下列(　　)操作。

A. 设置切换效果　　　　　　　　　B. 设置换页方式

C. 排练计时　　　　　　　　　　　D. 设置每隔多少时间换页

5. 下列不是演示文稿输出形式的是(　　)。

A. 打印输出　　　　　　　　　　　B. 幻灯片放映

C. 在网上传播　　　　　　　　　　D. 幻灯片副本

二、填空题

1．在 PowerPoint 2016 中插入影视对象的文件时，文件的扩展名应为 _____。

2．PowerPoint 2016 的"超级链接"命令可实现_____。

3．幻灯片上可以插入_____多媒体信息。

4．如果要播放演示文稿，可以使用_____。

5．PowerPoint 2016 在幻灯片中建立超链接有两种方式：通过把某对象作为"超链点"和_____。

三、简答题

1．简述动作按钮和超链接的异同。

2．怎样进行超链接？超链接的方式有几种？

3．将演示文稿打包有什么作用？